實戰智慧館 485

基業長青

高瞻遠矚企業的永續之道

Built to Last

Successful Habits of Visionary Companies

詹姆・柯林斯（James C. Collins）
傑瑞・薄樂斯（Jerry I. Porras）合著
齊若蘭 譯

推薦文

兼有報時者和造鐘者，世界會更好

游舒帆（商業思維學院院長）

「造鐘，而非報時」，多年前看到這個觀念時給了我很大啟發，而這些年擔任專業經理人時，我也始終期許自己扮演一個造鐘者。報時者只看得懂時間，並解讀時鐘上的時間，而造鐘者得進一步了解鐘的設計與運作原理，唯有如此，才能掌握事物的本質，並提早發現可能的問題。好的領導者不會執著於表象的問題，而會進一步探討背後的原因，試著解決根本性的問題。

從事教育與培訓行業的這些年，我認為台灣教育的問題其實不僅僅在於教材、老師、教學資源，更大的問題在於：我們不知道如何幫助孩子們學會面對未來的不確定性。

當命題錯誤，得到的結論以及採取的行動多半也是錯的。我們提出了素養課程，卻未清楚定義何謂素養，也未有效協助老師們理解素養。試想，這種狀況下，不理解素養的老師如何運用正確的教學方式，培養出有素養的孩子？

如果重新思考教育的本質問題，我們到底要如何幫助「孩子培養面對未來及不確定性的能力」？在這樣的命題下，或許我們會改變整個考試制度，重新設計師範體系，也會重新思考學生的學習模式。當思維改變，命題才會改變，最終的做法才會有所不同。

不過指出問題總是簡單的，探索並提出有效的解決方案、努力推動，才能創造更大的社會價值。我在二〇一九年時創辦了商業思維學院，我們的核心任務不是傳遞知識，而是希望以學習商業思維為切入點，進一步讓所有人透過理解商業知識來更理解世界的運作模式，並引導大家將這些商業知識運用在日常生活與工作上。

許多人在這個過程中發生思維上的啟發與行為上的改變，我們也堅信，如果能讓更多人產生思維與行為上的改變，而且每個人都開始正視自己的問題，並進一步思考所在環境的問題，採取行動去解決問題，台灣社會一定會變得更好，世界也會因此更好。

我認為台灣教育培養了非常多的「報時者」，我們非常擅長「看見問題與解決問題」，卻不擅長「發掘問題與探索脈絡」。一個健全的國家或企業必須同時有「造鐘者」與「報時者」，當兩者彼此能互補不足時，組織才能以更健康的方式持續運作。

《基業長青》這本書不僅僅適用於企業，也適用於非營利組織與國家，誠摯推薦給大家。

推薦文

新的世紀，不變的古典價值

程世嘉（iKala 共同創辦人暨執行長）

柯林斯的成名之作《基業長青》一書寫於世紀交替之時，談的是卓越的企業如何維持卓越的狀態，讓公司能夠永續經營和永保競爭力。書中所舉的諸多範例來自二十世紀末，對於年輕一代的讀者可能有點陌生，但書中所描述關於經營和維繫卓越企業的框架及理念，到了二十多年後的今天卻更顯適用，除了因為書中所有的結論均來自柯林斯多年的嚴謹實證研究，也因為書中歸納的重點都是一些耳熟能詳的基本道理，所以歷久彌新。

如果要用最簡短的文字總結柯林斯一系列經典管理著作教給我們的最重要事，那就是「堅持對的人才，堅持對的思考，堅持對的行動」，長此以往，事業必然邁向卓越。根據他的研究結論，企業之所以會在某個時間點開始衰敗，無法持續卓越，毫無例外就是因為放棄了「紀律」，沒有按照上述簡單的道理堅持下去。所以企業要成功、要能維持卓越的狀況，只要「堅持對的事情」就好。

這些結論對於許多孜孜不倦的創業家真是一種救贖，畢竟每個創業家心心念念、每每在夜深人靜會自問的問題就是：「我究竟會不會成功？」而柯林斯告訴我們，不用一直問自己這個問題，只要堅持對的方向，總有一天走到想要的終點。

有些創業家和領導人會把挫折歸咎於自己的運氣就是比較不好，柯林斯連這個問題也一併破解了，而且是用同樣嚴謹的研究方式破除了「運氣」的迷思。他的研究指出，比起平庸企業，卓越企業的運氣其實沒有比較好，有時遇到的倒楣事反而更多，但最後成敗的關鍵，是遇到好事和壞事之時所做出的選擇。卓越企業遇到好事，依舊維持同樣穩健的步伐前進，不會突然有大張旗鼓的動作；遇到壞事時則想辦法把危機化為轉機，但不會自怨自艾。簡單來說，就是不以物喜、不以己悲，持續做自己該做的事情。

柯林斯最後把「堅持」這件事化約為一個飛輪，用推進巨大飛輪的轉動來比喻企業邁向卓越的長期過程。剛開始很困難，但當飛輪轉了一圈、兩圈，漸漸累積動能之後，自轉的力量就開始產生，然後愈轉愈快，企業不再需要像一開始那樣用盡力氣推動飛輪，只要小心維持飛輪自轉的動能不要消失，自然能夠維持卓越的狀態。所以最弔詭的是，卓越企業耗費的經營心力，反而不會比平庸的公司還多，這是因為飛輪自轉的動能已經形成，經理人可以輕鬆許多。

我所經營的公司 iKala 用獨創的DAA飛輪架構，協助企業導入AI人工智慧，其靈感正是來自柯林斯的飛輪理論。企業導入AI的過程，如同企業邁向卓越的過程，是一個長期的努力與承諾，需要長期轉動「數位化」（Digitalization）、「分析能力」（Analytics）、「實際應用」（Application）這個DAA飛輪以形成一個正向循環。無怪乎我們在服務超過四百家企業進行AI數位轉型之後所得到的經驗，與柯林斯提出的飛輪理論完全契合。

我是在二〇一五年左右才首次接觸到柯林斯的一系列作品，從此成為他的忠實信徒和實踐者，也鮮少再多花時間去鑽研其他複雜及艱深的管理理論，多數時候只要複習書中所述框架，自問有沒有偏離原本的軌道即可。今天，iKala已經是一家營運橫跨七個國家、服務超過四百家企業、一萬五千家廣告主及十四萬家社群商家的跨國ＡＩ公司，而我們還在快速成長中，飛輪的動能已經形成。

如果您自認和我一樣是個平凡的創業者，那麼閱讀柯林斯的一系列書籍，肯定會讓您像是吃下定心丸一樣，消除所有對於未來的恐懼和困惑，不只讓公司有所提升，也讓自己有所提升。柯林斯在每本書中都提到，所有提到的原則都可以應用到「個人」身上，不只是應用在公司而已。把這些原則置入「修身、齊家、治國、平天下」的脈絡當中，毫不違和。

柯林斯證明了從古至今的卓越企業經營之道其實從未變過，公司能否長青，只在於領導人在新時代中是否依舊堅持這些不變的古典價值。

推薦文

企業與非營利組織皆渴求的卓越智慧

愛瑞克（知識交流平台TMBA共同創辦人）

記得二〇〇一年，我和幾位夥伴全力推動將校內社團「台大管理學院研究生協會」，轉型成為「TMBA」這個知識交流平台（後來又進化為跨校的非營利組織），當時有人問我，如何堅信此一轉變得以吸引菁英人才匯聚？如何凝聚共識又能維繫參與者的熱情恆久持續不墜？當時我訴說的理由，恰好在《從A到A^+》和《基業長青》這兩本紅遍產官學界的商管經典著作中都有論述，前者談的是讓一家企業從優秀到卓越的祕訣，後者談的則是如何建立恆久卓越的公司。

《基業長青》研究的公司樣本，是針對七百位企業執行長發出「遴選高瞻遠矚公司」的調查問卷，經過票選統計並且剔除成立於一九五〇年之後「卓越以上，長青未滿」的公司，最後選出十八家被此書定義為「高瞻遠矚」的公司。最年輕的公司創立於一九四五年，最久的創立於一八一二年，平均創立時間為一八九七年，中位數為一九〇二年；其餘公司作為「對照組」，以找出這些高瞻遠矚公司與眾不同的明顯差異所在。

本書傳達了幾個核心概念，都相當令人激賞！例如「造鐘，而非報時」，強調要建立一個高瞻遠矚的公司並不需要一個備受矚目的魅力型領導人，或是一個獨步全球的創意產品或構想，這直接挑戰了一般傳統的認知。高瞻遠矚公司的創建者多半是造鐘的人，而不是報時的人，他們有如建築師般，把心力奉獻於建立組織文化（建造時鐘），而不是提出前瞻的產品觀念去創造市場或引領流行趨勢。也就是說，高瞻遠矚的公司首重的要務在於「公司」本身，而非產品、市場或領導人，更遑論苦等「偉大構想」了。

另一重點在於「兼容並蓄」，有如太極，強調高瞻遠矚公司不受「非此即彼」的思維所侷限。例如「保存核心／刺激進步」，一方面保有公司的核心理念，同時不斷地在產品、服務、營運等各層面追求創新、積極進化。這些公司「不只是為了賺錢」而已，更融入了社會，人們在潛移默化中改變某些生活習慣和工作方式，提升了生活水準。然而這些公司又很賺錢，書中統計這十八家「高瞻遠矚公司」在一九二六到一九九〇年期間的股票累積投資報酬率，大約是「對照組」的六倍、整體大盤表現的十五倍之多（這就是為什麼作者認為每一位股票投資人也應該讀這一本書）。

此外，高瞻遠矚公司常檢視的關鍵問題不是「我們目前表現如何？」或「要如何超越競爭者？」，而是「我們明天要怎麼樣才能做得比今天更好？」。他們堅持將這種核心思維融入日常工作和制度中，變成所有員工的集體共識及行動模式，也就是用「成長型心態」取代「表現型心態」。好比日本許多卓越企業施行的ＰＤＣＡ（規畫、執行、檢查、修正），透過不斷地進行改善，讓公司持續進化，自然會擁有超凡卓越的競爭力（這是我極力推薦每一位職場工作者都該讀這本書的理由）。

二〇二〇年七月，ＴＭＢＡ第二十一屆招生說明會湧入三百多位學生參加，創下歷年來最高紀錄。如今TMBA所開的每一堂課都爆滿，座位已不敷使用，勢必需要更大的教室空間來容納。一個非營利組織如何吸引菁英人才匯聚？如何凝聚共識且又能維繫參與者的熱情恆久持續不墜？這些二十年前被問到的問題，隨著二〇〇二年我從台大管理學院畢業之後，TMBA組織領導角色交棒給每一屆校內學弟妹們接續傳承，雖然那些問題早已不再受到質疑，多年後的事實足以驗證，《基業長青》和《從A到A+》這兩本經典著作所傳達的智慧洞見，是具體可行的成功之鑰，無論企業、非營利組織皆適用。

此書當中的十八家「高瞻遠矚公司」成立至今平均一百二十三年，儘管有少數幾家分拆或合併至其他大型企業，但無庸置疑，均足以羅列為歷史上最卓越企業的代表典範。或許歷史不會重演，但高瞻遠矚與恆久卓越之道，值得您我一同取經！

推薦文

追求卓越企業的起點

雷浩斯（價值投資者、財經作家）

《基業長青》這本書是柯林斯追求卓越的起點，寫於一九九四年，即使到現在過了近三十年，裡面對卓越企業的根本原則仍然經得起考驗。

我是一個思考「投資卓越企業」的投資人，所以對《基業長青》中的重要原則深有同感，以下簡述各原則的重點：

一、造鐘，而非報時：這個概念的動力來源在於創造一個永續的公司，而永續的背後必定有一個非常執著、永不放棄的創辦人，他對公司的情感之深，因此創造出完美的鐘。

二、不只是為了賺錢：每個成功的公司領導人都身家豐厚，但是金錢帶來的成就效益會逐步遞減，因此以錢為誘因，難以讓他們充滿營運動力。但營運公司的成就感本身是更強大的動能，這才是激勵他們的最終來源。

三、膽大包天的目標：成就感的來源來自於自我實現，而自我實現又來自於對能力的了解。在自身能力範圍內訂下追求頂尖的目標，能讓成就感不斷的往前趨近，即使他人認為是膽大包天的目標，對自己來說則是可能實現的理想，沒有理由不去實踐它。

四、教派般的文化：要讓理想成功，必須全公司上下結合，發揮動能。而這得要有強大的企業文化，才能讓一間公司的根扎到企業深處，使公司能從大樹化為神木。

五、自家培養的領導人：偉大的企業創辦人就像太陽，但太陽終有一天會日落，而偉大的企業本身就能培育出接班人，延續企業文化，轉換為成長動能，讓企業繼續前進。

也許你會想，這些概念會不會太抽象或太理想化？或者這只能在美國才有用，在台灣不可能有「基業長青」的企業？

但是當我寫這篇推薦文的時候，台灣權值股之王台積電連續兩天大漲，股價一度衝上到四六六・五元，擠進全球前十大市值。這樣的反應震驚全台，一間大型權值股，竟然能連著兩天衝上漲停價，這怎麼可能？

追根究柢，這是因為台積電是一間高瞻遠矚的公司，精益求精地提升內在價值，打造強大的護城河。創辦人也是IC教父的張忠謀親自打造了這間高瞻遠矚的公司，他造鐘而非報時，在創辦時即立下膽大包天的目標，堅持要創辦世界級的企業。

但是回推到三十年前，有誰相信我們能有世界級的企業？現在又有誰敢說台積電不是世界級？

他培養出自家的領導人，在接班之後繼續提升公司的內在價值，即使面對一個比一個巨大的挑戰，仍然能再創奇蹟，這就是台股基業長青的公司典範，而這個典範告訴我們：「只要你想，你就辦得到。」

柯林斯寫了幾本書，我也寫了幾本書，而且我還替柯林斯寫了幾篇推薦文。當我讀這本

《基業長青》的時候，感覺就好像回去翻閱我的第一本書一樣，都是追求「卓越公司」的「起點」。

而起點，往往就是一切的核心。

推薦文

基業長青是經理人的終極追求

林揚程（太毅國際顧問公司執行長）

我在企管顧問行業二十五年，主要客戶從重工業到高科技行業都有，可以說，看盡了產業消長實況。

雖然各行各業在每個時代都有不同的巨擘出世，但真正造成時代長河移動的並不是經營模式的改變，而是企業的變遷。為什麼有些公司能長久屹立不搖，有些公司卻如煙火般一閃即逝？企管大師柯林斯和薄樂斯在《基業長青》這本經典商管巨著中有了精闢分析，他們指出了永續經營的關鍵，就是要能保有核心理念，同時不斷創新求變。

不論是產業霸主或新世代的新星，身為領導人都該好好讀這本書，相信只要懷抱造鐘的精神，鞏固核心優勢，持續進行文化塑造，並追求膽大包天的目標，就有機會實現企業願景、造就偉大。

推薦文

一本藏著永續企業致勝關鍵的書

鄭俊德（閱讀人主編）

很多人的創業目標就是為了賺大錢，但目標只想賺大錢的公司卻很難永續，只有打造符合消費者需要的產品服務，才能真正賺錢，所以一個永續企業絕不會把金錢作為核心目標。

為何我敢這麼說呢？因為《基業長青》這本書裡有答案。兩位作者投入大量的商業研究，找出了永續企業的關鍵。如果你只想瞬間賺快錢，這本書不完全適合你；但如何你想創造一個持續被人需要且永續賺錢的企業，那麼你一定可以從這本書有所獲得，學會成為一個有理念且高瞻遠矚的領導者，並打造屬於人們需要的基業長青公司。

推薦文

創造最好的工作

謝文憲（知名講師、作家、主持人）

二〇〇六年，我離開外商業務主管工作，展開創業旅程，隔年就在書市拜讀柯林斯的巨著《基業長青》，當時未滿四十歲的我不太理解其中精髓。

如今年過半百，創業至今十四年，兩間管理顧問公司各有其長處，一間電影公司正在萌芽、一個非營利組織整裝待發。此刻重新拜讀這本書，赫然發現其中「有目的的演化」、「保存核心理念」、「膽大包天的目標」的觀點，竟是如我這般中小型企業創辦者，關關難過關關過、獲利逐年攀高的致勝關鍵。

若您不想像我一樣對本書相見恨晚，身為創業者，請現在就讀，中高階主管可以預做準備，上班族也可以厚植實力。如何創造全世界最好的工作，本書肯定值得一讀。

目錄

基業長青 Built to Last

BUILT TO LAST

作者手記

有永續價值的公司是值得追求的目標

當我們坐下來特別為《基業長青》寫這篇〈作者手記〉時，這本書正在慶祝第六度登上美國《商業週刊》年度暢銷書排行榜，這樣的成績遠遠超越我們的想像，歷久不衰的佳績實現了書名所隱含的意義。

不過，關於這個書名，我們其實一點功勞也沒有。挫敗往往能激發創意，一九九四年的時候，我們的編輯陷入極度沮喪。由於我們在出版合約中加了一項條款，要求對書名有最後決定權，因此當出版日期逐漸逼近，而我們卻不停地否決編輯提議的書名，總共大概丟掉了一百二十七個書名，包括《你就代表競爭》、《針對高瞻遠矚公司的研究結果》等，使得緊張情勢日漸升高，最後連哈潑柯林斯出版社的主編都被驚動。他回家度完週末後，星期一早上回來上班時，已經有了想法。他說：「喏，看看他們喜不喜歡這個書名！」把一張索引卡丟到編輯桌上，上面就寫著這個簡單的句子「Built to Last」。

於是我們有了書名《基業長青》。

回頭來看，這是很棒的書名，但也是錯誤的書名。我們這麼說並非從行銷的角度來看（別誤會，我們還是會用這個書名），而是針對這本書的真正主旨而言。事實上，《基業長青》這本書基本上不是在探討如何建立一家長青的公司，而是在討論應該如何建立一家卓越的公司，因此如果這家公司不再存在，整個世界都會覺得損失了很重要的資產。書中每一頁都隱含了一個簡單的問題：如果你能創建一家卓越公司，對世界有持久的貢獻，你為什麼要安於建構一家只顧賺錢的平庸公司呢？我們從研究中找到的證據顯示，經過長時間以後，對世界有持久貢獻的公司最後賺到的錢其實更多。

如果我們今天重新改寫《基業長青》，我們不會推翻任何書中原有的基本概念；這些都是經得起時間考驗的原則。比起一九九四年出版《基業長青》時，我們今天對卓越公司當然有更深入的了解，也想到很多可以添加到書中的觀念，但我們對於最初這些基本發現的信心始終未曾稍減。的確，我們現在比過去都更加堅信建立恆久卓越的公司（真正有永續價值的公司）是非常崇高、值得追求的目標。

柯林斯與薄樂斯

二〇〇二年四月

前言

腳踏實地，基業長青

一九九四年三月十四日，我們把《基業長青》的完稿寄給出版社。當時我們和其他作者一樣，對自己的著作懷抱著希望與夢想，但從來不敢擅自將希望轉為預測，因為我們知道，每一本成功暢銷書的背後，市場上都埋藏著一、二十部同樣出色（甚至更出色）的作品，卻始終沒沒無聞、乏人問津。兩年後，當我們提筆為發行英文平裝版而撰寫本文時，赫然發現《基業長青》竟然如此成功：在全球各地譯成十三種語言，發行了四十個版本，而且在北美、日本、南美和部分歐洲國家都高踞暢銷書排行榜。

衡量一本書成功與否有很多方式，但對我們而言，最重要的衡量指標是讀者的特質。本書剛問世時，由於雜誌期刊的好評，很快吸引了廣大的讀者群，而讀者的口碑又推波助瀾，帶來連鎖效應。關鍵就在於這兩個字：讀者。一本書真正的價格究竟是什麼？一本書真正的價格並非封面上印的十五美元或二十五美元的數字。對許多大忙人而言，跟他花在閱讀和消化一本書的時間（尤其是像本書這種以研究為基礎、討論觀念的書）比起來，價格因素相形之下根本不重要。大多數人把書買來以後都不讀，至少不會全部讀完。我們之所以又驚又喜，不只是因為有這麼多人買了這本書，而是竟然有這麼多人真的把書讀完了。從企業執行長、高階主管，到充滿抱負的創業家、非營利機構領導人、投資人、新聞記者和年輕經理人，許多大忙人都把他們最寶貴的資源——時間，投資於閱讀《基業長青》上。

我們認為，本書之所以能吸引這麼多讀者，主要原因有四個：

第一，**本書探討的是如何建立一個持久不墜的卓越公司，這個想法令許多人深受啟發**。我們碰過來自世界各地的企業主管，他們都深深渴望能創造出超越自我生命、恆久存在的事物——能永續經營的組織，這個組織根植於永恆的核心價值，有其特殊的存在目的，而不只是為了賺錢，而且由於能從組織內部不斷自我革新，因此經得起時間的考驗。

我們不只看到肩負大企業經營管理重任的領導人有這樣的心願，就連中小企業負責人也不例外。普克（Dave Packard）、默克（George Merck）、迪士尼（Walt Disney）、井深大（Masaru Ibuka）、蓋爾文（Paul Galvin）、麥克奈特（William McKnight）等企業家，就好像工商界的傑佛遜（Thomas Jefferson，美國第三任總統）和麥迪遜（James Madison，美國第四任總統）般，樹立起典範，建立了價值和績效的高標準，令許多人見賢思齊。普克和創業夥伴剛起步時並非企業巨擘，而只不過經營一家小公司，但他們慢慢把資金匱乏的小公司經營成全世界最成功且歷久不衰的卓越企業。一位小公司主管就表示：「了解他們的成就令我們信心大增，而且有了學習的榜樣。」

第二，**深思型讀者追求的是經得起時間考驗的根本原則，厭惡趕時髦、曇花一現的管理思潮**。沒錯，世界一直在改變，而且改變的速度愈來愈快，但這並不表示我們不應該再追求經得起時間考驗的基本理念。恰好相反，我們現在更需要它！當然，我們也需要尋找新的觀

圖 1.A　高瞻遠矚公司的延續與改變

念、新的解決方案（新發明和新發現會推動人類不斷進步），但今天組織面臨的最大問題並非缺乏新的管理觀念（今天我們已快被各種新觀念所淹沒了），而是對基本理念缺乏了解。更嚴重的是，無法始終如一地奉行基本理念。如果能回歸根本，而不是喜新厭舊，追逐包裝亮麗但曇花一現的流行管理思潮，大多數企業主管可能會對組織有更大的貢獻。

第三，面臨轉型的中小企業主管發現，《基業長青》的觀念能幫助他們推動建設性的變革，而不需要摧毀公司原來立足的基石（或在某些情況下，幫助他們首度奠定了成為卓越公司的基礎）。和流行觀念不同的是，面對變動的世界時，適當的反應不是：「我們該如何改變？」而是問：「我們存在的目的為何？」存在目的是永恆不變的，其他的一切則可以改變。換句話說，高瞻遠矚的公司會分辨什麼是他們的核心價值和存在目的（這些是恆久不變的），以及經營策略和實際做法（會因應外在環境的變化而不斷改變）。對於身處戲劇化大轉變的公司，包括美國和前蘇聯冷戰結束時正在經營國防事業的洛克威爾公司（Rockwell）、原本獨占水電等公共事業但面臨自由化趨勢的南方公司（Southern Company）、眼見外界敵意漸深的菸草公司（例如UST公司），還有像嘉吉（Cargill）這種開始有第一代非家族經營者接班的家族企業，以及不再仰賴公司創辦人領導的企業，例如AMD（Advanced Micro Devices）和微軟（Microsoft），證據已顯示區分兩者有極大幫助。

即使名列《基業長青》研究名單上的高瞻遠矚公司都需要不斷提醒自己：什麼是核心價值，什麼不是核心價值；什麼是恆久不變，什麼則容許改變；什麼是神聖不可侵犯的原則，什麼不是；兩者間的差別何在。例如，惠普公司的主管就經常談到這個重要的差別，他們協助惠普員工了解：改變營運措施、文化模式和經營策略並不意謂著喪失惠普精神。惠普在一九九五年的公司年報中將公司比喻為一具迴轉儀，強調一個重要觀念：「人類用迴轉儀來導航船舶、飛機、衛星已有近百年歷史了，迴轉儀的運作是結合固定的內軸和自由旋轉的樞紐。同樣的，惠普公司一方面領先並因應科技與市場的演變，另一方面則靠恆久不變的特質引導公司的方向。」同樣的，嬌生公司秉持相同的觀念挑戰整個組織結構，改造流程，同時又保存公司信條中揭櫫的核心理念。3M則賣掉不能提供創新機會的事業部，重新對焦於公司恆久不變的目標，以創新的方式解決尚待解決的問題，戲劇化的大動作令所有財經媒體都大吃一驚。

的確，如果一定要說這些長期屹立不搖的卓越公司有什麼祕訣，他們的祕訣就在於能夠兼顧延續和改變，即使是最高瞻遠矚的公司，都必須嚴守這個紀律。

第四，許多高瞻遠矚的公司都認為，本書印證了他們經營企業的方式。我們研究的公司只代表了眾多高瞻遠矚公司中的一小部分，高瞻遠矚公司各有不同型態：有大企業，也有小公司；有上市公司，也有未上市公司；有的鋒芒畢露，有的沒沒無聞；有的是獨立公司，有的只是大企業的子公司。有些知名企業雖然未列入我們的原始研究名單，例如可口可樂、比恩郵購公司（L.L. Bean）、李維（Levi Strauss）、麥當勞、麥肯錫顧問公司（McKinsey）、國家農場保險公司（State Farm）等，卻幾乎都有資格躋身高瞻遠矚公司之列。有些公司則可惜歷史還不夠悠久，例如耐吉（Nike），否則或許也會進入榜單。

另外更有眾多較無名氣的高瞻遠矚公司，其中很多因為還沒有上市，所以沒沒無聞。有的是在業界已有相當地位的老公司，例如嘉吉公司、恆達理財公司（Edward D. Jones）、房利美（Fannie Mae，美國聯邦國民抵押貸款協會）、花崗岩建材公司（Granite Rock）、莫仕公司（Molex）、健康照護公司（Telecare）。有的是剛崛起的新公司，例如邦尼維爾廣播電視公司（Bonneville International）、柏士半導體（Cypress）、GSD&M廣告公司、地標傳播公司（Landmark Communications）、曼科公司（Manco）、ＭＢＮＡ公司、泰勒公司（Taylor Corporation）、日昇醫療公司（Sunrise Medical），以及戈爾公司（WL Gore）。

財經媒體總是喜歡把焦點放在明星公司身上（無論這些公司目前正走上坡或走下坡）。我們則經常接觸到和明星公司作風迥異的公司——腳踏實地、注重基本工夫、不愛出鋒頭、能創造就業機會和累積財富、對社會有貢獻的公司。看到這些公司，讓我們感到充滿希望，而且這樣的公司還為數不少，目前正逐漸站上世界舞台。

跨越文化，在全球舞台上屹立不搖

我們在《基業長青》中所研究的十八家高瞻遠矚公司，有十七家總部設在美國，所以我們原本不太確定這些基本觀念是否適用於其他國家。但自從本書出版後，我們得知《基業長青》的中心思想能跨越文化，在全球各地多元文化的環境中依然適用。我們兩人曾經遠赴各大洲（只有南極洲除外）參加研討會、發表演講、輔導企業。我們曾在許多文化獨特的國家中工作，包括阿根廷、澳大利亞、巴西、智利、哥倫比亞、丹麥、芬蘭、德國、荷蘭、以色列、義大利、墨西哥、紐西蘭、菲律賓、新加坡、南非、瑞士、泰國、委內瑞拉等。雖然我們還沒有走遍亞洲各國，但本書在亞洲廣受好評，已發行了中文版、韓文版及日文版。

其實，建立持久不墜的偉大公司並非美國人獨有的抱負，我們在每一種文化中都見到造鐘的人，全世界開明的企業領導人都能直覺地理解到：對企業而言，恆久不變的核心價值及超越利潤的更高目的是多麼重要，他們也展現了和美國高瞻遠矚公司領導人同樣永不懈怠、追求進步的強烈動力。我們在巴西見識到膽大包天的目標，在北歐看到狂熱的企業文化，在以色列看到「不斷多方嘗試，再保留可行方案」的策略，在南非見到持續的自我改善，而且每個地方最卓越的組織都非常注重言行一致和齊心協力。

《基業長青》把焦點放在美國公司，反映的只是我們的研究方法，而非全球企業的實際經營環境（我們乃是根據七百位美國企業執行長的意見，列出高瞻遠矚公司的名單）。許多國家都有歷史悠久或新崛起的高瞻遠矚公司，例如墨西哥的FEMSA飲料公司、加拿大的赫斯基公司（Husky）、巴西的歐布萊希工程公司（Odebrecht）、英國的休閒娛樂集團桑恩國際公司（Sun International）、日本的本田汽車等。薄樂斯的新研究計畫重複了《基業長青》的研究分析方式，系統化地針對歐洲公司，測試書中的基本概念。此外，薄樂斯和歐洲顧問公司OCC合作的研究計畫則挑選出十八家歐洲的高瞻遠矚公司：ABB、BMW、家樂福（Carrefour）、戴姆勒賓士汽車（Daimler Benz）、德意志銀行（Deutsche Bank）、易利信（Ericsson）、飛雅特（Fiat）、葛蘭素（Glaxo）、ING、萊雅（L'Oréal）、馬莎百貨（Marks & Spencer）、雀巢（Nestlé）、諾基亞（Nokia）、飛利浦（Philips）、羅氏大藥廠（Roche）、殼牌石油（Shell）、西門子（Siemens）以及聯合利華公司（Unilever）。

我們也看到這些概念如何應用到內部有多種不同文化的跨國公司或全球公司。全球化營運的高瞻遠矚公司會將（應該因地制宜的）營運措施、經營策略和（應該放諸四海皆準、在公司內部長期延續的）核心價值與目的區分開來。高瞻遠矚公司將核心價值與目的輸出到海外每一個營運基地，但會依據當地的文化和市場環境而修正實際的做法和策略。例如，沃爾瑪應該將「顧客至上」的核心價值輸出到海外所有分支，但不一定要輸出沃爾瑪的歡呼口號（因為那只不過是美國文化中強化核心價值的做法）。

我們在輔導企業時，協助許多跨國企業發現和釐清可以通行全球的核心理念。其中一家公司在二十八個國家中設有營運單位，他們不相信有可能找到既能放諸四海皆準、又有意義的共同核心價值和目的。透過密集的省思過程，一開始，每位主管先思考自己對工作的核心信仰，一群主管確實發現了共同的核心理念，他們也決定了如何讓二十八個國家的員工都齊心協力，持續實踐核心價值的具體執行步驟。他們並沒有擬訂新的核心價值和目的，而不過是發現了大家早已共同擁有的核心理念，只是過去因為缺乏對話或未能協調一致而被忽略了。一位主管表示：「我在這家公司十五年來，這是頭一遭我們覺得大家有一致的認同。知道遠在地球另一端的同事雖然和我們的營運方式和策略截然不同，卻擁有相同的基本理念和原則，感覺很好。多樣化其實是一項優勢，尤其是當我們都深知公司代表的意義為何，以及公司為何存在時。現在我們必須設法讓這些理念貫穿整個組織，同時長期延續下去。」

即使營運狀況處於巔峰狀態（並非總是如此），持久不墜的卓越公司在不同的文化環境中做生意時，仍然不會放棄他們的核心價值和績效標準。有一位有百年歷史、數十億美元身價的高瞻遠矚公司主管解釋：「我們或許要花比較長的時間在新文化中站穩腳步，尤其是很難找到能融入我們價值系統的人才。就以中國和俄羅斯為例，那裡貪汙腐敗很嚴重，所以我們就放慢腳步，能找到多少願意堅守標準的人才，就成長多快。如果有的商機會迫使我們違背原則，那麼我們寧可放棄。結果經過一百年以後，我們還屹立不搖，每隔六、七年規模就成長一倍，而五十年前和我們競爭的對手如今卻大都銷聲匿跡了。為什麼呢？因為我們嚴守紀律，不為了權宜變通，而在標準上輕易妥協。我們無論做什麼事情，都把目光放遠，我們一向如此。」

從企業到社會、家庭與個人

由於從一開始，我們就將研究對象限定為營利機構，因此原本不確定非企業界人士對於我們的發現是否有興趣。自從本書出版後，我們才逐漸了解，這本書不只是一部企管書籍，而是在討論如何建立能永續發展的任何型態的偉大機構。從美國癌症協會之類的公益組織，到地方教育單位、大專院校、教會、團隊、政府，甚至家庭和個人，各式各樣非營利機構的人員都表示他們發現本書的觀念極有價值。

例如，無數的醫療保健組織都認為，當他們一方面要適應周遭世界的劇變和與日俱增的競爭壓力，另一方面又要保持社會使命感時，將核心價值與做法策略區分開來的觀念非常重要。一位大學董事也運用同樣的觀念，來區分強調學術自由的恆久核心價值和關於終身職的實際措施。他解釋：「這個分別非常重要，幫助我在日漸老化的終身職制度下推動必需的變革，同時又不會忽略了重要的核心理想。」

超越對公司創辦人的依賴、透過近乎教派般的狂熱文化來為組織「造鐘」的觀念，對於許多社會公益組織幫助很大，例如「城市年」組織就是如此。城市年是個社區服務計畫，鼓勵數以百計正值大專年齡的年輕人投入一年的時間，參與改善美國都市的志願服務計畫——有如「美國本土的和平部隊（Peace Corps）」。和許多社會公益組織一樣，「城市年」的起源要追溯到幾位高瞻遠矚、有強烈社會使命感的創辦人。其中一位創辦人卡翟（Alan Khazei）希望能將自己強烈的使命感和願景轉化為組織的特質，如此一來，無論未來領導人是誰，核心理念都不會改變。於是，他不再只是希望改造社會的夢想家，而致力於創建一個恆久抱持社會使命的組織，換句話說，從「報時的人」轉變成「造鐘的人」。社會公益組織通常是為了因應某個社會問題而成立，就好像公司往往是為了呼應某個偉大構想或及時掌握商機而創辦。但就像任何偉大構想或商機終究會過時一樣，社會組織的創始目標有朝一日也可能變得無關緊要。因此，尋找能超越創始理念、更深刻而持久的存在目的，就變得非常重要。

就概念的層次而言，我們看不出高瞻遠矚的「公司」和高瞻遠矚的「非營利機構」有什麼差別。兩者都必須擺脫對單一領導人或偉大構想的依賴；兩者都仰賴恆久不變的核心價值和超越賺錢以外的長期存在目的；兩者都需要自我改造，以因應不斷變動的世界，但又同時維護核心價值和目的；兩者都獲益於教派般的組織文化和悉心關注接班計畫；兩者都需要推動進步的機制，不管是膽大包天的目標、鼓勵實驗和創業精神或持續改善都好；兩者都需要建立統一的步調，一方面保存核心價值與目的，同時又能刺激進步。當然，營利與非營利機構的組織架構、策略、競爭動態和經濟環境都不同，但是要建立持久不墜的卓越組織時，基本原則卻沒有什麼差別。

我們也開始明白如何把《基業長青》的觀念應用到社會及政府的層面。舉例來說，日本和以色列都努力藉著建立強烈的目的感和核心價值，上下一心、通力合作的機制和全國一致的大膽目標，來塑造團結的社會。歷史學家塔克曼（Barbara Tuchman）在《從史著論史學》（*Practicing History*）中發表她的觀察：「雖然有這麼多問題，以色列卻有一個得天獨厚的優勢：目的感。以色列人或許並不富裕……也不能擁有平靜的生活，但他們卻擁有一股通常會被財富壓抑的精神力量：原動力。」這種原動力並非仰賴高瞻遠矚的魅力型領袖來啟動，而是深植於以色列的社會結構中，全民一律服兵役這類強而有力的團結機制更強化了這種原動力。正如一位以色列記者所形容：「以色列和大多數國家不同的是，每個以色列人都知道，我們有一個恆久不變的目標：要為猶太人提供一個可以安身立命的地方。」

美國也有強而有力的國家核心價值，美國《獨立宣言》和〈蓋茲堡演說〉中都清楚闡述了美國的核心價值，然而美國人需要更深入理解我們恆久不變的核心目的為何。絕大多數的以色列公民都可以清楚告訴你以色列為何存在，我們很懷疑在今天的美國，是否還可以看到同樣的凝聚力。大多數的美國人民對於美國恆久不變的核心價值與我們的做法、結構和策略有何差別，似乎也感到很困惑。不管制槍枝究竟是美國的核心價值，還是做法？平權計畫算是核心價值，還是策略？如果能嚴格遵從「保存核心／刺激進步」的原則，將核心價值和做法策略區分開來，因此在保存國家理想之時，也同時推動建設性的變革，那麼整個國家必將獲益。

最後，或許也最有趣的是，許多人告訴我們，他們發現這些重要觀念對他們的個人生活和家庭生活也很有用。許多人將「保存核心／刺激進步」的陰／陽觀念應用到自我認同和自我更新的基本個人問題上。「我是誰？我的信念為何？我生存的目的何在？在這個不可預測的混亂世界裡，我如何維持自我感覺？如何在生活和工作中找到意義？如何日新又新，接受刺激，不斷進步？」今天，這些問題帶給我們的挑戰或許更甚以往。由於工作保障的神話已然破滅，變化的速度愈來愈快，再加上整個世界變得更加模稜兩可、複雜難解，任何人如果只仰賴外在結構來提供穩定和延續的力量，精神支柱很可能崩潰瓦解。唯一可靠的穩定力量是強烈的內在核心價值，以及除了核心信念不變之外，願意改變其他的一切，以適應任何變化。在今天這個難以預測的世界，人們無法清楚預測前途如何，以及未來的人生將呈現何種面貌。高瞻遠矚公司的創辦人睿智地理解到最好先了解自己是誰，而不是將往哪裡去——因為未來的方向幾乎必然會改變。無論對我們自己的人生或對充滿抱負的高瞻遠矚公司而言，這都是重要的教訓。

持續不斷地學習

自從本書出版之後，我們已經學到很多東西，而我們還有更多需要學習的地方。我們學到了「報時的人」可以成為「造鐘的人」，而我們正在學習如何協助報時者成功轉變成「造鐘的人」；我們了解到，我們低估了協調一致的重要性，而我們正在學習如何在組織內部加強協調一致；我們了解到，適當的目的對於組織有深遠的影響（單靠核心價值無法產生如此深遠的影響），因此組織應該花更多心力找出自己存在的目的；我們學習到企業購併為高瞻遠矚公司帶來一些特殊的問題，而我們正在學習如何協助組織在《基業長青》的架構中思考購併問題。我們學習到如何在跨文化的環境裡和非營利的組織中應用這些觀念；我們也學習到能在二十一世紀長期屹立不搖的卓越公司，將需要建立起與二十世紀截然不同的結構、策略、做法和機制；然而在設計未來的組織架構時，我們在《基業長青》中提出的基本觀念將變得更加重要。

我們的內心一直有強烈的驅動力，渴望學習，也渴望教導別人，這股驅動力不會隨著本書的出版而結束，這只是開始。我們會繼續追求新洞見，發展新觀念，創造有用的新應用工具。柯林斯在科羅拉多州的包德爾市建立了一個管理研究實驗室，薄樂斯則繼續在史丹佛大學企管研究所教學和研究，並推出關於高瞻遠矚公司的新課程。因此，我們很樂於聽讀者分享推行《基業長青》觀念時的經驗和觀察，或提出未來進一步的研究中需要思考的問題、挑戰和議題。我們很希望聽到您的意見。

序文

學以致用，打造高瞻遠矚的公司

我們相信世界上每一位企業執行長、經理人和創業家都應該閱讀《基業長青》這本書，每一位董事、顧問、投資人、記者、商學院學生，以及對全世界最成功的長青企業的特色深感好奇的人也都應該閱讀本書。我們之所以膽敢這麼說，不是因為我們是本書的作者，而是因為這些公司能提供許多借鏡。

就我們所知，我們為本書所做的研究可說是史無前例。我們挑選了一批通過時代考驗、歷久不衰的傑出公司，這些公司的平均創辦年份為一八九七年，然後開始研究這些公司從創立之初一路發展到今天的過程；而且我們還拿這些公司和另一組背景和發展過程類似、但沒能達到同樣地位的優秀企業來相比較。我們檢視他們在草創期間的表現；也研究他們成長為中型公司和大企業時的表現；我們還觀察他們如何因應周遭世界的劇烈變化，例如發生世界大戰、經濟蕭條、革命性的科技創新、文化變動等。在整個過程中，我們不斷在問：「這些真正卓越的公司之所以有別於其他公司，主要原因為何？」

我們希望超越今天不斷冒出來的管理新名詞和流行思潮，找出恆久不變、令卓越公司長期傲視群雄的管理原則。我們在過程中發現，今天許多「創新」管理方式其實一點也不新，許多新的管理術語，例如員工入股、授權、持續改善、全面品管、共同願景等，都不過是新瓶裝舊酒而已，有的甚至可以遠溯到十九世紀的企業早已採行的做法。

不過，許多發現仍然令我們大感驚訝，甚至感到震驚。我們的研究推翻了許多流行的迷思，打破了傳統架構。研究計畫進行到半途，看到我們找到的許多證據違反了既定觀念和過往「知識」時，我們自己也深感迷惑，必須先設法拋棄以往所學，才能學習新知識。我們必須打破舊框架，建立新的思考架構，而且有時候得從頭做起。我們花了六年時間才辦到，但每一分鐘都很值得。

當我們回頭檢視我們的發現時，最重要的領悟是：幾乎每個人都可以在建立卓越企業的過程中，扮演要角。不分層級的經理人都可以從這些公司的經驗中學到教訓，並且應用在自己的工作上。過去許多人認為，企業的發展有賴於一位命定的領導人，他與生俱來的稀有神祕領導特質是別人所無法仿效的，如今這種消磨志氣的觀念早已遭到淘汰，至少在我們眼中是如此。

我們希望本書能讓你獲益良多；我們希望書中幾百個範例能激勵你立刻在自己的組織內採取行動；我們希望書中的觀念和架構將能深植於你的內心，引導你的思考方向；我們希望你能從中增長智慧，並將智慧的結晶傳遞給其他人。但最重要的是，我們希望你從中獲得信心和啟發，因此你不是只將所學到的教訓應用到「其他人」身上，而是可以學以致用，並藉此打造出高瞻遠矚的公司。

柯林斯與薄樂斯，一九九四年三月於加州史丹佛大學

第一章

皇冠上的寶石

高瞻遠矚公司是同業中的翹楚、皇冠上的寶石。
他們究竟為什麼能卓然超群、基業長青呢？
本章破解其中的十二迷思，
找出恆久不變的準則。

當我回顧一生的工作，或許最令我驕傲的是，我曾經協助創建了一家公司，無論其價值觀、做法和成功經驗都對全球企業的管理方式產生了巨大衝擊。我尤其自豪的是留下了一個永續發展的組織，在我百年之後，這個組織依然屹立不搖，成為企業典範。

——惠普公司創辦人惠烈特（William R. Hewlett），一九九〇年

我們必須致力於維繫公司旺盛的生命力——追求實質的成長和組織的成長——因此公司再過一百五十年，仍能屹立不搖，歷經時代考驗依然長青。

——寶鹼公司前執行長史梅爾（John G. Smale）於一九八六年寶鹼一五〇週年慶時

本書不是在探究魅力十足、高瞻遠矚的領導人，也不是在討論前瞻的產品概念或市場洞見，甚至不是在鼓吹企業願景。

本書談的是更重要、更持久、更實在的事情。本書討論的重點是「高瞻遠矚的公司」。什麼是高瞻遠矚的公司呢？高瞻遠矚的公司是同業中的翹楚——皇冠上的寶石，在業界備受尊崇，而且長期以來對周遭世界產生了深遠影響。關鍵在於，高瞻遠矚的公司是組織、是機構。所有的領導人，無論是多麼高瞻遠矚或多麼有領導魅力，他們的生命終究會走到盡頭；所有前瞻的產品和服務（所有「偉大的構想」）也終究會過時。的確，整個市場都可能因為跟不上時代而消失不見。然而高瞻遠矚的公司卻能通過時代的考驗，歷經不同的產品生命週期和不知多少世代的領導人，仍然持續欣欣向榮。

不妨暫且停下來，試著在腦海中勾勒出你心目中的高瞻遠矚公司，列出五到十個符合下列條件的組織：

- 同業中的翹楚
- 在企業界備受尊崇
- 為我們生活的世界造成不可磨滅的影響
- 執行長的職位已經歷多次世代交替
- 歷經多次產品（或服務）的生命週期
- 在一九五〇年之前創立

檢視你所列出的這些公司：他們有哪些地方特別令你印象深刻？你可曾注意到這些公司有什麼共同點？他們能長期屹立不搖並蓬勃發展的原因為何？其他公司或許曾經擁有相同的機會，卻沒能獲致相同的聲譽，究竟差別何在？

我們進行了為期六年的研究，找出一組高瞻遠矚的公司，並且有系統地研究這些公司的發展歷程，透過檢視高瞻遠矚公司和我們精心挑選出來的對照公司之間有何不同，從而找到高瞻遠矚公司之所以長期屹立不搖的背後因素。本書將呈現我們的發現，並闡述這些發現的意義。

我們希望從一開始就表明：這些對照公司並非很糟糕的公司，也不盡然沒有遠見。事實上，他們都是好公司，而且大部分都和高瞻遠矚公司同樣歷史悠久，股市表現也超越大盤，但整體而言，這些公司卻無法像我們所研究的高瞻遠矚公司那麼備受推崇。在大多數情況下，你可以把高瞻遠矚公司看成金牌選手，而對照公司則是銀牌或銅牌選手。

我們決定稱這些公司為「高瞻遠矚」的公司，而非僅僅是「成功」或「長青」的公司，主要是為了反映一個事實——這些公司與眾不同，卓然超群，是企業中的頂尖菁英。他們不只是成功而已，也不僅僅歷史悠久，他們是同行的一流企業中的翹楚，而且數十年來一直維持這樣的頂尖地位。許多公司的管理方式已經成為全球企業的典範（表1.1列出我們所研究的公司。我們必須聲明，今天企業界並非只有這些公司是高瞻遠矚的公司，同時我們會簡單說明我們如何挑選出這些公司）。

不過，儘管這些公司如此特別，他們的過往紀錄並非完美無瑕（如果你檢視自己所列出的公司，我們猜其中大多數公司在漫長的發展過程中，一定也曾一敗塗地，或許還曾失敗好幾次）。迪士尼公司曾在一九三九年面臨嚴重的財務周轉問題，而被迫公開上市；後來在一九八〇年代初期股價低迷時，又差點被企業狙擊手看上而遭到購併。波音公司在一九三〇年代中和一九四〇年代末都曾陷入困境，後來在一九七〇年代初期，營運又再度出現問題，還因此裁掉六萬多名員工。3M一開始時，只是一家失敗的礦業公司，在一九〇〇年代初期，幾乎關門大吉。惠普在一九四五年營運曾遭重挫，股價更曾在一九九〇年跌破票面值。索尼公司在初創的五年（一九四五至一九五〇年）中，推出的產品屢嘗敗績；一九七〇年代在錄影機市場爭霸戰中，索尼的β系統又輸給VHS系統。福特汽車在一九八〇年代初期，曾創下美國商業史上金額最龐大的年度虧損紀錄（三年內總計虧損三十三億美元），後來才痛下決心，全盤改造，爾後反敗為勝。一八一二年創立的花旗銀行（拿破崙在同一年揮軍進攻莫

表 1.1　本書所研究的公司

高瞻遠矚公司	對照公司
明尼蘇達礦業製造公司（3M）	諾頓（Norton）
美國運通（American Express）	富國銀行（Wells Fargo）
波音（Boeing）	麥道（McDonnell Douglas）
花旗銀行（Citicorp）	大通銀行（Chase Manhattan）
福特（Ford）	通用汽車（General Motors）
奇異（General Electric）	西屋（Westinghouse）
惠普（Hewlett-Packard）	德州儀器（Texas Instruments）
國際商業機器公司（IBM）	寶羅斯（Burroughs）
嬌生（Johnson & Johnson）	必治妥施貴寶（Bristol-Myers Squibb）
萬豪（Marriott）	豪生（Howard Johnson）
默克藥廠（Merck）	輝瑞藥廠（Pfizer）
摩托羅拉（Motorola）	增你智（Zenith）
諾斯壯（Nordstrom）	梅維爾（Melville）
菲利普莫里斯（Philip Morris）	雷諾茲納貝斯克（RJR Nabisco）
寶鹼（Procter & Gamble）	高露潔（Colgate）
索尼（Sony）	建伍（Kenwood）
沃爾瑪（Wal-Mart）	艾美絲百貨（Ames）
迪士尼（Walt Disney）	哥倫比亞（Columbia）

斯科），在十九世紀末、一九三〇年代美國經濟大蕭條和一九八〇年代末全球外債風暴中，都曾一蹶不振。IBM則在一九一四和一九二一年兩度瀕臨破產，在一九九〇年代初期又三度遭逢困境。

的確，所有的高瞻遠矚公司都曾面臨挫敗，並且犯下錯誤，在我們撰寫本書之時，有些公司也正經歷困難。不過高瞻遠矚的公司往往展現了非凡的韌性和復原能力，能夠逆流而上，這點非常重要。

結果，高瞻遠矚公司的長期經營績效都傲視群雄。假設你在一九二六年一月一日，同樣投資一美元於美國整體股市基金、對照公司股票基金和高瞻遠矚公司股票基金，如果你把所有的股利都拿來再投資，並且在公司股票上市後做適當調整，到了一九九〇年十二月三十一日，你投入整體股市基金的那一塊錢會增加為四百一十五美元——還算不賴；投資對照公司股票基金的一塊錢會增加為九百五十五美元——幾乎是投資於整體股市的兩倍；但投資於高瞻遠矚公司股票基金的一塊錢則價值已高漲為六千三百五十六美元，差不多是投資對照公司的六倍，或投資於整體股市的十五倍（圖1.A顯示從一九二六到一九九〇年累積的股票投資報酬，圖1.B則顯示高瞻遠矚公司及對照公司的股票投資報酬，與同一時期投資整體股市的績效之比）。

但高瞻遠矚公司的貢獻，不僅僅在於長期下來能創造極高的財務報酬，而是這些公司往往已經與社會的每個層面高度融合。想想看，如果沒有思高牌（Scotch）膠帶、3M利貼便條紙、福特T型汽車和野馬汽車（Mustang）、波音七〇七和七四七噴射客機、汰漬（Tide）洗衣粉和象牙（Ivory）肥皂、美國運通卡和旅行支票、花旗銀行首創的自動櫃員機、嬌生的

圖 1.A　投資 1 美元到股市的累計報酬

1926 年 1 月 1 日 -1990 年 12 月 31 日

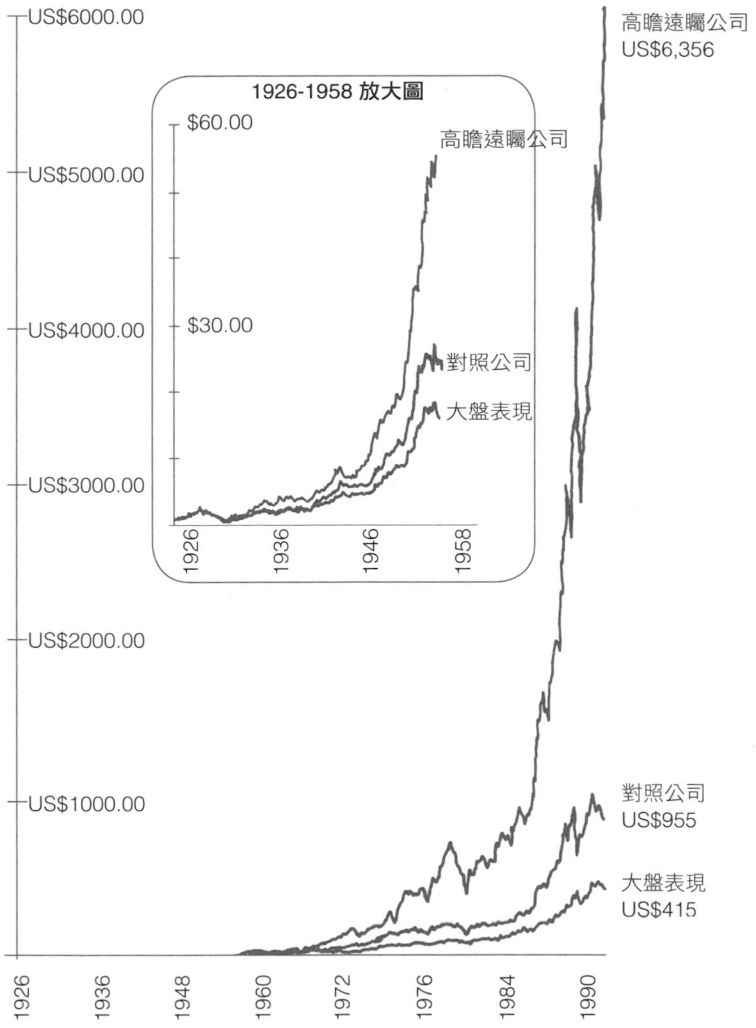

圖 1.B　累計股票投資報酬與股市整體表現比較

1926-1990

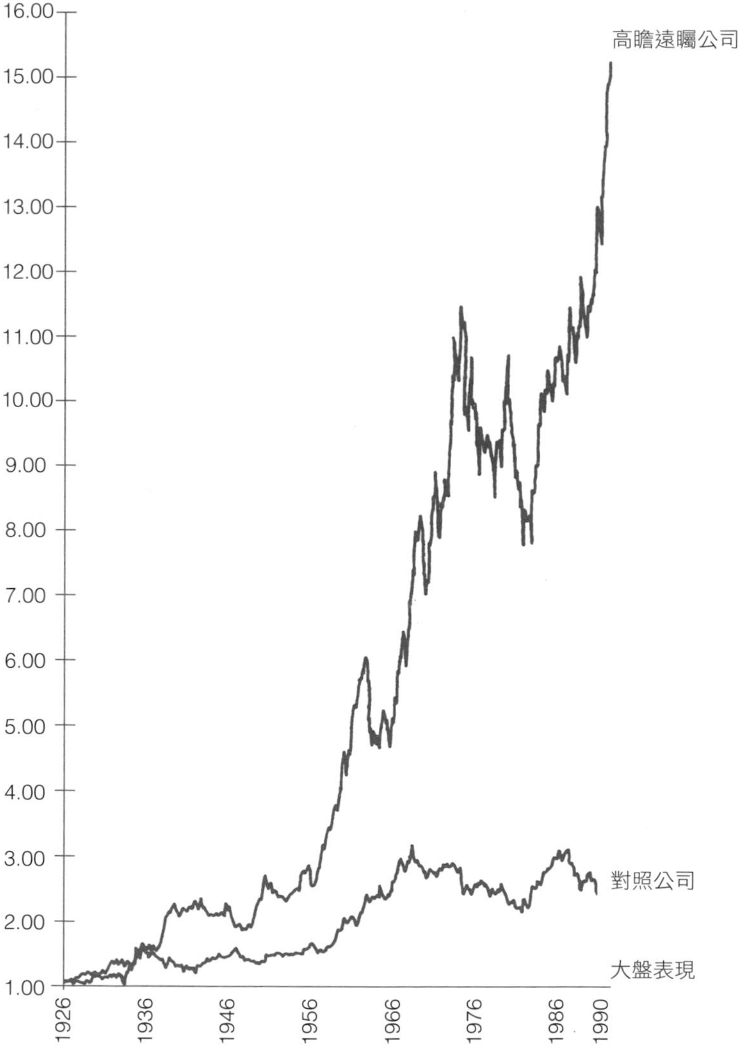

ＯＫ繃（Band-Aid，又稱「創可貼」）和泰諾止痛藥（Tylenol）、奇異公司的電燈泡和家電、惠普的計算機和雷射印表機、ＩＢＭ三六〇電腦和 Selectric 打字機、萬豪酒店、默克藥廠的降膽固醇藥（Mevacor）、摩托羅拉的手機和呼叫器、諾斯壯建立的顧客服務標準，以及索尼的特麗霓虹電視（Trinitron TV）和隨身聽，這個世界會變成什麼樣子。想想看，有多少小孩（和大人）都是在迪士尼樂園、米老鼠、唐老鴨和白雪公主陪伴下長大。你能想像美國都市的高速公路旁如果沒有萬寶路香菸的牛仔廣告看板，或是鄉間如果少了沃爾瑪購物商場，會是什麼景象嗎？無論是好是壞，這些公司都已為周遭世界留下了不可磨滅的印記。

了解這些公司為什麼能脫穎而出，躋身於我們心目中特別高瞻遠矚的公司之列，是非常有趣的經驗。他們究竟是怎麼起家的？他們如何因應從小型新公司演化到全球大企業的不同階段中所遭逢的困境？一旦茁壯為大企業後，他們呈現出什麼樣的共同特質，令他們有別於其他公司？想要開創類似公司、並永續經營這些公司的人，能夠從他們的經驗中學到什麼教訓？請加入這場發現之旅，你將能從本書找到問題的答案。

我們將利用本章的後半段來說明研究流程，接著在第二章提出我們的發現，包括許多驚人而意外的發現。但我們在此處將先提出十二個常見的迷思，我們在研究過程中一一推翻了這些迷思。

破解十二迷思

迷思１：必須有偉大的構想，才能開創偉大的公司。

實際狀況：靠「偉大的構想」來創業或許不是什麼好主意。脫胎於偉大構想的高瞻遠矚公司幾乎寥寥無幾。事實上，有的公司剛誕生時，根本沒有任何具體想法，有幾家公司甚至一開始還一敗塗地。而且無論創業構想為何，和對照公司比起來，高瞻遠矚公司在創業初期就成功的比例反而比較少。就好像龜兔賽跑一樣，高瞻遠矚公司往往起步較慢，但卻在漫長的賽程中贏得最後的勝利。

迷思2：高瞻遠矚的公司必定有深具魅力和遠見的偉大領導人。

實際狀況：高瞻遠矚的公司不見得絕對需要高瞻遠矚的領導人，而且事實上魅力十足、高瞻遠矚的領導人可能反而對公司的長期發展有害。攤開高瞻遠矚公司的發展史會發現，有許多深具影響力的執行長其實都不是備受矚目的魅力型領導人——的確，有的人還刻意避免這種作風。他們就好像參與制憲會議的美國開國元勛一樣，把全副心力都放在建構一個能永續發展的組織，而不是一心一意想成為偉大的領導人。他們努力成為造鐘的人，而不是報時的人，而且比起對照公司的執行長來，他們更明顯展現出這樣的風格。

迷思3：最成功的公司都以追求最大利潤為存在的首要目的。

實際狀況：和商學院的信條恰好相反，在高瞻遠矚公司的發展過程中，「為股東創造最大財富」或「追求最大利潤」並非最主要的驅動力或目標。在高瞻遠矚公司追求的眾多目標中，賺錢只是其中一個目標，而且不一定是重要目標。沒錯，他們追求利潤，但是他們也同樣遵循核心理念的指引——包括公司的核心價值和超越賺錢的存在目的。然而弔詭的是，高瞻遠矚公司賺到的財富反而勝過純粹利潤導向的對照公司。

迷思4：高瞻遠矚的公司都擁有一組共通的「正確」核心價值。

實際狀況：高瞻遠矚的公司並沒有什麼「正確的」核心價值。的確，不同公司的理念可能南轅北轍。高瞻遠矚公司的核心價值甚至不必然是「開明進步的」或「以人為本」，雖然通常都確是如此。最重要的關鍵不在於理念為何，而在於公司上上下下是否真心相信它，並且言行舉止間奉行不渝。高瞻遠矚的公司不會問：「我們應該重視什麼價值？」而會問：「我們真正深信不疑並身體力行的是什麼價值？」

迷思5：唯一不變的就是變動。

實際狀況：高瞻遠矚的公司幾乎都以宗教般的虔誠來保存核心理念，很少改動。他們的核心價值早已根深柢固，不會隨著時代趨勢或流行風潮起舞。在某些情況下，核心價值甚至歷經百年而不變。而且高瞻遠矚公司存在的根本目的就好像地平線上永遠閃耀的星光般，多年來一直是公司的指路明燈。不過，儘管信守核心理念，高瞻遠矚的公司仍然努力追求進步，以不犧牲核心理想為原則，不斷進行變革，並自我調整。

迷思6：頂尖企業往往不輕易冒險。

實際狀況：在外人眼中，高瞻遠矚的公司或許作風稍嫌保守，但是他們並不害怕全力以赴，追求「膽大包天的目標」。膽大包天的目標就好像攀登高山或登陸月球一樣，十分嚇人，風險也高，但是探險帶來的刺激和挑戰能激發人們的膽識，鼓舞冒險精神，創造出巨大的動能。高瞻遠矚的公司很懂得運用膽大包天的目標來刺激進步，因此能在公司發展的關鍵時刻，一舉超越對照公司。

迷思7：高瞻遠矚公司是每個人夢寐以求的工作環境。

實際狀況：只有能完全「適應」高瞻遠矚公司的核心理念和嚴苛標準的人才會覺得這裡的工作環境很棒。到高瞻遠矚公司上班的人如果不是適應良好、勝任愉快，就可能像病毒般慘遭排斥，中間沒有任何灰色地帶。高瞻遠矚公司很清楚自己存在的意義和追求的目標，因此不願或無法順應標準的人幾乎沒有任何生存的空間。

迷思8：非常成功的公司都是透過複雜而高明的策略規畫，踏出成功的腳步。

實際狀況：高瞻遠矚公司其實是透過不斷實驗、嘗試錯誤或純靠機遇或意外，而踏出成功的一步。事後回顧，彷彿當初充滿先見之明或預先規畫得當，其實不過是「咱們就試試看不同的做法，行得通的就保留下來」的結果。由此看來，高瞻遠矚的公司其實是在模仿生物界的物種演化過程。我們發現，如果要複製高瞻遠矚公司的成功經驗，達爾文《物種原始》（*Origin of Species*）中的觀念比其他任何有關企業策略規畫的教科書都管用。

迷思9：企業應該從外界網羅執行長來推動根本變革。

實際狀況：綜觀高瞻遠矚公司合計一千七百多年的發展歷程，我們發現只有兩家公司加起來曾經四次向外尋求執行長人選。高瞻遠矚公司遠比對照公司更重視從內部培養主管的原則（比例是對照公司的六倍）。他們再度推翻了「重大變革和創新構想不可能來自於內部員工」的傳統智慧。

迷思10：最成功的公司都專注於打敗競爭對手。

實際狀況：高瞻遠矚的公司一心一意只想戰勝自己，成功和擊敗競爭對手並非他們追求的最終目標，而是不斷自問「我們要怎麼樣自我改進，明天才能表現得比今天更好？」的結果。他們每天都問這個問題，這早已成為他們日常紀律的一部分，有時候持續了一百五十年。無論他們達到多大成就，也無論多麼遙遙領先競爭對手，他們從來不滿意自己的表現。

迷思11：魚與熊掌不可兼得。

實際狀況：高瞻遠矚公司不會殘酷地逼自己接受「非此即彼的暴政」，換句話說，不會採取純理性觀點，認為只能二選一，不能兼得。他們拒絕在穩定或進步、教派般的企業文化或尊重個人自主權、內部培育主管或推動根本變革、採取保守措施或設定大膽目標、追求利潤或遵循根本價值之間做選擇，反而選擇擁抱「兼容並蓄」哲學，希望魚與熊掌能夠兼得。

迷思12：企業主要藉由「願景宣言」而成為高瞻遠矚的公司。

實際狀況：高瞻遠矚的公司不完全因為發表了深具遠見的願景宣言（雖然他們通常都有這樣的宣言），也不是因為寫下了今天在管理界膾炙人口的願景、價值、目的、使命聲明

（雖然寫下這類聲明的高瞻遠矚公司遠多於對照公司，而且早在這種做法蔚為時尚之前幾十年，他們就開始這樣做），而達到今天的地位。在建立高瞻遠矚公司的過程中，敘述企業願景和價值觀或許很有助益，但只不過是這些公司無數基本特質中的一小部分而已。

研究計畫

緣起：誰是3M那位高瞻遠矚的領導人？

一九八八年，我們開始討論企業「願景」的問題：真的有企業願景這回事嗎？如果有的話，企業願景到底是什麼？為什麼有的組織會如此高瞻遠矚？當時，大眾媒體非常熱中討論願景，然而我們卻很不滿意我們所讀到的內容。

首先，許多人都愛把「願景」這兩個字掛在嘴邊，用法卻各不相同，令人十分迷惑。有的人把願景看成未來市場的清晰圖像；有的人則視之為洞悉技術或產品走向的眼光，例如麥金塔電腦的誕生；有的人強調組織的願景——價值、目的、使命、目標、對理想工作環境的想像。真是一團混亂！難怪有這麼多務實的企業界人士對於願景抱持高度懷疑的態度；因為整個觀念聽起來太過模糊不清、又不切實際。

更何況（這也是我們最感困擾之處），幾乎所有關於願景的討論和文章，似乎都有個所謂「高瞻遠矚的領導人」形象呼之欲出（通常這個人都極具領導魅力、備受矚目）。但我們自問，如果高瞻遠矚的領導人對於建立卓越組織如此重要，那麼誰是3M公司高瞻遠矚的魅力型領導人呢？我們不曉得是誰，你知道是誰嗎？數十年來，3M一直在業界備受推崇，然而幾乎沒有幾個人曉得3M現任執行長、或前任執行長、或再前任執行長，叫什麼名字。

許多人會形容3M為一家高瞻遠矚的公司，但3M似乎沒有一位眾所周知、極具魅力、高瞻遠矚的領導典範。我們檢視3M的歷史，發現這家公司乃創立於一九〇二年。所以，即使它過去曾經有一位高瞻遠矚的領導人，我們幾乎可以確定，那個人很多年前就過世了（事實上，到一九九四年為止，3M已經換過十任執行長）。此外，我們也不可能把3M的成功單單歸功於產品概念、市場眼光或運氣特別好；沒有任何一種產品或好運能為企業創造出近百年的榮景。

顯然，3M代表的東西超越了高瞻遠矚的領導、前瞻的產品概念或市場洞見，或啟迪人心的願景宣言，我們決定，稱之為「高瞻遠矚的公司」最適當。

因此，我們展開了大規模的研究計畫，而本書就是根據研究結果而寫成。總之，研究計畫有兩個最主要的目標：

一、找出高瞻遠矚公司具有哪些共通的特性和動力（因此令他們有別於其他公司），並且把這些發現轉換成有用的概念架構。

二、有效地表達我們的發現，因此這些概念能影響企業管理的方法，並且對於想要開創、建立和永續經營高瞻遠矚公司的人有所助益。

步驟一：我們應該研究哪些公司？

暫且思考一下。假定你想要列出一份名單，上面都是值得研究的高瞻遠矚公司，但從過往文獻中根本找不到這樣一份名單，「高瞻遠矚的公司」是個未經測試的嶄新觀念。那麼你要如何列出這樣一份名單呢？

苦思之後，我們決定不要自行列出這份名單，因為我們可能會囿於既有的成見而偏愛某家公司，我們可能並不了解每家公司的全貌，也可能比較偏袒加州公司或科技公司，因為我們比較熟悉這些公司。

為了把個人偏見減到最低，我們決定擴大範圍，列出不同規模的領導企業，針對企業執行長展開調查，請他們協助我們列出高瞻遠矚公司的研究名單。我們相信，由於這些執行長位居頂尖企業最高層、實務經驗豐富，在挑選公司時，他們的判斷理應最睿智而練達。我們信任企業執行長的意見甚於學術界的意見，因為執行長需要不斷面對實務的挑戰，應付建立公司和管理公司的實際問題。我們推斷，頂尖企業的執行長對於同業和相關產業的公司有實際的了解，而且高效能的執行長必然會密切注意公司合作夥伴和競爭者的動態。

一九八九年八月，我們針對七百位企業執行長發出調查問卷，我們精心挑選的這些極具代表性的樣本乃是來自於以下名單：

- 《財星》雜誌（*Fortune*）五百大工業公司
- 《財星》雜誌五百大服務業公司
- 《企業》雜誌（*Inc.*）五百大未上市公司
- 《企業》雜誌一百大上市公司

為了確定樣本橫跨不同產業，具備充分的代表性，我們挑選的企業執行長也來自財星五百大名單中的每一種行業類別（工業和服務業各挑了兩百五十位執行長）。《企業》雜誌的名單則確保無論是上市或未上市的中小企業也都有充分的代表性（我們從這兩份名單中挑出了兩百位企業執行長）。我們請每位執行長最多提名五家他認為「非常高瞻遠矚」的公司。我們特別要求執行長親自回答問卷，而不要請部屬代勞。

結果我們的回收率高達二三．五％（收到了一百六十五份回函卡），平均每張回函卡列出三．二家公司。我們進行了一系列統計分析，以確認我們的樣本有足夠的代表性。換句話說，沒有任何一組執行長主導了最後的調查結果；我們的調查結果來自於全美各地和各種型態和規模的公司，在統計上有充分的代表性。

我們根據調查資料，挑出受到最多企業執行長青睞的二十家公司作為我們計畫研究的高瞻遠矚公司名單，然後刪除一九五〇年之後才創立的公司，理由是所有在一九五〇年之前創立的公司都已經證明他們並非單靠一位領導人或一個偉大的構想，就能長期屹立不搖。由於嚴格遵守這個標準，最後的名單只剩下十八家公司。其中最年輕的公司創立於一九四五年，歷史最悠久的公司則創立於一八一二年。在我們進行調查時，名單上十八家公司平均年齡為九十二歲，平均創立時間為一八九七年，創立年份的中位數則為一九〇二年（參表1.2）。

步驟二：避免「單找共通點」的陷阱（列出對照公司）

我們大可在高瞻遠矚公司的小圈子裡做比較，研究這些公司，提出問題：「這些公司有哪些共通點？」但這種單單尋找「共通點」的方式有個根本缺陷。

表 1.2　高瞻遠矚公司創立年份

	1812	花旗銀行
	1837	寶鹼
	1847	菲利普莫里斯
	1850	美國運通
	1886	嬌生
	1891	默克藥廠
	1892	奇異
	1901	諾斯壯
中位數：	1902	3M
	1903	福特汽車
	1911	IBM
	1915	波音
	1923	迪士尼
	1927	萬豪
	1928	摩托羅拉
	1938	惠普
	1945	索尼
	1945	沃爾瑪

如果我們只尋找共通點，可能會有什麼發現呢？舉個極端的例子，我們可能發現，這十八家公司全都擁有建築物！沒錯，我們會在高瞻遠矚公司和擁有建物之間找到百分之百的關聯性。我們也會發現，高瞻遠矚公司百分之百都有辦公桌、薪資制度和董事會、會計制度，還有……你現在該明白我的意思了吧！我們都同意，「成為高瞻遠矚公司的關鍵因素是擁有建物」是很荒謬的結論。的確，所有的公司都擁有建物，所以發現高瞻遠矚公司百分之百擁有建物，根本毫無意義。

請不要誤解了我們反覆嘮叨的用意。我們並非意圖抨擊對你我而言都再明顯不過的觀念，我們之所以再三說明，是為了一個悲哀的事實：許多有關企業的研究和文章都掉入類似的陷阱。假定你要研究一組成功的公司，你發現他們都強調以顧客為尊、或品管、或授權的重要，那麼你怎麼知道你所發現的管理方式不是等同於「發現成功企業都擁有建物」呢？你怎麼知道你發現了成功公司有別於其他同業的特質呢？你確實不知道，也沒法子確定，除非另外有一組對照公司可以做比較。

關鍵不在於：「這組公司有什麼共通點？」而是：「這些公司之間有什麼根本的不同？這組公司和另外一組公司有什麼不同？」因此我們的結論是，唯有把高瞻遠矚公司拿來和起步類似的公司相對照，才有可能達到研究目標。

於是我們有系統地根據以下條件，為每家高瞻遠矚公司精心挑選對照公司（參表1.1）：

● 在同時期創立：我們挑選的每一家對照公司都和高瞻遠矚公司在同時期創立。這些對照公司的平均創立年份為一八九二年，而高瞻遠矚公司的平均創立年份為一八九七年。

● 創業時期的產品和市場類似：在每個案例中，我們挑選的對照公司在創業初期都和高瞻遠矚公司提供類似的產品、服務，而且也針對相同的市場，到後來卻不一定仍和高瞻遠矚公司同屬一個產業。我們希望對照公司和高瞻遠矚公司起步相同，卻不必然終點也相同。舉例來說，摩托羅拉（高瞻遠矚的公司）後來的發展跨越了消費電子業，增你智（摩托羅拉的對照公司）卻沒有多角化發展；儘管兩家公司起點相同，後來卻有不同的發展，我們希望了解背後的因素為何。

● 受訪企業執行長在調查中提到次數比較少的公司：由於在挑選高瞻遠矚公司的時候，

我們非常依賴企業執行長的建議，因此在挑選對照公司的時候，我們也希望仰賴相同的資訊來源。

- 並非失敗的公司：我們不想拿高瞻遠矚公司來和一敗塗地或表現不佳的公司相比較。我們相信，保守的比較（也就是和其他好公司相比較）能確保我們的研究成果更具可信度和價值。如果我們把高瞻遠矚公司拿來和一敗塗地的公司相比較，當然很容易找到相異之處，但沒有什麼幫助。如果你把奧運金牌隊伍拿來和高中校隊相比較，你當然會找到相異之處，但這樣做有任何意義嗎？這些相異之處能告訴你任何有意義的資訊嗎？當然不能。但如果你把奧運金牌隊伍拿來和奪銀牌或銅牌的隊伍相比較，而且找到系統化的差別，那麼你的發現就十分可信，而且十分有用。因此只要可能，我們都希望把金牌隊伍拿來和銀牌、銅牌隊伍比較，這樣的發現才有實質的意義。

步驟三：發展軌跡與演變過程

我們決定不惜浩大工程，徹底檢視這些公司完整的發展史。我們不問：「今天這些公司具備哪些特色？」我們主要的關切是：「這些公司是怎麼起家的？經歷了什麼樣的發展歷程？他們如何克服小公司財務吃緊的窘況？如何設法從新創立的小公司過渡為基礎穩固的大公司？如何從公司創辦人手中把棒子交給第二代管理團隊？如何因應像戰爭或經濟大蕭條這類的重大歷史事件？如何面對革命性新科技的發明？」

我們進行這類歷史分析的原因有三：第一，希望我們所釐清的觀點不止對大企業很有價值，而且對中小企業的讀者也有極大助益。我們在各方面都擁有豐富的實務經驗和學術知識

（從創業到建立小公司到規畫大企業的組織變革），希望所創造的知識和工具對大小企業都很有用。

其次，而且更重要的是，我們相信唯有從演化的觀點來分析，才能充分理解高瞻遠矚公司背後的基本驅動力。打個比方好了，如果你不了解美國歷史的話（包括獨立戰爭、制憲會議的理想和妥協、南北戰爭、開拓大西部的經過、一九三〇年代的經濟大蕭條，以及傑佛遜、林肯、羅斯福等總統和其他許許多多歷史因素的影響），就不可能真正了解美國。在我們看來，企業和國家一樣，都會反映出過去事件累積下來的影響，以及前面幾個世代所形塑的公司面貌遺留的痕跡。

如果不先檢視默克在一九二〇年代提出的理念源自何處（「醫藥是為了治病，而不是為了賺錢。利潤乃隨後而至」），我們怎麼可能了解今天的默克藥廠？如果不了解奇異公司從二十世紀初期以來如何有系統地培育和挑選領導人才，我們怎麼可能了解威爾許（Jack Welch）治理下的奇異公司？如果不先檢視引領嬌生公司度過危機的公司信條（一九四三年制定），我們怎麼可能了解嬌生公司一九八〇年代面對泰諾止痛劑遭下毒的危機時，為何採取那樣的因應方式？我們不可能真的了解。

第三，我們相信，從歷史的角度來分析比較兩組公司，將更有意義。單單比較高瞻遠矚公司和對照公司近年來的表現，就好像只看馬拉松賽跑的最後三十秒賽程一樣。當然，你會看到結果是誰贏得金牌，但卻無法了解他為什麼會贏。要充分理解一場賽事的結果，你必須看完整場比賽，而且也要觀察賽前的準備──觀察不同的選手在訓練期間、在賽前準備階段，以及比賽時在第一哩、第二哩、第三哩和之後的表現。同樣的，我們也希望追本溯源，找到能回答下列有趣問題的答案：

●摩托羅拉為什麼能成功地從一家小型電池維修公司轉型橫跨汽車收音機、電視、半導體、積體電路和行動通訊等領域的大企業，而同時期創立、資源也大同小異的增你智卻只活躍於電視機市場，從來沒有辦法在其他領域成為主要競爭者？

●為什麼寶鹼公司創立了一五〇年之後，仍然蓬勃發展，而大多數公司如果能存活十五年，就已經值得慶幸了？寶鹼在創業之初遠遠落後競爭對手高露潔，最後為什麼卻能成為同業間的龍頭老大？

●為什麼在創辦人惠烈特和普克退休後，惠普公司依然健全發展、生氣勃勃，而一度是華爾街寵兒的德州儀器公司在哈格帝（Pat Haggarty）卸任後，卻一蹶不振？

●為什麼迪士尼公司能成為美國的象徵，歷經多次敵意收購的考驗，仍然欣欣向榮，而哥倫比亞電影公司卻日趨沒落，最後賣給日本公司？

●原本沒沒無聞的波音公司如何異軍突起，取代道格拉斯飛機公司（Douglas Aircraft，麥道的前身），勇奪全球商用客機製造業的龍頭寶座？一九五〇年代的波音公司究竟擁有什麼麥道公司缺乏的條件或特質？

我們的目的，是找出恆久不變的準則。但檢視歷史之後，我們就能得出合理的結論嗎？我們能從回顧企業十年、三十年、五十年或一百年前做過的事情，學到任何有用的東西嗎？當然，這麼多年來，整個世界已經起了天翻地覆的改變，而且也會繼續改變。這些公司或許沒有辦法將過去用過的方法直接拿來因應未來。我們承認這點。不過我們在研究過程中，一直不斷尋找隱藏在背後且恆久不變的基本法則和型態，這些原則即使跨越不同時代，仍然適用。舉例來說，高瞻遠矚公司用來「保存核心和刺激進步」（這是貫穿全書的重要原則）的方式會持續不斷地改變，但原則本身恆久不變——無論在一八五〇年，或在一九〇〇年、一九五〇年或二〇五〇年，都同樣重要。我們的目標是透過企業發展的漫長歷史，更深入了解企業，並且發展出有用的觀念和工具，以協助企業以高瞻遠矚的視野，面對二十一世紀和未來的挑戰。

的確，如果一定要指出本書和過去其他企管書籍最大的不同之處，我們會說，我們全盤檢視企業發展的歷史，並且直接和其他對照公司相比較。結果證明，要挑戰根深柢固的迷思，找出能跨越不同時代和各種產業的根本原則，這是最關鍵而有效的方法。

步驟四：在龐雜資料中「搜尋海龜」

一旦選定了研究對象，並且決定採取歷史研究和比較分析的方式，我們又面臨新的難題：在這些公司的漫長歷史中，我們究竟應該檢視哪些確切的項目？我們應該探討公司策略嗎？還是組織結構？管理方式？企業文化？價值？體制？產品線？還是產業狀況？由於我們無法預先判斷哪些因素足以解釋高瞻遠矚公司長期屹立不搖的原因，我們不能只專注於狹隘的範疇，而必須撒下天羅地網，廣泛蒐集證據。

在整個研究過程中，我們腦海裡一直牢記著達爾文搭乘小獵犬號探險的五年航程，他在加拉巴哥群島（Galapagos Islands）上湊巧發現每個島上的大海龜都不一樣。這個意外的觀察埋下了達爾文思想啟蒙的種子，他在回程中和返鄉工作後的思考都深受影響。達爾文之所以有機會產生新洞見，一部分是因為他僥倖有了意外的觀察。他原本並未刻意去尋找海龜之間的變異，卻湊巧看到了這些長相古怪、步履蹣跚的大海龜在各個島上四處漫遊，不完全吻合原先科學家對物種的假設。我們也很想意外碰到幾隻長相古怪的海龜，啟發我們的思考。

當然，我們並不希望只是漫無目標地漫遊，看看能不能碰巧看到一、兩隻海龜，而必須更有系統地進行研究。為了確保我們能有系統地蒐集到完整的資訊，我們採取了「組織流分析法」（Organization Stream Analysis），來蒐集資訊和篩選資訊。研究小組根據這個架構，在每家公司完整的發展史中，蒐集和追蹤九類資訊。這九個類別幾乎涵蓋了企業的各個層面，包括組織、經營策略、產品和服務、技術、管理、股東結構、文化、價值、政策以及外在環境。同時，我們還系統化地分析了每家公司一九一五年之後的年度財務報告，以及一九二六年以後的每月股票報酬率。除此之外，我們還整體回顧了從一八〇〇到一九九〇年的美國歷史和商業史，並研究這些公司所代表的產業在這段期間的發展。

為了蒐集三十六家公司跨越九十多年的資訊，我們搜尋了一百多本書和超過三千份文獻（包括文章、案例研究、歷史文獻、公司出版品、影片等）。保守估計，我們閱讀了至少六萬多頁的資料（實際數字可能接近十萬頁），分析的文件足以填滿三個與肩齊高的檔案櫃、四個書架、並耗費了兩千萬位元組的電腦儲存空間來存放財務數據和分析（附錄三的表A.2列出了我們的資料來源）。

步驟五：收割辛勞的果實

接下來，是整個研究計畫最困難的部分。我們得從多得嚇人的資訊（大部分屬於質化資訊）中提煉出幾個能貫穿全局、相互呼應的重要概念，據以組織起研究計畫中蒐集到的豐富細節和支持證據。我們尋找一再出現的型態，設法找出潛在的趨勢和力量；希望歸納出足以解釋高瞻遠矚公司的歷史軌跡，並能為二十一世紀的經理人提供實際指引的觀念。

支撐這些發現的核心骨幹其實來自於對照分析。在研究過程中，我們不斷回到主要的問題：「在漫長的發展歷史中，究竟是哪些因素令高瞻遠矚公司超越了對照公司？」閱讀本書的時候，你會在附錄三找到表格式的參考資料，我們在附錄三就各個面向比較了高瞻遠矚公司和對照公司。

我們也將這個分析比較的過程和創造流程相結合。我們希望盡可能打破商學院教條和流行管理思潮的限制，尤其刻意尋求表面上和企業管理毫不相干的想法來激發我們的思考，並把這些想法和我們在研究中的觀察相結合。因此，我們大量閱讀非商業領域的書籍，包括生物學（尤其是演化論）、遺傳學、心理學、社會心理學、社會學、哲學、政治學、歷史和文化人類學等。

步驟六：在現實世界中測試和應用

在整個研究過程中，我們不斷藉由擔任企業顧問和董事的機會，讓研究的發現和概念接受現實世界的殘酷考驗。撰寫本書時，我們已經將研究出來的架構和工具應用在三十多個組織上，從年營收不到一千萬美元的新公司到名列《財星》雜誌五百大、價值數十億美元的大企業，跨越了電腦、醫療照護、製藥、生物科技、營建、零售、郵購、體育用品、電子儀器、半導體、電腦軟體、戲院連鎖、環境工程、化學和商業銀行等不同行業。和企業高階管理團隊共事的過程中（我們通常都直接面對執行長），我們得以在工商界最犀利、務實而嚴苛的一群人面前，說明我們的想法。

這樣的「火煉」過程提供了許多寶貴的意見，幫助我們在研究過程中持續修正原本的概念。例如，在一家製藥公司討論的時候，一位主管問我們：「有沒有『正確』或『錯誤』的核心價值？換句話說，到底是核心價值的內容最重要？還是無論核心價值的內容是什麼，核心價值本身是否真實可信、前後一致更重要？這些高瞻遠矚公司有沒有一組共同的核心價值？」我們聽完後，就回去檢視研究資料，有系統地回答這些問題（見第三章），因此完成了從研究到實行的環路。（圖1.C）在我們進行研究的五年期間，針對許多不同的問題，這個過程循環了好幾次，對本書有極大的貢獻。

讓證據說話

所有社會科學領域的研究計畫都有其潛在的限制和困難，我們的計畫也不例外。例如，我們沒有辦法在嚴密控制下，進行可一再重複的實驗，也就是在除了一個變數、其他所有重要變數都不變的情況下，評估這個變數的影響。我們很樂於把企業當做實驗的培養皿，但沒

圖 1.C　回饋環路

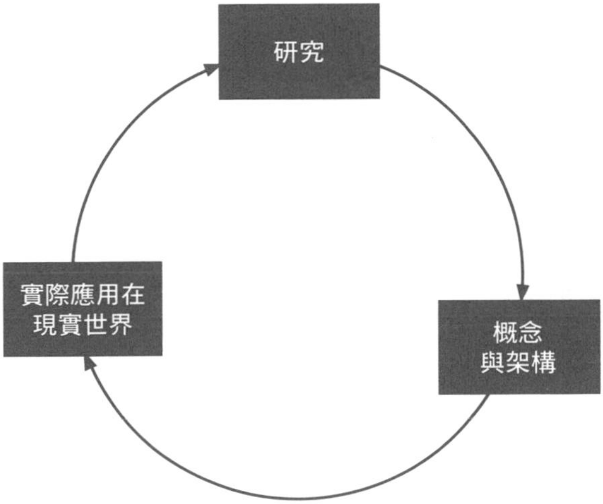

辦法這麼做，只好擷取歷史提供的材料，並盡可能發揮它最大的效用。批判性的讀者可能會對我們的研究方法有些疑慮，我們在本書最後的「附錄一」會一一回應這些疑慮。

儘管如此，即使充分考慮到這些疑慮，由於我們檢視的資訊數量如此龐大，加上從研究到理論到執行面持續不斷的循環調整過程，都令我們有充分的信心，認為我們的結論很合理，而且或許最重要的是，這些概念對於發展卓越企業將提供很大的幫助。我們不敢說已經發現了真理，沒有任何一位社會科學家敢這麼說，但我們確實敢說，透過這項研究計畫，我們對企業組織有了更完善的理解，也比過去掌握了更充分的概念，能夠據以建立卓越的企業。

接下來，我們將和讀者分享我們的發現。希望各位能精讀本書，從企業史中獲得教訓。但同時，也希望各位在閱讀的時候，能批判性地思考，並且保持客觀的態度；我們寧可看到你們經過深思熟慮後，完全不接受我們的觀點，也不希望看到你們毫不質疑地盲目接受我們的看法。接下來，就讓證據自己說話吧，而各位將扮演法官和陪審團的角色。

第二章

造鐘，而非報時

偉大的構想、魅力型領導人都是在「報時」，
而高瞻遠矚公司的創建者多半在「造鐘」，
他們打造的企業欣欣向榮，歷久不衰，
超越了產品的生命週期，
也超越了領導人的生命。

最重要的是有能力不斷建造、建造、再建造——從不停止，從不回頭，無休無止地——建造起事業來……說到最後，華特・迪士尼最偉大的創作就是迪士尼（公司）。

——席科（Richard Schickel）所撰《迪士尼》（*The Disney Version*）一書

我一直致力於竭盡所能，建立一家最好的零售公司。創造大量的財富從來都不是我刻意追求的目標。

——沃爾頓（Sam Walton），沃爾瑪連鎖商場創辦人

想像你碰到一個了不起的人，不分晝夜，無論在任何時候，他都可以看著太陽或星辰，準確說出時間和日期：「現在是一四〇一年四月二十三日兩點三十六分十二秒。」這個人真是了不起的報時者，我們可能十分欽佩他報時的本領，但是如果他不但會報時，還會建造能永遠報時的鐘，甚至在他生命終結後仍能持續報時，豈不是更了不起嗎？

擁有偉大的想法或身為高瞻遠矚、深具魅力的領導人都是「報時」者，建立起能超越任何領導人的壽命、且經歷多次產品生命週期後仍欣欣向榮的公司，則是「造鐘」。我們的第一個重要發現、同時也是本章的主題，就是說明高瞻遠矚公司的創建者多半是造鐘的人，而不是報時的人。他們把心力奉獻於建立組織（建造時鐘），而不是以前瞻的產品觀念衝刺市場。他們沒有滿腦子想著如何修煉高瞻遠矚的領導人必備的特質，而是有如建築師般，專注於建立高瞻遠矚公司的組織特色。他們的種種努力所達到的最重要成果，並非具體實現偉大

構想、展現領導魅力、充分滿足自我或累積個人財富，他們最偉大的創造物乃是公司本身，以及公司所代表的意義。

我們找到的證據打破了多年來無論社會大眾或商學院教育都十分看重的兩個迷思：「偉大構想」的迷思和「偉大領導人」的迷思。我們的研究得到的最有趣和最重要的結論之一，就是創辦高瞻遠矚公司絕對不需要仰賴偉大的構想或偉大的魅力型領導人。事實上，我們找到的證據顯示，魅力型領導人提出的偉大構想反而和創建高瞻遠矚公司有負面的關聯性。這些令人訝異的發現迫使我們從全新的角度和不同的觀點來思考企業成功的因素，而且也為企業經理人和創業家解開了傳統觀念的束縛。

「偉大構想」的迷思

一九三七年八月二十三日，兩個二十歲出頭、初出茅廬、毫無實務經驗的工程師見面討論創業事宜。他們對於新公司要做什麼毫無概念，只知道他們想投身電子工程業，合作創辦一家公司。他們腦力激盪，想了各種可能的產品和市場，但沒有想出任何足以激發創業靈感的偉大構想。

於是，惠烈特和普克決定先創辦公司，再弄清楚要做什麼。他們跨步向前，嘗試任何可以讓他們脫離車庫、賺到錢付清帳單的事情。根據惠烈特的說法：

我偶爾會去商學院演講，每當管理學教授聽到我說，我們在創業之初，根本沒有任何計畫，純粹碰運氣時，都感到十分震驚。當時，任何能賺到蠅頭小利的東西，我們都願意做。我們做過保齡球犯規檢測器、望遠鏡的時鐘驅動器、馬桶自動沖水器和減肥震動器。我們憑著僅有的五百美元資本，嘗試製造任何別人認為我們做得出來的東西。

保齡球犯規檢測器並沒有掀起市場革命，自動沖水馬桶和減肥震動器也反應平平。事實上，惠普公司在創業的頭一年走得跌跌撞撞，後來第一筆大生意才終於出現——賣了八個音頻示波器給迪士尼，在拍攝電影《幻想曲》（*Fantasia*）時使用。即使在那時候，惠普公司依然持續亂槍打鳥的方式，東試試、西弄弄，直到一九四〇年代初期靠著戰時合約，業績才扶搖直上。

相反的，德州儀器公司在起步之初就有成功的創業構想。德州儀器誕生於一九三〇年，當時的名稱是地球物理服務公司，「第一家針對可能的油藏進行地震反射測量的獨立公司，其德州實驗室並且自行開發及生產這類測量儀器。」德州儀器的創辦人和惠烈特及普克大不相同，他們在公司創立之初就有清楚的目標，希望利用特定技術，掌握市場機會。德州儀器創業時擁有「偉大構想」，惠普則沒有。

索尼公司也一樣。當井深大在一九四五年八月創立索尼公司的時候，他對產品其實沒有什麼既定想法。事實上，井深大和最初的七名員工在公司成立後進行腦力激盪，決定該做什麼產品。在公司創立後不久加入索尼的盛田昭夫指出，「幾個人坐在會議室裡……花了幾星期的時間，想弄清楚新公司應該做什麼生意，才有辦法賺到錢來營運下去。」他們考慮了各式各樣的可能性，從紅豆湯到袖珍高爾夫球具和計算尺。不止如此，索尼嘗試開發的第一個產品（簡單的電鍋）失敗了，第一個重要產品（錄音機）在市場上也慘遭滑鐵盧。於是早期的索尼公司靠著把電線縫在布料上，製造出雖粗糙但還賣得出去的熱墊來維生。相反的，建伍公司的創辦人和井深大可不同，他一開始就很清楚自己想做哪一類產品。他在一九四六年將公司取名為「春日無線電氣公司」，而根據《日本電子年鑑》的報導，「建伍公司始終是音響科技的專業開路先鋒。」

沃爾頓和井深大、惠烈特等企業傳奇人物一樣，創業時也欠缺偉大的構想。他剛入行時沒什麼想法，只有想要自己當老闆的強烈欲望和一點點零售知識（但充滿了工作熱情）。他並沒有在某天早上醒來時，突然覺得：「我有個偉大的點子，因此我要創辦一家公司。」並非如此。一九四五年，沃爾頓在阿肯色州的小鎮新港開了一家班法蘭克林（Ben Franklin）廉價商品連鎖店。「我完全不知道自己未來可以開創多大的格局，」他後來接受《紐約時報》採訪時表示，「但我一直深信，只要我們把工作做好，而且善待顧客，那麼未來的發展將不可限量。」沃爾頓從一家店開始，一步一腳印，創業二十年後，終於自然演化出鄉間折扣商店的「偉大構想」。他在自傳《縱橫美國》（*Made in America*）中表示：

> 多年來，大家似乎漸漸以為沃爾瑪是我步入中年後福至心靈、憑空想出來的點子，而這個偉大構想在一夕間爆紅。但（第一家沃爾瑪）其實完全是我們從一九四五年以來點點滴滴的努力產生的結果，是我不輕易滿足、精益求精的另一個例子，另一個實驗。就好像其他一夕成功的例子一樣，裡面隱含了二十年的心血。

諷刺的是，艾美絲百貨公司（在我們的研究中是沃爾瑪的對照公司）比沃爾頓的公司提早四年開始跨入鄉間折扣零售業。事實上，吉爾曼兄弟（Milton and Irving Gilman）在一九五八年創辦艾美絲公司時，就矢志實現鄉村折扣商店的「偉大構想」。他們「相信小鎮折扣商店將會成功」，而他們的公司在營運第一年就創下一百萬美元的銷售額（沃爾頓直到一九六二年才開了第一家鄉村折扣商店，在那之前，他一直經營幾家開在大街的小雜貨店）。起步比沃爾頓早的還不止艾美絲一家。根據沃爾頓的傳記作者崔伯（Vance Trimble）的說法：「（一九六二年時）其他零售商都在做同樣的生意，只不過他把生意做得比他人都好。」

惠普、索尼和沃爾瑪的發展歷程打破了一般人心目中的公司起源神話，總是描繪目光遠大的創業家如何因為前瞻的產品構想或市場洞見而創辦新公司。在神話中，創業成功的人通常都是憑著出色的構想（無論是關於新技術、新產品或新市場），率先起步，然後公司業務蒸蒸日上，隨著吸引人的新產品攀上成長曲線。然而儘管許多人對這個神話深信不疑，高瞻遠矚公司的創業過程卻並不符合這個型態。

我們研究的高瞻遠矚公司真正靠偉大構想或出色產品起家的可說寥寥無幾。麥瑞特（J. Willard Marriott）渴望自行創業，但是卻不清楚該做什麼生意，於是決定根據腦子裡唯一想到的點子開公司——加盟A&W沙士連鎖系統，在華盛頓開設一個飲料攤。諾斯壯公司一開始只是西雅圖市區一家小鞋店，當時約翰·諾斯壯（John Nordstrom）剛從阿拉斯加淘金回來，茫然不知下一步該怎麼走。默克最初只是專門從德國進口化學品的商人。寶鹼初創時只是肥皂和蠟燭製造商——一八三七年時，辛辛那堤有十八家類似的公司。摩托羅拉最初從事的業務是為施樂百收音機修理整流器，而且經營得非常辛苦。菲利普莫里斯公司最初則是倫敦龐德街一家小小的菸草零售店。

而且有些高瞻遠矚公司初創時和索尼一樣——出師不利。3M最初是一家經營不善的採礦公司，投資人手中的3M股票慘跌到在酒吧中「兩張股票只能換一小杯廉價威士忌」。由於不知道還能做什麼生意，3M開始製造砂紙。由於創業之初命運如此坎坷，3M第二任總裁上任後連續十一年沒有支薪。相反的，3M的對照公司——諾頓公司，一成立就跨入快速成長的市場，擁有創新的產品，而且在開始營運後十五年，有十四年都有盈餘分配股利，身價暴漲十五倍。

波音（Bill Boeing）的第一架飛機（一架模仿馬丁〔Martin〕機型、用手工打造的笨重水上飛機）也失敗了，在公司開始營運的頭幾年，波音公司陷入嚴重困境，只好靠做家具生意維生！相反的，道格拉斯飛機公司推出的第一架飛機就非常成功。道格拉斯公司最初的設計，是企圖讓這架飛機成為史上第一架從美國東岸不落地直飛到西岸的飛機，而且載重量超過飛機本身。後來道格拉斯公司把飛機改造為魚雷轟炸機，並且大量賣給美國海軍。道格拉斯公司從來不必像波音公司那樣，靠賣家具維生。

迪士尼（Walt Disney）製作的第一部卡通片《愛麗絲漫遊卡通仙境》（*Alice in Cartoon Land*，聽過這部片子嗎？）賣座不佳。為迪士尼作傳的席科寫道，迪士尼公司「大體上是個沉悶無趣的企業，盡說些陳腔濫調，你只能說這不過是把很普通的漫畫改編成動畫，靠攝影花招為它增添一些生氣。」哥倫比亞電影公司可不同。哥倫比亞推出的第一部電影《可悲甚於可鄙》（*More to be Pitied Than Scorned*）就非常賣座，只花了兩萬美元的成本，回收卻高達十三萬美元。有了這筆可觀的現金收入當靠山，哥倫比亞公司在兩年內又製作了十部賺錢的電影。

別再苦等「偉大構想」

總之，在我們所研究的高瞻遠矚公司中，只有三家公司（嬌生、奇異和福特）在誕生之初就受惠於成功的創新產品或服務，換言之，「偉大的構想」。即使就奇異和福特的例子而言，我們仍然在這個偉大構想理論中找到小瑕疵。就奇異公司而言，愛迪生的偉大構想其實不如西屋公司的構想那麼偉大，西屋公司努力推廣的交流電系統遠勝過愛迪生推動的直流電系統，後來交流電系統也確實在美國市場上勝出。就福特的例子而言，和市面上流行的神話恰好相反的是，亨利・福特（Henry Ford）並不是有了T型汽車的偉大構想之後，才決定創辦一家公司來實現夢想。恰好相反，福特之所以能夠掌握機會，推出T型汽車，是因為他當時已經成立了一家公司，可以充當推出新產品的發射台。他在一九〇三年創立福特汽車公司，想要一展自己在汽車工程上的長才（這是他多年來創辦的第三家公司），在一九〇八年推出T型汽車之前，福特其實曾陸續推出過A、B、C、F、K型汽車。事實上，在一九〇〇和一九〇八年之間，美國總共成立了五百零二家製造汽車的公司，福特公司不過是其中之一，因此生產汽車在當時不算什麼新奇的構想。為了和高瞻遠矚公司的經驗相比較，我們追蹤了十一家對照公司創業的經過，他們的創業經驗反而更受惠於偉大的構想，這十一家公司是：艾美絲百貨、寶羅斯、高露潔、建伍、麥道、諾頓、輝瑞、雷諾茲納貝斯克、德州儀器、西屋和增你智。

換句話說，我們發現高瞻遠矚公司比對照公司更不可能靠「偉大構想」起家。而且無論最初的創業理念為何，高瞻遠矚公司在創業初期也不像對照公司那麼成功。在十八組公司中，只有三家高瞻遠矚公司在創業之初比對照公司成功，但有十家對照公司在創業初期比高瞻遠矚公司成功，另外有三組公司，雙方表現不分軒輊。簡而言之，我們發現創業初期是否成功與成為高瞻遠矚公司之間只有反向的關聯。最後在長跑中獲勝的是烏龜，而不是兔子。

附錄二中更詳細說明所有高瞻遠矚公司及對照公司的創業基礎（我們把這些資料放在附錄，純粹是因為不想在此處打斷讀者的閱讀，因此雖然是附錄，仍然很值得一讀）。

如果你很想創建一家高瞻遠矚的公司，卻因為你還沒有任何「偉大的構想」，而遲遲無法勇敢踏出這一步，那麼我們鼓勵你卸下這個不必要的重擔，拋開偉大構想的迷思。的確，證據顯示，在創辦新公司之前，不要一心想找到偉大的構想，說不定還比較好。為什麼呢？因為如果一心想著偉大構想，反而會轉移了注意力，沒有把公司看成你最重要的創作。

公司才是最重要的創作

商學院在策略性管理和有關創業的課程中往往告訴學生，憑著好構想和發展成熟的產品或市場策略率先起步，在「機會之窗」尚未關閉前跳進去，是多麼重要。但是高瞻遠矚公司的創辦人通常都不是如此。他們的行為在在違反了商學院教導的理論。

因此，我們的研究計畫打從一開始，就不採納「企業成功是來自於偉大構想或聰明策略」的說法，而尋求新的解釋。我們必須戴上不同的鏡片，倒過來審視原本的世界。我們必須轉換觀點，不再把公司視為製造產品的工具，反而把產品視為建立公司的工具。我們必須接受報時和造鐘之間的重要差異。

要很快掌握到報時與造鐘的差異，不妨比較一下奇異公司和西屋公司早期的發展。威斯汀豪斯（George Westinghouse）是個對產品有豐富想像力的發明家，除了西屋公司以外，他還創辦了五十九家公司。除此之外，他也很有先見之明，預見交流電系統將比愛迪生的直流電更受市場歡迎，後來也的確如此。但比較一下威斯汀豪斯和奇異第一任總裁柯芬（Charles Coffin）好了。柯芬沒有發明過任何產品，卻大力支持一項偉大的創新：他成立了奇異研究實驗室，被譽為「美國第一個從事工業研究的實驗室」。威斯汀豪斯努力報時，柯芬則致力於造鐘。威斯汀豪斯的偉大創作為交流電系統；柯芬的偉大創作則是奇異公司。

幸運之神總是眷顧能堅持到底的人。這個簡單的事實是成功公司的基石。高瞻遠矚公司的創辦人都能堅持到底，堅守「絕不放棄」的信條。但是，他們到底在堅持什麼呢？答案是：公司。他們隨時都可以扼殺、修改或發展一個構想（奇異公司後來放棄最初的直流電系統，轉而採納交流電系統），但絕不會放棄公司。如果你和許多生意人一樣，把公司成功與否和某個構想的成功畫上等號，那麼一旦構想失敗了，你就比較可能會連公司也放棄；如果構想恰好成功了，你很可能因為太喜歡那個構想了，以至於當公司早該積極開發其他產品或服務時，還在原地踏步。但如果你把公司視為最重要的創作，而不是只專注於實現某個構想或及時抓住某個市場契機，那麼無論構想好壞，你都可以堅持下去，不斷向前邁進，成為永續經營的偉大組織。

舉例來說，惠普公司由於早期推出的產品不是失敗，就是表現平平，因此很早就學會了謙虛。不過惠烈特和普克仍然不斷嘗試、實驗，直到想清楚該如何建立起能傳達他們的核心價值、並以偉大產品聞名於世的創新公司。他們兩人都是工程師出身，原本大可憑藉專業長才，追求自己的目標。但是他們不滿足於此，他們很快地從設計產品的角色轉換為設計組織——創造適當的環境——以激發員工創造出偉大的產品。早在一九五〇年代中期，惠烈特就在內部演講中展現了造鐘的觀點：

我們的工程人力一直很穩定，這並非偶然，而是刻意規畫下的成果。工程師是創造性的人才，所以在雇用工程師之前，我們必須先確定能提供他們穩定安全的工作環境，也確保工程師能獲得各種長期發展機會和適當的工作計畫。此外，公司盡心盡力督導員工，因此我們的工程師都很快樂，能發揮最高的生產力……工程（流程）是我們最重要的產品之一……我們將推出你前所未見的最佳工程計畫。如果你認為我們到現在為止都表現得很好，那麼再等個兩、三年吧，等到實驗室的新人都開始有貢獻，所有的督導人員也都發揮功效，你才會看到真正的進步。

普克一九六四年的演講也呼應了造鐘的方向：「問題是，要如何塑造能激發創造力的環境？……我相信你必須花很多工夫思考如何改善組織架構，才能提供這樣的環境。」一九七三年，普克在受訪時被問到：在惠普的成長過程中，他認為哪個產品決策最重要？普克的答案沒有包括任何產品相關決策，而完全環繞著有關組織的決定：培育工程團隊、推行量入為出的財務紀律、具「惠普風範」的管理哲學等等。結果記者給這篇文章下的標題是：「惠普董事長以完善的設計來建構公司，卻靠運氣製造出電子計算機。」

惠烈特和普克最重要的創作並非音頻示波器或袖珍計算機，而是惠普公司以及惠普風範。

同樣的，井深大的偉大「產品」並非隨身聽或特麗霓虹彩色電視，而是索尼公司和索尼所代表的價值。迪士尼最偉大的創作並非《幻想曲》或《白雪公主》，甚至也不是迪士尼樂園，而是迪士尼公司和他們創造歡樂的驚人能力。沃爾頓最偉大的創造不是沃爾瑪的經營理念，而是沃爾瑪公司本身，能大規模執行零售概念，而且執行成效超越全球零售業的組織。蓋爾文不是什麼偉大工程師或發明天才（事實上，他是自學成功、兩度創業失敗的生意人，從未受過正式技術訓練），他將天分發揮於塑造創新的工程組織，也就是現在被稱為「摩托羅拉」的公司。寶洛科特（William Procter）和鹼柏（James Gamble）最重要的貢獻不是製造出肥皂、燈油或蠟燭，因為這些產品總有一天會遭到淘汰；他們最重要的貢獻永遠不會過時：他們所創建的組織既能彈性應變，同時又擁有寶鹼人根深柢固、代代相傳的核心價值。

請考慮一下改變你的思維：把公司本身視為最重要的創作。如果你參與企業的創建和管理，那麼心念一轉，你利用時間的方式將有重大轉變。因為你花在思考產品線和行銷策略的時間將減少，而把愈來愈多的時間用在設計組織上。換句話說，你花在威斯汀豪斯式思考的時間將愈來愈少，而花更多的時間像柯芬、普克、蓋爾文那樣思考，也就是花較少的時間報時，花較多的時間造鐘。

我們並非在暗示，高瞻遠矚公司從來都沒有出色的產品或構想。他們當然不乏好產品和好想法。我們在後面會談到，這些公司大都認為，他們的產品和服務對改善顧客生活有實際而重要的貢獻。的確，這些公司存在的目的並非僅僅是「成為一家公司」而已，他們存在的目的是要做有用的事情。但我們認為，正因為高瞻遠矚公司都是卓越的組織，所以才能持續不斷推出偉大的產品和服務，而不是因為他們能推出偉大的產品和服務，才成為高瞻遠矚的公司。切記，所有的產品、服務和偉大的構想，無論多麼高瞻遠矚，終究會過時。但高瞻遠矚公司如果具備良好的組織能力，能不斷求新求變，而且能超越現有產品的生命週期而持續進步，那麼就不一定會過時（我們將在後面章節說明高瞻遠矚公司是怎麼辦到的）。

同樣的，所有的領導人無論他們多麼有領導魅力或多麼高瞻遠矚，終究難逃一死。但如果高瞻遠矚公司的組織擁有足夠的力量，能超越個別領導人有限的生命，世世代代都保持高瞻遠矚的視野和生氣勃勃的活力，組織不一定會隨著領導人而壽終正寢。

如此一來，就談到第二個重要的迷思。

「偉大領導人」的迷思

當我們請企業主管和商學院學生推測高瞻遠矚公司成功的重要因素時，許多人都提到「偉大的領導人」，指的是默克、沃爾頓、寶洛科特、鹼柏、波音、強生（R. W. Johnson）、蓋爾文、惠烈特、普克、柯芬、迪士尼、麥瑞特、華生（Thomas J. Watson）和諾斯壯等人。他們認為，這些執行長展現了高度毅力，克服重重障礙，吸引人才為組織奉獻心力，帶動公司員工努力達成目標，並且引導公司走過關鍵年代。

但是，對照公司也一樣呀！這點非常重要。無論是輝瑞（Charles Pfizer）、艾美絲百貨的吉爾曼兄弟、高傑特（William Colgate）、道格拉斯（Donald Douglas）、必治妥（William Bristol）、梅爾斯（John Myers）、增你智的麥當諾（Eugene F. McDonald）、德州儀器的哈格帝、威斯汀豪斯、柯恩（Harry Cohn）、詹生（Howard Johnson）、梅維爾（Frank Melville）都一樣，他們也展現了高度的毅力，克服了重重障礙，吸引人才為組織奉獻心力，帶動員工努力達成目標，並且引導公司走過關鍵年代。系統分析的結果顯示，對照公司和高瞻遠矚公司一樣，在初創時期都有卓越的領導人（請參見附錄三的表A.3）。

簡單地說，我們沒有找到任何證據足以支持許多人的假設：高瞻遠矚公司在草創的關鍵時期都有一位偉大的領導人，而且這是他們有別於其他公司的特色。因此，隨著研究計畫逐步進展，我們不得不推翻「偉大領導人」的理論，因為這個理論不足以解釋高瞻遠矚公司與對照公司的差異。

那麼，在我們眼中，早期塑造高瞻遠矚公司和對照公司的關鍵人物究竟有什麼不同（因為我們真的認為有極重大的差異），我們很樂意和各位分享一個有趣的推論：要成功塑造一家高瞻遠矚的公司，絕對不需要備受矚目的魅力型領導人。的確，我們發現，在高瞻遠矚公司發展史上最重要的企業執行長中，有些人的人格特質並不符合鋒芒畢露、高瞻遠矚的魅力型領導人特質。

就以麥克奈特為例吧。你知道他是誰嗎？在你心目中，他是二十世紀最偉大的企業領導人之一嗎？你有辦法描述他的領導風格嗎？你讀過他的傳記嗎？如果你和大多數人差不多，那麼你對麥克奈特的了解一定很有限。直到一九九三年，他還不曾名列《財星》雜誌的「美國企業名人堂」，關於他的報導寥寥無幾，甚至在《胡佛手冊》（*Hoover's Handbook*）的公司簡史中，都看不到他的名字。汗顏的是，我們剛開始研究時，甚至不曉得他是什麼人。但是麥克奈特領導了五十年的公司（從一九一四到一九二九年擔任總經理，一九二九到一九四九年擔任執行長，一九四九到一九六六年擔任董事長）卻赫赫有名，備受全球企業推崇；這家令人尊敬的公司名叫明尼蘇達礦業和製造公司，簡稱3M。3M很有名，麥克奈特則沒沒無聞。我們猜想這可能正中他的下懷。

麥克奈特在一九〇七年踏入職場，最初只是個簿記員，然後擢升為成本會計師和銷售經理，後來成為總經理。我們找不出任何證據足以顯示他很有領導魅力。在3M自行發表的公司歷史中大約提到麥克奈特五十次，其中只有一次提及他的性格，形容他是個「輕聲細語、溫文儒雅的人」。為他立傳的作者形容他「很會聆聽別人說話」、「謙虛」、「純樸」、「言行溫和」、「沉默寡言、深思熟慮，是個嚴肅的人」。

在高瞻遠矚公司的歷史上，麥克奈特不是唯一打破典型領導人形象的執行長。索尼的井深大也是出了名的內斂深思型領導人，惠烈特像個親切和善、實事求是、腳踏實地的愛荷華農民；寶洛科特和鹼柏的個性則非常拘謹古板、中規中矩、一本正經，幾乎到了不苟言笑的地步。波音發展史上最重要的執行長艾倫（Bill Allen）是位講求實際的律師，「面容和善，偶爾露出羞怯的笑容」。默克則具體展現了所謂「默克藥廠的自制力」。

我們碰過不少企業經理人，都因為一大堆書籍雜誌對魅力型領導人的報導而深感挫折，他們問了一個很合理的問題：「萬一鋒芒畢露、魅力十足的領導風格偏偏不是我的作風呢？」

我們的回答是：企圖發展出這樣的領導風格，可能是白費力氣。首先，心理學研究顯示，透過先天遺傳和後天經驗的交互作用，一個人的人格特質往往在年輕時代就早已定型，很難在升上主管職位之後，再改變基本人格特質。再加上——更重要的是——我們的研究顯示，根本不需要培養這樣的領導風格。

如果你是個備受矚目、魅力十足的領導人，很好。如果這不是你的作風，也很好，因為你和3M、寶鹼、索尼、波音、惠普和默克的創辦人屬於同類，和這群人為伍其實還不錯。

請不要誤會我的意思。並不是說高瞻遠矚公司的創辦人都是糟糕的領導人，我們只不過想指出，要建立高瞻遠矚的公司顯然不一定需要備受矚目的魅力型領導人（事實上，我們推測過度強調領導魅力，說不定反而會對建立高瞻遠矚公司帶來些微負面影響，但是這方面的資料還不夠扎實，我們無法肯定地推斷）。我們想說的是（這是本節最重要的論點），兩組公司在創業之初，領導人都相當不錯，但是無論領導人是否深具魅力，都無法解釋高瞻遠矚公司的發展為何能遙遙領先對照公司。

我們不否認，在歷史發展的關鍵時刻，高瞻遠矚公司通常都有卓越的領導人，而且也難以想像如果在上位者始終都是平庸之徒，公司怎麼可能一直高瞻遠矚。事實上，我們隨後會討論到，我們發現高瞻遠矚公司比對照公司更懂得從內部培養和拔擢管理人才，因此即使歷經好幾個世代，始終能維持卓越的領導。但是，就好像許多偉大的產品一樣，或許高瞻遠矚公司之所以能一直出現傑出的領導人，是因為公司本身就是卓越的組織。

就以威爾許為例。他在一九八〇和一九九〇年代初鋒芒畢露，是奇異公司的執行長。不可否認，威爾許是個精力旺盛、企圖心強、深具魅力的領導人，在重新打造奇異的過程中，扮演了非常重要的角色。但如果太沉迷於威爾許的領導風格，就會忽略了一個重點：威爾許乃在奇異成長發跡，本身就是奇異的產物。無論如何，奇異的組織有辦法吸引、留住、培育和拔擢威爾許這樣的領導人才。奇異公司早在威爾許成名前就已經蓬勃發展，或許在威爾許卸任後仍將繼續欣欣向榮。畢竟，威爾許並非奇異史上第一位卓越的執行長，應該也不會是最後一位。但這不表示威爾許的角色不重要，只不過在奇異公司漫長的歷史中，威爾許只不過是個小角色。威爾許能脫穎而出，是由於奇異完善的組織架構；柯芬的領導風格和威斯汀豪斯大不相同，柯芬在創建奇異公司時，扮演的是建築師的角色（我們會在第八章更深入地討論威爾許和奇異公司）。

致力於造鐘的建築師

正如同柯芬與威斯汀豪斯的對比，我們在研究中的確觀察到兩組公司的創辦人之間有若干差異，但他們的差異並非「偉大領導人」與「不偉大的領導人」之間的差異，而是更加細微的差別。我們認為，最重要的差別乃在於以什麼為「導向」。證據顯示，高瞻遠矚公司草創時期的關鍵人物大都以組織發展為導向，對照公司的領導人這方面的傾向則沒有那麼強烈。事實上，愈深入研究，我們益發感到「領導人」這個形容詞不太妥當，而開始稱他們

「建築師」或「造鐘的人」（第二個主要差別和他們造鐘的型態有關，後面章節將進一步詳述）。以下的比較將更深入說明我所謂的「建築」或「造鐘」究竟是什麼意思。

花旗銀行vs.大通銀行

史迪曼（James Stillman）在擔任花旗銀行總裁（一八九一到一九〇九年）和董事長（一九〇九到一九一八年）的任期中，一直致力於組織發展，希望把花旗銀行建設為一家偉大的全國性銀行。在他的領導下，花旗從一家地方性小銀行搖身一變成為「完全現代化的公司」。他督導花旗銀行開設分行、建立分權式的多事業部結構、網羅傑出的企業執行長組成花旗董事會、擬訂主管培訓和人才招募計畫（比大通銀行早了三十年）。《花旗銀行一八一二—一九七〇》（*Citibank 1812-1970*）中描述史迪曼如何將花旗建構成在他身後仍然持續繁榮、永續發展的組織：

> 史迪曼意圖使花旗城市銀行（National City，花旗銀行的前身）在他身後仍然維持既有地位（為美國最大、也最強的銀行），因此他網羅了許多和他有共同願景、富於創業精神、願意建構組織的人才到新大廈上班。他願意退居一旁，讓他們來經營銀行。

史迪曼曾寫過一封信給母親，解釋他為何決定退位，轉任董事長，好協助公司在他離開後仍能順利成長：

過去兩年來，我一直為轉任銀行顧問做準備，拒絕連任公司最高主管的職位。我知道這是明智之舉，我不但能因此卸下繁瑣的行政管理責任，同時也讓我的同事有機會揚名立萬，為未來的無限可能性奠下扎實的根基，因為他們未來的發展機會很可能會超越我們過去的偉大成就。

史迪曼在大通銀行的對手威金（Albert Wiggin，一九一一到一九二九年擔任大通銀行總裁）則完全不肯授權。威金不苟言笑，是個意志堅決、野心勃勃的領導人，只關心自己的利益。他還兼任其他五十家公司的董事，以中央集權的方式掌控大通銀行。美國《商業週刊》曾寫道：「大通銀行就是威金，而威金就是大通銀行。」

沃爾瑪 vs. 艾美絲百貨

毫無疑問，沃爾頓具有魅力型領導人浮誇愛現的特質。一提到他，我們禁不住想到他在沃爾瑪獲利率破八%時，為了履行對員工的承諾，穿草裙、戴花環，扭腰擺臀，率領一群呼拉舞者，沿著華爾街跳舞的模樣；或是他跳上商場收銀機櫃檯，帶領數百名尖叫的員工為沃爾瑪打氣歡呼的景象。沒錯，沃爾頓的人格特質非常特別，而且極具魅力，但其他數以千計不曾創建沃爾瑪的人也同樣具有這樣的人格特質。

的確，沃爾頓和艾美絲百貨的領導人主要的差別不在於沃爾頓更具領導魅力，而在於他致力於造鐘，是組織的建築師。沃爾頓還是二十出頭的年輕人時，人格就大致已經定型。他一輩子不斷追求的目標，是建立和發展沃爾瑪的組織能力，而不是發展個人的領導特質。即使在沃爾頓本人眼中，也是如此，他在自傳《縱橫美國》中寫道：

大家都不明白（有時候連我屬下的幾位主管都不明白），我們真的從一開始就盡最大的努力，要成為營運績效最佳的商場，和最專業的經理人。毋庸置疑，我原本的個性就善於宣傳促銷……但隱藏在表面個性之下的是，我其實一直是個務實的經營者，總是想把事情做好，然後做得更好，做到盡善盡美……我從來不會只貪求近利，我總是想建立一家很好的零售公司。

舉例來說，沃爾頓非常重視改變、實驗和持續改善，但他並非只靠不斷說教來提倡這些價值，而是制定具體的組織機制來刺激變革和推動改善。他採用「店中店」的概念，讓部門經理擁有充分的權限和自由，把管轄的部門當做自己的事業來經營。員工的提案如果能有效節省成本或提升服務品質，而且做法能複製到其他分店，就能得到現金獎賞和公開表揚。他還設計競賽，鼓勵員工嘗試各種有創意的實驗。他舉行商品會議，討論應該將哪些實驗性的做法推廣到所有分店，另外每週六的晨會中，通常由一位在工作上有所創新且成績輝煌的員工來分享經驗。利潤分享和員工配股提供了直接的誘因，鼓勵員工提出各種造福全公司的新構想。沃爾瑪的公司刊物則會刊登員工的各種小訣竅和新構想。為了能「將這些小小的細部做法盡快傳播到公司的每個部門和分店」，沃爾瑪甚至投資了一家衛星通訊系統。一九八五年，股票分析師愛德華（A. G. Edwards）如此描述沃爾瑪的營運方式：

他們的營運環境鼓勵改變。舉例來說，如果某家分店的員工針對（商品或節省成本）提出建議，他的構想將很快傳播出去。他建議的做法會複製到七百五十家分店中，讓八萬名員工仿效（而他們自己也很可能提出改進建議），這種做法提升了銷售額，降低了成本，同時也改善生產力。

沃爾頓致力於創造會自行演化和變革的組織，而艾美絲百貨的領導人則從上而下主導所有改變，並詳細寫下分店經理應該採取的確切步驟，完全不給員工任何主動發想的空間。沃爾頓培植了一位有才能的接班人葛拉思（David Glass），在他過世後接掌經營管理的大任，艾美絲的吉爾曼兄弟身邊則完全沒有這樣一個人，因此公司後來落到和他們理念不同的外人手上。沃爾頓將造鐘導向的理念傳承給接班人，艾美絲的繼任者則盲目地為了成長而拚命追求成長，任意展開毀滅性的購併，一舉吞下三百八十八家吒爾（Zayre）分店。葛拉思在說明沃爾頓未來成功的主要條件時表示：「沃爾瑪的員工自會有辦法。」而且「我們的員工將永不懈怠」。艾美絲同時期的執行長則表示：「真正的答案和唯一的問題就在於市場占有率。」

《富比士》雜誌在一九九〇年一篇關於艾美絲百貨的文章中哀嘆：「創辦人吉爾曼親眼看著自己一手創建的公司崩塌。」沃爾頓的結局則快樂多了，他過世的時候，一手創辦的公司依然完好無缺，而且他深信公司在他身後仍將欣欣向榮，比過去更壯大。他知道自己可能沒辦法活到二〇〇〇年，但在一九九二年過世前不久，為公司設定直到二〇〇〇年的發展目標，可見他深信即使沒有他，公司仍能獨立發展，屹立不搖。

摩托羅拉vs.增你智

摩托羅拉的創辦人蓋爾文念茲在茲的是如何建立一家持久不墜的卓越公司。蓋爾文創建了史上最成功的科技公司之一，雖然他並非技術背景出身，卻能夠網羅卓越的工程師。他鼓勵歧見和相互討論，容許員工「有充分的個人發展空間」。他設定挑戰，賦予部屬重任，以刺激組織和員工不斷從失敗和錯誤中成長與學習。蓋爾文的傳記作者總結：「他不是發明家，而是建築師，員工就是他的藍圖。」他的兒子羅伯特・蓋爾文（Robert W. Galvin）指出：「父親敦促我們走出去……和人群接觸——和所有的人接觸——尋覓領導人才，富創造力的領導人才……他一直念念不忘經營團隊的傳承問題。諷刺的是，他對自己的死亡毫不畏懼，只擔心公司的前途。」

增你智的創辦人麥當諾則恰好相反。他從來沒有任何接班計畫，因此等到他在一九五八年過世時，公司裡頓時群龍無首。麥當諾非常有領導魅力，他憑著強烈的人格特質，推動公司大步向前。有人稱麥當諾為「反覆無常、固執己見的增你智領導人」，說他「極端有自信……對於自己的判斷非常有把握」。他希望每個人都稱呼他「司令」，只有好朋友除外。麥當諾是個出色的實驗家，推行了許多自己的新點子、新發明，但他呆板固執的作風卻讓增你智幾乎錯失電視機崛起的契機。增你智發展史中描述：

> 增你智戲劇性的廣告風格正反應了麥當諾好大喜功的作風，三十多年來，由於他這種作風加上他的創意和對於大眾品味變化的敏銳度，在社會大眾眼中，麥當諾就代表增你智。

麥當諾去世後兩年半，《財星》雜誌評論道：「（增你智）已逝創辦人的衝勁和想像力仍然推動公司成長，並持續獲利。麥當諾的強人性格對公司的影響依然清晰可見，但如今增你智必須靠自己的能力和新的動力來因應麥當諾從未預見的挑戰，開創自己的前程。」增你智的競爭者評論：「時間愈久，增你智會愈來愈懷念麥當諾。」

蓋爾文和麥當諾在十八個月內相繼過世後，摩托羅拉成功地揚帆駛向蓋爾文從來無法想像的新舞台；增你智則疲弱不振（例如一九九三年），再也無法重拾麥當諾主政時期的創新活力，迸發耀眼的火花。

迪士尼vs.哥倫比亞

請快速想一想：聽到迪士尼時，你會想到什麼？你會不會聯想到一幅或一組和迪士尼有關的畫面？接下來，再想一想哥倫比亞電影公司，你會想到什麼？會浮現清晰的畫面嗎？如果你和大多數人一樣，你可能會想到好幾個迪士尼的代表性畫面，但很可能難以聯想到什麼和哥倫比亞電影公司有關的畫面。

就迪士尼的例子而言，顯然華特．迪士尼憑藉豐富的個人想像力和才華，創辦了迪士尼。迪士尼許多最出色的創作都來自他的創意，包括《白雪公主》（全世界第一部動畫長片）、米老鼠的角色、米老鼠俱樂部、迪士尼樂園以及未來世界（EPCOT）。無論怎麼看，他都是個出色的報時者，但即使如此，和哥倫比亞電影公司的領導人柯恩比起來，迪士尼更像造鐘的人。

柯恩「逐漸建立起暴君的形象，他在辦公桌旁放了一支馬鞭，說話時為了強調重點，不時把鞭子抽得啪啪作響，在幾大電影公司中，哥倫比亞的作品產出量最高，大都要拜柯恩的作風之賜。」一九五八年柯恩過世時，有人觀察了他的喪禮後評論道，參加喪禮的一千三百名賓客「不是來向他道別，而是來確認他真的死了」。我們找不到任何證據足以證明柯恩關心員工，或他曾經設法發展哥倫比亞公司的長期能力，或建立哥倫比亞公司獨特的定位。

諸多證據顯示，柯恩最關心的是成為影壇鉅子，在好萊塢施展龐大的個人影響力（他是好萊塢第一個採用總裁兼製作人頭銜的人），對於在他身後依然存在的哥倫比亞電影公司的品質與形象毫不在意。多年來，柯恩為了個人目標，推動哥倫比亞向前邁進，但是在創辦人過世後，這種自我中心的意識型態不可能引導或鼓舞公司繼續蓬勃發展。所以柯恩一旦過世，哥倫比亞電影公司就陷入混亂，一蹶不振，在一九七三年不得不對外求援，最後終於賣給可口可樂公司。

另一方面，迪士尼在病榻上嚥下最後一口氣的前一天，還念念不忘如何讓佛羅里達州的迪士尼世界有最好的發展。華特・迪士尼終究難逃一死，但是迪士尼公司為大眾帶來快樂、逗孩子開心、製造歡笑和淚水的能力永遠不會消逝。終其一生，迪士尼都比柯恩花了更多心力在發展公司和提升公司能力上。早在一九二〇年代末，迪士尼給創意人才的薪水就高於自己的薪資。一九三〇年代初，他為所有的動畫人才開辦藝術課程，為了協助他們把動物畫得更栩栩如生，他還設立了小型動物園，讓他們可以描繪活生生的動物，他還設計新的動畫團隊工作流程（例如故事板的設計），同時持續投資最先進的動畫科技。他在一九三〇年代末期率先推出動畫業最慷慨的分紅制度，以吸引和獎勵優秀人才。一九五〇年代，他更開辦「你創造快樂」訓練計畫，並且在一九六〇年代創立迪士尼大學，培訓迪士尼的員工。柯恩則完全沒有採取類似的做法。

當然，迪士尼造鐘的本領不如我們研究的其他企業建築師那麼出色。在迪士尼過世後，迪士尼的員工倉皇地到處問：「如果華特還在，他會怎麼做？」因此迪士尼公司有十五年之久，一直衰弱不振。然而和柯恩不同的是，華特・迪士尼創造了一個比自己偉大的組織，在他過世後數十年，迪士尼樂園仍然繼續向孩子們施展「迪士尼的神奇魔力」。當哥倫比亞電影公司遭到收購，不再是獨立的公司時，迪士尼公司則成功抗拒了敵意收購。如果收購迪士尼的行動得逞，迪士尼家族和公司高階主管都將因出售股票獲得數百萬美元的利益，但他們必須設法為迪士尼保住獨立公司的身分，因為它是迪士尼公司。泰勒（John Taylor）在《魔幻王國風暴》（*Storming the Magic Kingdom*）中詳細描述了迪士尼收購事件的經過，他在前言中寫道：

> 接受購併條件是難以想像的事情，迪士尼不只是另外一家公司而已……另外一個需要清算資產來達到股東最大權益的公司。迪士尼也不只是另外一個品牌……公司主管視公司為形塑全球兒童想像世界的重要力量，是美國文化不可或缺的一部分。的確，迪士尼的使命就是宣揚美國價值，他們相信，公司的使命和為股東賺錢同樣重要。

迪士尼公司在一九八〇和一九九〇年代努力將華特・迪士尼數十年前留下的遺產再度發揚光大。相反的，柯恩的公司卻沒有東西可以保存或重建。沒有人覺得需要將哥倫比亞公司保留為一家獨立的公司；如果出售公司能讓股東賺更多錢，那麼就把公司賣掉吧！

給企業家及經理人的教訓

要建立高瞻遠矚的公司，最重要的步驟不是採取行動，而是改變觀點。接下來幾章中討論的許多發現都偏重於這些公司所採取的行動，但是要善用這些發現，首先必須建立正確的心智架構，而這正是本章的重點所在。我們等於是要求你從根本改變思考模式，就好像牛頓、達爾文掀起的科學革命，或美國建國的獨立革命一樣。

在牛頓提出革命性的發現之前，人們總認為周遭發生的一切都取決於上帝的決定。孩子跌斷臂膀，是上帝的意旨；農作物收成不好，也是上帝的意旨。大家認為，每件事情會不會發生，都操在無所不能的上帝手中。後來到了十七世紀，大家開始說：「不，不是這樣！上帝所做的只是根據某些法則，創造了宇宙，而我們需要弄清楚這些法則究竟如何運作。上帝並沒有做出所有的決定，他只是設計規畫了宇宙運行的法則和機制而已。」從此，人們開始尋找隱藏在整個系統背後的基本動態和法則，這也正是牛頓的科學革命探討的重點。

同樣的，達爾文的革命戲劇化地改變了人類對生物物種的思維和自然史的觀念，我們在高瞻遠矚公司也見到類似的思維改變。在達爾文提出革命性的發現之前，人們認為上帝創造萬物，每個物種在大自然中各有其特定的角色：北極熊之所以全身雪白，是因為上帝的安排；貓之所以會喵喵叫，是因為上帝的安排；知更鳥的胸部羽毛之所以是紅色的，也是因為上帝的安排。我們人類非常需要假定世上必然有某個人或物在主宰一切，否則何以解釋周遭世界呈現如此樣貌，一定有什麼東西說：「知更鳥胸部的羽毛必須長成紅色，才能適應生態系統。」但如果生物學家說得沒錯，那麼大自然並非如此運作。我們並非直接就跳到知更鳥有紅色胸部的結論（報時），而是要去了解潛藏在背後的演化過程（遺傳密碼、DNA、遺傳變異和突變、天擇等）如何讓知更鳥逐漸產生紅色胸部羽毛，因此能完美地適應生態系統。大自然的神奇「時鐘」內錯綜複雜的機制和流程必須運作順暢，才能充分展現自然之美和發揮萬物機能。

同樣的，我們也希望你在看待高瞻遠矚公司的成功時，能夠明白成功（至少有一部分）乃來自於深植於組織內部的基本流程和動力，而不是全憑一個偉大的構想，或單靠一位偉大的領導人所能造就——一位制定重大決策、採取權威式領導、展現驚人魅力、有如萬能上帝般偉大的領導人。

的確，我們是在要求你像十八世紀美國建國先賢般，改變思維模式。在十七世紀和十八世紀的政治思潮出現戲劇性轉變之前，歐洲國家的繁榮有很大部分要仰賴英明的君主（或就英國的情況而言，可能是英明的女王）。只要有個好國王，就會國泰民安。如果國王是個偉大睿智的領導人，那麼國家就很可能興盛富強。

現在，比較一下這個「好國王」思維和美國的建國思維。在一七八七年美國制憲會議中，關鍵問題並非：「誰應該當總統？誰應該領導我們？在我們當中，誰最有智慧？誰會是最英明的國王？」不，美國開國元勛關注的焦點是：「我們應該建立什麼樣的流程，才能確保在我們百年之後，美國仍然能出現好總統？我們嚮往的長期屹立不搖的國家是什麼樣的國家？這個國家將奉哪些原則為圭臬？應該如何運作？我們應該建立哪些指導原則和運作機制，才有辦法建立起我們嚮往的國家？」

美國開國元勛傑佛遜、麥迪遜、亞當斯（John Adams）都不是那種愛逞英雄、強調個人魅力的領袖。不，他們重視組織建構，有長遠眼光，因此能制定出自己和未來所有領導人都需遵從的憲法。他們專心致力於建立國家，拒絕「好國王」的思考模式。他們採取了建築師的做法，他們是造鐘的人！

但請注意，就美國的情況而言，他們所建立的並非冷冰冰、機械化的牛頓式或達爾文式的時鐘，他們的時鐘乃根植於人類的理想和價值，是根據人類的需求和熱望而造的鐘，是有靈魂的時鐘。

因此，接下來就要談到我們發現的第二個要點：他們並非隨便造個鐘而已，而是要建造某種特殊的鐘。雖然每個高瞻遠矚公司的時鐘都有不一樣的形狀、大小、機制、風格、年歲和其他特質，但我們發現這些時鐘都有共同的根本特性，我們將在下一章描述這些特性。至於現在，重要的是牢記，一旦你的思考模式從報時轉為造鐘，就可以學習到建立高瞻遠矚公司所需要的大部分工夫。你不需要坐等幸運之神眷顧，腦中閃現偉大的構想；也不要誤以為除非公司出現一位高瞻遠矚的魅力型領導人，否則不可能成為高瞻遠矚的公司。你不需要參透任何奧祕或魔法。的確，一旦你（和身旁的工作夥伴）學會了基本要領，接下來只需要腳踏實地，努力工作，將公司塑造成高瞻遠矚的公司即可。

魚與熊掌兼得的智慧

接下來你會注意到，代表中國道家哲學的陰陽符號不時出現在本書中。我們刻意選擇這個符號來代表高瞻遠矚公司的關鍵特質：他們不會屈從於「非此即彼」的二分思維。有這種二分思維的人往往抱持非常理性的觀點，很難接受弔詭的情況，不認為兩股看似矛盾的力量可以同時並存。這種思維迫使人們相信事情要不是A就是B，不可能兩者兼得，因此往往採取下列說法：

- 「你要不就積極變革，否則就追求穩定。」
- 「你要不就採取保守作風，否則就要勇於冒險。」
- 「你要不就選擇低成本，要不就選擇高品質。」
- 「你要不就強調自主與創意，否則就要重視一致性和控制。」
- 「你要不就放眼未來，做長期投資，否則就追求短期績效。」
- 「你可以透過規畫而有所進步，否則就只能靠機會、碰運氣了。」
- 「你可以選擇為股東創造財富，或造福全世界。」
- 「你可以追求理想（價值導向），或採取務實主義（利潤導向）。」

高瞻遠矚公司不受這種「非此即彼」的思維所限制，而敞開心胸接受「兼容並蓄」的觀念——能同時接受幾種南轅北轍的情況。不是非要在A或B之間有所選擇，而是設法魚與熊掌兼得。

在接下來八章中，當我們開始說明諸多細節時，你們將會和我們做研究的時候一樣，在高瞻遠矚公司中看到一系列類似的弔詭，明顯的矛盾。舉例來說，你可能會看到他們：

一方面		但另一方面
追求超越利潤的目標	又能	務實追求利潤
有固定的核心理念	又能	積極變革
採取固守核心的保守作風	又能	勇於冒險，大膽行動
有清楚的願景和方向感	又能	摸索各種機會，不斷嘗試
設定膽大包天的目標	又能	漸進式的演變
拔擢堅守核心價值的經理人	又能	拔擢能推動變革的經理人
在理念認同上嚴密掌控	又能	在實際作業上賦予員工自主權
（教派般）極端緊密的文化	又能	具有改變、行動、適應的能力
重視長期投資	又能	要求短期績效
強調觀念、願景、未來	又能	在日常營運展現卓越的執行力
是奉行核心理念的組織	又能	適應環境的變動

我們談的不僅是保持平衡而已，因為「平衡」其實隱含了採取中庸之道、各占五〇／五〇或彼此各半的意思。舉例來說，高瞻遠矚公司不會在短期和長期之間求取平衡，而是無論針對短期或長期，都追求卓越的績效。高瞻遠矚公司也不會只在實現理想和追求獲利之間求取平衡，而會一方面懷抱理想主義的熱情，但同時又能獲得極高的利潤。高瞻遠矚公司不會只在保存核心理念和刺激大膽的變革與行動之間求取平衡，而會在兩方面都做到最好。簡而

言之，高瞻遠矚公司並不想將陰與陽混合成一片模糊的灰色圓圈，變得既不是非常「陰」，又不是非常「陽」；而是希望既是鮮明的「陰」，又是鮮明的「陽」，既能陰陽分明，同時陰與陽又能並存，永遠兼顧。

這種說法很荒謬？或許吧。這種情形十分罕見？沒錯。很難做到？絕對是。但正如費茲傑羅（F. Scott Fitzgerald）所說：「一流人才的一大考驗就是能否堅信兩種完全相反的想法，同時還能讓腦子正常運作。」高瞻遠矚公司正好就有這樣的能力。

第三章

不只是為了賺錢

高瞻遠矚公司能兼顧崇高的理想與務實的利益，

他們能堅持核心價值和存在目的，

不只是為了賺錢而已。

弔詭的是，

高瞻遠矚公司通常也是非常賺錢的公司。

我們的基本原則始終維持不變，沒有違背公司創辦人的初衷。我們區分核心價值和實際做法；核心價值不會改變，但是實際做法有可能改變。我們始終很清楚：儘管利潤很重要，卻不是惠普公司存在的目的；惠普公司乃是為了更根本的理由而存在。

——惠普前執行長楊格（John Young），一九九二年

我們從事的事業是維護人類生命和改善人類生活。要評估我們的所有作為，必須以我們是否成功達成這個目標為基準。

——默克藥廠《內部管理指南》（*Internal Management Guide*），一九八九年

福特公司重視人以及產品甚於獲利，這種做法發揮了神奇的功效。

——福特汽車前執行長彼得森（Don Petersen），一九九四年

默克藥廠在歡度百週年慶的時候，出版了一本書，書名為《價值與願景：默克世紀》（*Values and Visions: A Merck Century*）。你有沒有注意到，書名甚至沒有提到默克從事什麼行業？默克公司原本大可將書名取為《從化學到製藥：默克世紀》或《默克百年來的財務成就》，但卻沒有這樣做，反而選擇強調默克百年來始終受到一套理想指引和啟發。一九三五年（早在「願景宣言」還沒有蔚為風尚之前幾十年），當喬治．默克二世（George Merck II）說：「（我們）所從事的行業深受促進醫學進步和為人類服務的理想所激勵」時，他其實已

經把他的理想說得很清楚。一九九一年，在默克藥廠誕生五十六年並經歷了三個世代的領導人之後，執行長魏吉羅（P. Roy Vagelos）高唱同樣的理想主義論調：「最重要的是，大家切記，唯有戰勝疾病，對人類有所助益，才表示默克經營得很成功。」

由於有這些理想為後盾，難怪默克選擇將研發出來的治療河盲症藥物Mectizan捐贈出去。第三世界國家有超過百萬人感染這種由微小線蟲引發的河盲症，線蟲會在人體內鑽動，最後跑到眼睛裡，造成失明的痛苦。有百萬名顧客的市場是相當可觀的市場，只是這些顧客全都買不起這個產品。儘管默克藥廠知道這個研究計畫不可能帶來很高的投資報酬率，仍然繼續研發新藥，期盼一旦新藥上市，政府或其他機構將購買新藥，發放給有需要的人，但始終沒有這樣的運氣，於是默克藥廠決定免費提供藥物給需要的患者。同時默克藥廠還自行吸收成本，直接分發藥品，以確定數百萬名可能遭受河盲症威脅的民眾都能得到這個藥物。

被問到默克為什麼要這樣決定時，魏吉羅指出，如果不繼續研發藥物，一定會嚴重打擊默克科學家的士氣，因為這群科學家是在為一家公開聲稱「所從事的行業是在促進醫學進步和為人類服務」的公司工作。他也評論：

> 十五年前，我第一次去日本的時候，日本生意人告訴我，在第二次世界大戰後，是默克藥廠將鏈黴素引進日本，消除了嚴重摧殘日本社會的結核病。我們這麼做，並沒有賺到半分錢，但是難怪今天默克會成為日本最大的美國製藥公司。（這樣的作為）會造成什麼長遠的影響通常很難說，但我覺得好心終究會得到好報。

務實的理想主義

默克決定研發和捐贈Mectizan，是因為理想嗎（從一九二〇年代末期就一直定義默克自我形象的理想）？還是默克完全是基於務實而做了這樣的決定，好為將來鋪路，同時也做好公關？我們的答案是：兩者皆是。默克的理想對於他們所做的決定當然產生了實質影響，證據顯示，無論新藥研發能否為公司帶來長期商業利益，默克都仍會持續支持這個計畫，但證據也同樣顯示，默克決定這麼做時是基於這樣的假設：默克的善心「終究會得到好報」。這是「魚與熊掌兼得」勝過「非此即彼」的典型範例。在默克藥廠的漫長歷史中，他們總是能兼顧崇高的理想與務實的自我利益考量。默克二世在一九五〇年曾解釋過這個弔詭的現象：

> 我想要……說明一下我們公司努力奉行的原則……總之，我們牢記藥物的目的是為了治療病人。我們從不曾忘記醫藥是為了救人而存在，而不是為了賺錢，利潤只是順帶的結果。如果我們牢記這點，那麼利潤從來都不成問題。我們愈是牢記這點，賺的錢就愈多。

事實上，默克簡單扼要地說清楚了：高瞻遠矚公司的理想主義在本質上是務實的理想主義。我們的研究顯示，高瞻遠矚公司永續經營的根本要素就是核心理念——超越賺錢以外的核心價值和存在目的——能夠為組織上上下下指引方向和啟迪人心，歷經時間考驗仍不動搖。我們將在本章中描述和說明這個關鍵要素，弔詭的是，高瞻遠矚公司通常也都是非常賺錢的公司。

讀到這裡，你或許會想：「當然啦，像默克這樣的公司要追求理想很容易；默克製造的藥物原本就是拿來治病救人，減輕痛苦。」說得好，我們也同意這點。但是和默克的對照公司——輝瑞藥廠（同樣屬於製藥業，同樣製造藥物來治病救人，減輕痛苦）比較起來，我們發現在默克藥廠，核心理念的主導力量比較強。

默克藥廠將公司歷史取名為《價值與願景》，輝瑞藥廠的公司發展史則叫《輝瑞……非正式歷史》（*Pfizer...An Informal History*）。默克連續四個世代都清楚揭櫫崇高的理想，而直到一九八〇年代末期，都沒有證據顯示，輝瑞在公司內部曾進行類似的討論，我們也沒有看到輝瑞公司曾作過類似默克鏈黴素或治河盲症藥物的決策。

默克對於利潤明確地採取了一種矛盾的觀點（「醫藥是為了救人……利潤是順帶的結果」），同時期的輝瑞總裁麥肯（John McKeen）則顯然偏重利潤，他說：「我們要盡最大的努力，在我們所做的每一件事中追求利潤。」根據《富比士》雜誌的報導，麥肯認為「閒置的資金是毫無生產力的可恥資產」。默克積聚財富是為了投資新的研究和開發新藥，麥肯則展開瘋狂購併，在四年內買下十四家公司，多角化跨入農產品、女性化妝品、刮鬍用品、油漆等領域。原因何在？為了賺錢，他什麼生意都做。麥肯曾說：「我寧願從十億美元的銷售額中賺到百分之五的利潤，也不要從三億美元（的藥品銷售額）中賺到百分之十。」我們不打算在這裡爭辯不同的策略孰優孰劣（透過收購而多角化發展 vs. 透過研發專注於本業發展並不斷創新）；但證據顯示，在這段期間，輝瑞比默克更明顯展露出務實追求利潤的傾向。

當然，像默克這樣的公司自然有能力追求崇高的理想。一九二五年，當默克二世從父親手中接下棒子時，默克藥廠已經是非常成功的企業，累積了相當可觀的財力。所以，或許崇高的理想只不過是默克之類的成功企業才負擔得起的奢侈品吧？不，我們發現高瞻遠矚公司並非僅在成功時才追求崇高理想——核心理念，他們在掙扎求生時同樣堅守信念。以下是兩個例證：索尼草創時期和一九八三年福特轉危為安時的表現。

一九四五年，在滿目瘡痍的戰後日本廢墟中，井深大創辦了索尼公司。他在東京市區飽受砲火摧殘的舊百貨公司中租了一間廢棄的電話總機房當辦公室，憑著手上一千六百美元的積蓄，率領七名員工開始工作。他的當務之急應該是什麼？在一片廢墟中，他應該先做哪件事情？先設法賺到錢，有現金收入？想清楚要做什麼生意？推出新產品？還是開發顧客？

井深大的確花費很多心力在這些工作上（還記得我們在第二章曾提到失敗的電鍋、紅豆湯和粗糙的熱墊？），但他也做了別的事情——對於每天還在掙扎求生的企業而言，他的做法很了不起：他為這家新創的公司制定了根本理念。一九四六年五月七日，搬到東京還不到十個月，帳面上也還沒有現金收入，井深大就為索尼公司寫了一份「章程」，裡面包括了以下項目（由於實際的文件很長，下面只摘譯其中部分）：

如果有可能建立一個環境，讓員工以堅定的團隊精神凝聚在一起，依據內心的渴望而充分發揮他們的技術能力……那麼這樣的組織將創造無比的快樂和帶來無比的利益……志同道合的人自然會聚集在一起，共同推動這個理想。

公司目的

● 建立良好的工作環境，讓工程師能夠感受到技術創新的喜悅，明白自己對社會的使命，同時從工作中獲得心靈滿足。

- 為了重建日本、提升日本文化，而積極從事技術與生產活動。
- 將先進科技應用在大眾的日常生活中。

成長。

管理原則

- 我們不以任何不公平的方式追求利潤，強調腳踏實地，做好基本功，而不是一味追求
- 我們樂於面對技術困難，把重心放在高度實用的精密技術產品（不計數量大小）。
- 我們強調能力、績效和個人品格，讓每個人充分發揮自己的才能。

想想看，就你所知，有多少剛創立的新公司會在創業文件中納入這麼強烈的理想主義色彩？你碰過幾個公司創辦人會在還賣力賺取現金，讓公司得以營運下去時，就開始思考如此宏觀的價值和目的？你見過幾家公司會在還不清楚該做什麼產品時，就能清楚說出公司理念？（如果你正處於公司草創時期，一直拖延著不去釐清公司理念，打算等到創業成功後再做這件事，那麼你不妨停下腳步，想一想索尼的例子。我們發現井深大這麼早就寫下公司理念，在引導公司發展上扮演了關鍵角色。）

一九七六年，李昂斯（Nick Lyons）在《索尼的願景》（*The Sony Vision*）中指出，索尼的公司章程中具體說明的理念「過去三十年來，一直是指引索尼的重要力量，在（索尼）高速成長的過程中，只微幅修改過。」在井深大寫下章程四十年後，索尼執行長盛田昭夫用簡

潔的敘述，重述了公司的核心理念，名之為「索尼的先驅精神」：

索尼是先驅，從來不打算跟隨他人。索尼希望透過不斷進步，服務全世界，永遠追尋探索未知……索尼的原則是尊重個人，鼓勵個人發揮能力……同時不斷努力激發個人最大的潛能，因為這是索尼得以蓬勃發展的重要力量。

索尼的對照公司——建伍，則呈明顯對比。我們嘗試直接向建伍公司索取任何能描述建伍的經營哲學、價值、願景和理想的文件，建伍的回應是他們沒有這類文件，只寄給我們一份最新的公司年報。我們又搜尋外界關於這方面的報導，結果也徒勞無功。或許建伍公司確實像索尼公司一樣，從公司創立之初至今，一直有個一以貫之、通行全公司的核心理念，但是我們卻找不到任何相關的證據。我們幾乎不費什麼力氣，就可以從無數（內部和外界發行）的書籍、文章和文件中，了解索尼的核心理念，然而卻幾乎找不到任何關於建伍的相關論述。

此外，我們找到許多扎實的證據顯示，索尼能將理念直接化為公司特色和具體做法，例如（和其他日本公司比起來）高度崇尚個人主義的文化和分權式的管理結構，以及有別於傳統市場研究的新產品開發措施。「我們計畫以新產品來領導市場走向，而非問顧客他們需要什麼樣的產品……我們沒有做一大堆市場研究，而是……將每個產品做到盡善盡美……藉由溝通和教育大眾，為產品開創市場。」經由這些深植於企業理念的措施，索尼制定了一系列決策，推出尚未有明確市場需求的新產品，包括日本第一個磁帶錄音機（一九五〇年）、第一個電晶體收音機（一九五五年）、第一個袖珍收音機（一九五七年）、第一個家用錄影機（一九六四年）和索尼隨身聽（一九七九年）。

當然，索尼也希望產品很暢銷，並不想關門大吉，成為先烈。儘管如此，早在索尼創業之初、尚未賺大錢之時，他們就已經懷抱著「索尼先驅精神」，而且近半個世紀以來，這個理念始終不變，一直是引導公司發展方向的重要力量。沒錯，索尼為了維生，曾經製造粗糙的熱墊和紅豆湯（務實的做法），但他們始終懷抱夢想，努力開創新局（理想主義）。

現在，不妨看一看光譜的另一端，年歲已高、急欲從谷底翻身的企業巨人。一九八〇年代初期，福特汽車公司在一再遭到日本競爭對手痛擊後出現嚴重赤字，整個公司搖搖欲墜。我們先停下來，設身處地為福特經營團隊思考一下，當時福特在三年內淨虧損高達三十三億美元，為公司淨值的四三％。他們該怎麼辦？他們的當務之急是什麼？

福特經營團隊自然採取一系列緊急措施，先求止血，讓公司得以喘息。但福特也做了其他事情——對於面臨如此嚴重危機的公司而言，他們做的事情十分不尋常：福特公司停下腳步來釐清公司的指導方針。根據舒克（Robert Schook，他寫了一本書描述福特公司在一九八〇年代東山再起的經過）的說法：「他們的目標是擬訂一份聲明，清楚闡述福特汽車公司所代表的意義。有時候，他們的討論……比較像在大學課堂上討論哲學，而不像企業經營會議。」（儘管通用汽車公司當時同樣遭受日本汽車業的猛烈攻擊，也同樣虧損累累，卻沒有和一九八三年的福特公司採取同樣的做法：停下腳步，針對企業基本理念進行討論。）討論過後，福特擬訂了「使命、價值、指導方針」。福特汽車前執行長彼得森評論：

大家熱烈討論「三個P」的先後順序，也就是人（People）、產品（Product）和利潤（Profit）應該孰先孰後。後來的決定當然是以人為第一優先（其次是產品，利潤擺第三）。

如果你很熟悉福特公司的歷史，你或許會對這個順序投以懷疑的眼光。請不要誤會，縱觀福特公司的發展史，我們並不認為它在勞工關係和產品品質的表現足堪作為表率。一九三〇年代福特公司和勞工之間的血腥鬥爭，以及一九七〇年代容易起火爆炸的福特斑馬汽車（Pinto），都為福特的紀錄留下汙點。儘管如此，我們仍然發現，由於福特經營團隊對於「三個P」的深入討論，亨利．福特在公司草創時期所大力倡導的理念得以重新受到重視。一九八〇年代扭轉乾坤的福特經營團隊並沒有重新發明新的理念，而不過是為長期備受忽視的觀念重新注入生命。一九一六年，亨利．福特曾經在福特公司草創時期，如此描述「三個P」之間的關係：

> 我不認為我們應該靠汽車賺取厚利，應該賺取合理的利潤才對，但不是厚利。我主張薄利多銷……我之所以這麼主張，是因為這樣一來，很多人都買得起汽車，享受到開車的樂趣，也因為這樣做將提供更多人工作機會和好薪水。而這就是我的兩個人生目標。

這是天真的理想主義？還是為了安撫社會大眾而做的嘲諷性聲明？或許吧。但別忘了，由於福特在一九〇八到一九一六年間將汽車降價五八%，讓一千五百萬個美國家庭都買得起T型車，因此改變了美國人的生活方式。當時福特汽車供不應求，原本大可抬高售價，但福特卻不斷降低價格，即使有位股東因為反對他的做法而不惜提起訴訟，他仍然不改初衷。在同一時期，福特還大膽推出高達五美元的每日工資，幾乎是當時業界行情的兩倍，令同行大為震驚和憤怒。雷西（Robert Lacey）在著作《福特》（*Ford*）中描述：

> 《華爾街日報》指控亨利．福特的所作所為「即使不是經濟犯罪，也犯了愚蠢的錯誤」，他很快將「自食其果，而且將禍延他所代表的產業和整個社會」。這家報紙宣稱，福特因為自己想要改善社會的天真願望，「將精神指導方針引進不適當的領域」——真是罪大惡極——業界領袖紛紛譴責他的做法為「業界有史以來最愚蠢的舉動」。

有趣的插曲是，亨利．福特做出「業界有史以來最愚蠢的舉動」，有一部分受了極端理想主義哲學家愛默生（Ralph Waldo Emerson）、尤其是他的散文〈補償〉（Compensation）的影響。不過，儘管沒有受到「非此即彼」觀念的束縛，福特這麼做的同時，其實充分認知，如果他付工人每天五美元工資，加上降低汽車售價，將為T型車創造更高的銷售量。這是務實作風嗎？還是理想主義？沒錯，兩者皆是。

再重複一次，我們無意將福特包裝成和默克或索尼理念相同的公司，比起上述兩家公司，福特的歷史紀錄多了許多瑕疵。但是和通用汽車比起來，企業核心理念對福特公司的影響又強烈多了。事實上，通用汽車的例子顯示為何單單有造鐘的傾向還不夠。通用汽車公司的主要建構者史隆（Alfred P. Sloan）強烈地以造鐘為導向，但史隆的時鐘沒有靈魂；史隆的時鐘是冷冰冰、缺乏人性、純粹在商言商且完全務實考量的時鐘。杜拉克（Peter F. Drucker）

曾經對通用汽車和史隆做過縝密的研究，他在劃時代的鉅作《企業的概念》（*Concept of the Corporation*）中，如此概述：

> 通用汽車之所以不是成功的組織，有很大部分肇因於……可以稱之為「技術官僚」的態度……史隆自己的著作《我在通用汽車的日子》（*My Years with General Motors*）是最好的例證……這本書盡在談論政治、商業決定和結構……這本書或許是有史以來最不帶私人情感的回憶錄，而且他顯然是刻意這麼做。史隆的書……只討論一個面向：如何經營企業，才能讓企業有很高的生產效能、提供就業機會、創造市場和銷售量，並帶來利潤。至於企業和社區的關係；不只把經營事業當成生計，而視之為人生的一部分；還有企業作為鄰居；作為權力中心的角色——在史隆的世界裡，這些考量完全不重要。

杜拉克在《管理的使命、責任、實務》（*Management: Tasks, Responsibilities, Practices*）一書中進一步說明：「通用汽車一直奉行史隆的教誨。而就史隆的角度來看……通用汽車非常成功。但其實也極度失敗。」

兼顧理念與利潤

默克、索尼和福特都從不同面向呈現出一個共同型態：在高瞻遠矚公司的發展歷程中，核心理念是個重要元素。就好像偉大的國家、教會、學校，或任何能永續發展的機構都抱持著根本理念一樣，高瞻遠矚公司的核心理念是一套根深柢固的基本觀念：「這就是我們主張的理念和我們致力追求的目標。」就好像美國《獨立宣言》中的指導方針（「我們認為這些真理是不證自明的……」）和八十七年後與之呼應的〈蓋茲堡演說〉（「……建立一個新的國家，這個國家乃孕育於自由，致力於追求人人生而平等的信念」）。由於核心理念是組織的根基，因此幾乎很少改變。

在某些情況下，像索尼的例子，核心理念從公司創始之初就已扎下根基。在某些情況下，像默克的例子，核心理念直到第二代接班後才出現。在某些情況下，像福特汽車的例子，核心理念逐漸被淡忘，多年後才又重新受到重視。但是幾乎在所有的案例中，我們都發現核心理念不只停留在說說而已，而是塑造公司文化的重要力量。我們很快就會更完整而深入地討論核心理念的內涵，以及它的兩個組成部分——核心價值與目的之間的細微差異，但首先我們要探討一個最有趣的發現。

和商學院的教導恰好相反的是，在大多數高瞻遠矚公司的發展史中，我們並沒有發現「擴大股東財富」或「追求最大利潤」是他們最主要的驅動力或目標。他們通常都追求好幾個目標，而賺錢只是其中一個，而且不一定是主要的。的確，對許多高瞻遠矚公司而言，他們經營的事業不只是經濟活動而已，也不只是賺錢的工具而已。大多數高瞻遠矚公司的發展史都顯示，他們的核心理念都超越了純經濟的考量，而且——這點非常重要——他們比對照公司更強調核心理念。

經過兩兩對照分析後，我們發現在十八組公司中，有十七家高瞻遠矚公司基本上比對照公司更受核心理念影響，而且也不如對照公司那麼純粹利潤至上（請參見附錄三的表A.4）。

這是我們在高瞻遠矚公司和對照公司之間找到的最明顯差異。

當然，我們並不是說，高瞻遠矚公司對獲利率或長期股東報酬漠不關心（請注意，我們說他們「不只是經濟活動」，而非「不是經濟活動」）。沒錯，他們追求利潤，而且沒錯，他們也追求更宏觀、更有意義的理想。追求最大利潤並非主導一切的力量，但高瞻遠矚公司在追求目標的同時也能獲利，魚與熊掌都能兼得。

「獲利」是生存的必要條件和達到更重要目標的手段，但對許多高瞻遠矚公司而言，利潤本身並非最終目標。利潤之於企業，就好像氧氣、食物、水和血液之於人體一樣，雖然不代表生命的意義，但如果沒有了它們，生命根本無法存在。

以下幾個重要例子可以顯示不同產業的高瞻遠矚公司如何比對照公司更兼容並蓄——兼顧理念與利潤。

惠普 vs. 德州儀器

一九六〇年三月八日，假如你處在普克的境地，你會怎麼辦？你的公司三年前股票首度公開發行。在電子革命的推波助瀾下，公司呈爆炸性成長。你一直在辛苦因應快速成長的挑戰，但你格外關注的是惠普有沒有能力在內部培育出能幹的管理人才（你相信惠普要永續發展，必須採行著重內部升遷的政策）。因此你推出惠普主管培育計畫，你認為這個計畫對於組織長期的健全發展非常重要，而在計畫推出之時，你即將對負責這個計畫的惠普人發表談話。你希望他們能牢記你在談話中傳遞的重要訊息，因此當他們擬訂計畫，培訓一代代惠普主管時，能以此為指導方針。你應該為這番談話訂定什麼主題？你希望負責培訓人才的惠普人記住什麼訊息？

於是，在簡短地致過歡迎詞後，普克開始談話：

我想討論的是公司（強調的是惠普公司）為什麼存在。換句話說，我們為什麼在這裡？我想許多人都誤以為公司之所以存在，只是為了賺錢而已。雖然賺錢是公司存在的重要結果，但我們必須進一步找出我們在這裡的真正理由。當我們探索這個問題時，不可避免會得到一個結論：一群人聚集在一起，以我們稱之為「公司」的組織形式存在，是為了共同完成一件他們無法單憑一己之力完成的事情——他們要對社會有所貢獻，聽起來好像陳腔濫調，但這是根本……你可以環顧四周（的商業世界），你仍然會看到很多人除了賺錢之外，對什麼都不感興趣，但他們的內在驅動力其實來自於渴望做事，做一些有價值的事情，也許是製造產品，或提供服務。了解這點以後，我們再來討論惠普存在的原因是什麼……我們存在的真正原因是我們提供了一些獨一無二的東西（因此能有所貢獻）。

曾經和普克共事的人描述他有一種實事求是的管理風格，總是抱著「咱們就捲起袖子，開始苦幹吧」的態度。他在大學時代主修工程，並非哲學教授，不過我們看到普克從哲學的、非經濟的角度，反覆思考公司存在的理由，我們覺得以「公司存在主義」來形容他的想法最恰當。根據普克的說法，「利潤不是經營企業的適當目標，而是得以達成所有適當目標的手段。」

普克坦然面對利潤與超越利潤的目的之間的種種衝突，成為「魚與熊掌兼得」的完美典範。他一方面清楚表明，經營惠普公司的「首要之務是對社會有所貢獻」，以及「我們的主要任務是設計、發展和製造最好的電子（設備），以促進科學進步，並造福人類」。另一方面，他也同樣清楚地表明，由於惠普必須獲利，才有辦法追求這些更寬廣的目標，「無法將（獲利）視為公司最重要（目標）的人，無論現在或將來都不可能在惠普公司的經營團隊占有一席之地。」

而且他將理念制度化之後，傳承給繼任的楊格（楊格在一九七六到一九九二年間擔任惠普執行長），楊格在訪談中對我們表示：

> 擴大股東財富一直排在我們優先順序名單的後面。沒錯，我們所做的一切必須以利潤為基礎（我們藉由利潤來衡量我們的貢獻，同時利潤也是公司成長的財力後盾），但利潤本身從來不是真正的重點。事實上，真正的重點在於「贏得勝利」，而是否贏得勝利，則要從顧客的角度來衡量，以及從你們是否為自己的所作所為感到自豪來判斷。這整件事中有一種邏輯的對稱關係，如果我們能真的讓顧客感到滿意，我們就能獲利。

對照德州儀器和惠普公司的發展軌跡時，我們檢視了四十篇歷史報導和個案研究，但找不到任何一段敘述顯示德州儀器公司是為了超乎賺錢之上的原因而存在。或許真有這樣的論述，只是我們沒有找到證據。反之，德州儀器似乎完全從規模、成長和獲利率的角度來自我定位，但是幾乎不去探討惠普所謂的「經營企業的理由」。德州儀器總裁哈格帝在一九四九年發表他為德州儀器擬訂的聲明：「我們是一家優秀的小公司，現在我們必須成為一家優秀的大公司。」在德州儀器的發展歷程中，處處可見這種對規模和成長的執著，很少見到他們關注「為什麼這樣做」的問題。舉例來說，我們注意到，和惠普公司不同的是，德州儀器的公司目標純粹以財務數字的成長為導向：

德州儀器主要的公司目標

- 銷售額達到兩億美元的目標（一九四九年設定）。
- 銷售額達到十億美元的目標（一九六一年設定）。
- 銷售額達到三十億美元的目標（一九六六年設定）。
- 銷售額達到一百億美元的目標（一九七三年設定）。
- 銷售額達到一百五十億美元的目標（一九八〇年設定）。

持平而論，我們發現，好幾家高瞻遠矚公司都有同樣的財務目標，尤其是沃爾瑪。但是和大多數高瞻遠矚公司不同（而且當然和惠普背道而馳）的是，德州儀器似乎將銷售目標當成公司主要的驅動力，而比較不強調公司所作所為背後的原因。對德州儀器而言，愈大就愈好，就這麼簡單，即使產品的品質低劣，或在技術創新上毫無貢獻，也沒關係。然而對惠普來說，唯有在做出貢獻的情況下，愈大才代表愈好。例如，一九七〇年代，德州儀器基於「愈多就愈好」的策略，而開始生產廉價的掌上型計算機和十美元的便宜電子錶。但惠普在碰到相同的市場機會時，明確地選擇不要投入生產技術層次較低的廉價產品，因為這樣做在技術上不會有任何貢獻。

嬌生vs.必治妥

嬌生公司和惠普一樣，先開宗明義地說明超乎利潤之上的理想是多麼重要，其次才強調在實踐理想的過程中必須獲利。強生在一八八六年秉持「紓解痛苦和疾病」的理想，創辦了嬌生公司。一九〇八年，他將原本的理想延伸到企業經營理念中，重視顧客服務，並且關懷員工甚於股東報酬。嬌生早期的研究經理吉爾默（Fred Kilmer）曾在二十世紀初解釋嬌生的經營哲學如何界定研究部門的角色：

> 這個部門行事時秉持的不是狹隘的商業精神……也不是為了發放股利或純粹為了嬌生公司的利益而持續努力，而是懷抱著協助提升醫療藝術的理想。

一九三五年，小強生（Robert W. Johnson, Jr.）則提出所謂「開明的利己」哲學來呼應這樣的看法：「把服務顧客擺在第一位……服務員工和經營團隊次之……最後才是服務股東。」後來在一九四三年，他將服務社區也加進這份名單（仍然比服務股東優先），並且將嬌生公司的理念寫成「我們的信條」，和美國《獨立宣言》用相同的印刷字體當標題，印在傳統的羊皮紙上。他寫道：「當我們做到這些時，股東自然會獲得合理的報酬。」雖然從一九四三年以後，嬌生公司都定期評估並微幅修改這些信條，不過基本理念始終一致，即公司負責對象從顧客到股東等的順序，以及明確強調合理的報酬，而非最大報酬。

我們的信條（這是一九四三年小強生寫下的原始信條內容）

我們相信首先必須對醫生、護士、醫院、母親
以及所有使用我們產品的人負責。
我們的產品必須始終符合最高品質，
我們必須不斷努力降低產品的成本。
我們必須快速而正確的處理訂單。
我們的經銷商必須賺取合理的利潤。

其次，我們必須對和我們一起工作的人負責——
在我們的工廠和辦公室工作的男女同仁。
他們必須覺得工作受到保障，
領到合理而充足的工資，
管理制度公正，工時合理，工作環境整潔有序。
應該設立有系統的制度，讓員工有建議和申訴的管道。
每位上司和部門主管都必須足以勝任管理的職位，而且處事公正。
有才幹的員工必須有升遷的機會，
必須考慮到每位員工個人的尊嚴和功績。

第三，我們必須對經營團隊負責。
我們的經理人必須有才華、受過良好教育、經驗豐富、能力高強。
他們必須具備常識，領悟力強。

我們第四個需要負責的對象是我們生活的社區。
我們必須是好公民——支持優秀作品和慈善活動，
並且誠實繳納我們應付的稅款。
我們必須完善維護我們有幸使用的財產。
我們必須參與提倡社會改革，
促進健康、改善教育和督促政府，
並且讓社會了解我們的活動。

我們最後的責任是對股東負責。
我們經營的事業必須有良好利潤。
必須創造盈餘，進行研究，
勇於發展風險性高的計畫，並為錯誤付出代價。
我們必須居安思危，未雨綢繆，繳納應付的稅款，購買新機器，
建立新廠房，推出新產品，發展新的銷售計畫，
我們還必須實驗新的構想。

當我們做到了這些事情時，股東自然會獲得合理的報酬。

在慈悲上帝的眷顧下，我們決心盡最大努力，

履行以上義務。

一九八〇年代初期的嬌生執行長勃克（Jim Burke，他估計自己在位時，大概有四〇%的時間都花在和公司上上下下溝通信條的內容上）形容嬌生信條和利潤之間的關係為：

我們的經營團隊在日常營運上都以利潤為先，企業經營原本就是如此，但在我們這行或其他行業，許多人總會認為：「我們最好這樣做，否則短期內經營數字就會受到影響。」有了這份信條，他們就可以說：「且慢，我不需要這樣做。」管理階層曾經告訴過我，他們……希望我根據這些原則來營運，所以我不必那樣做。

我們發現必治妥公司就不如嬌生公司這麼強調公司理念。嬌生公司在一九四〇年代就已經明訂並發布公司信條，而且早在二十世紀初就很清楚公司的信念是什麼，然而直到必治妥公司在一九八七年發表「必治妥公司誓言」之時，我們仍然沒有看到任何證據顯示他們有類似於嬌生的信念（必治妥公司的誓言令人不禁懷疑，他們只是把嬌生的信條換上不同的字眼改寫一遍）。我們也沒有看到任何證據顯示，在必治妥發表誓言後，公司上下真的把誓言當做指導方針而貫徹實行。嬌生公司的員工能清楚說出信條如何影響了他們的重要決策，我們卻沒有看過必治妥公司的員工發表類似的說法。

哈佛商學院曾經以完整的個案研究，探討嬌生如何從組織結構、內部計畫流程、薪資制度、策略性營運決策著手，化信條為行動，同時如何在面臨危機的時刻，以嬌生的信條為明確的指導方針。

舉例來說，一九八二年嬌生曾遭到泰諾事件的衝擊，當時芝加哥地區有人對泰諾的藥罐子動手腳，在止痛藥中摻入氰化物，結果造成七人死亡。嬌生公司當時把信條的精神當做因應危機的準繩，立刻將美國市場上所有的泰諾膠囊撤架，雖然只有芝加哥地區有人中毒而死。同時不惜耗費約一億美元成本，動員二千五百人進行溝通，警告社會大眾，並妥善處理問題。《華盛頓郵報》報導這個危機時描述：「嬌生公司成功地在社會大眾心目中塑造新形象：顯示他們願意不計代價，做正確的事情。」

在泰諾危機發生後幾天，必治妥公司也碰到了幾乎同樣的問題：丹佛地區的伊克賽錠（Excedrin）也被動了手腳。然而必治妥並沒有採取嬌生公司的做法，即回收美國市場上銷售的所有伊克賽錠，而只撤掉了科羅拉多州販賣的伊克賽錠，同時也沒有發動大規模宣導活動來警告社會大眾。必治妥的總裁蓋博（Richard Gelb，曾經形容自己是個「謹慎的經理人」）很快對《商業月刊》（*Business Month*）表示，伊克賽錠事件「對必治妥的營收不會有什麼影響」。無論如何，嬌生公司有個成文的信條作為因應危機的指導方針，而證據顯示，必治妥公司缺乏這樣的信念。

波音 vs. 麥道

縱觀兩家公司的歷史，和麥道比起來，波音在擬訂重要的策略性決策時，更加兼顧理想主義的自我認知觀點和策略性的務實考量。回顧波音悠久的歷史時會發現，波音經常大膽豪賭，製造出愈來愈巨大、愈來愈先進的飛機。他們下的龐大賭注都獲得豐厚回收，成為獲利率極高的公司（獲利率高於麥道）——他們的決策的確很務實。但證據顯示，無論從長短期來看，波音公司並非處處以利潤為先，而是企圖扮演航空科技的開路先鋒，要建造巨大、快速、先進、性能更佳的飛機；開創航空科技的新領域；勇於冒險和挑戰，追求成就和貢獻；還有做對的事情。如果沒有利潤，波音不可能追求這些目標；但利潤並非成就這一切的原因，就好像葉格爾（Chuck Yeager）❶不是為了錢而試飛實驗飛機一樣。從一九四五到一九六八年擔任波音執行長的艾倫對於在波音工作的意義，下了這樣的評論：

> 波音總是迎向未來。唯有無論生活、吃飯、睡覺、呼吸都念念不忘自己所從事的工作，才有可能辦得到……我和一大群知識淵博、全心奉獻的人一起共事，他們吃飯、睡覺、呼吸都活在航空科技的世界裡……人類的目標應該放在追求更偉大的成就和提供更好的服務上，人生最大的樂趣是從……參與困難和建設性的工作中獲得滿足。

就拿波音決定建造七四七客機的事情為例。當然，波音有經濟上的動機，但也有財務以外的動機。波音之所以製造七四七，既是為了追求利潤，也是為了自我認知，因為他們深信波音應該走在航空運輸業的尖端。為什麼要製造七四七？「因為我們是波音公司！」波音的

---

❶編註：葉格爾，美國空軍將軍及著名飛機試飛員，一九四七年成為史上第一位飛得比聲音還快的人。

董事葛林華特（Crawford Greenwalt）曾經詢問一位高階主管，他們預測七四七的投資報酬率會有多高，這位經理人告訴他，他們做了一些研究，但不記得結果。塞靈（Robert Serling）在《傳奇與傳承》（*Legend and Legacy*）中寫道：「葛林華特低頭喃喃自語：『天哪，這些傢伙甚至連投資報酬率會有多高都不曉得！』」

摩托羅拉vs.增你智

摩托羅拉創辦人蓋爾文將獲利看成追求公司目標的必要手段，但不是最終目的。沒錯，他不斷督促工程師在改善品質的同時，還要努力降低成本，公司才能保持獲利。沒錯，他也認為必須有利可圖，生意人才能從工作中得到滿足。但他從來不曾讓利潤變成摩托羅拉公司超越一切的首要目標，也不認為有任何公司應該這麼做。一九三〇年代，美國發生經濟大蕭條時，摩托羅拉還是個步履蹣跚的年輕公司，當時他們面臨一個抉擇，是否要學同業常見的做法，對經銷商誇大公司的財務狀況和產品功能。蓋爾文面對壓力時的回應是，他不在乎同業怎麼做。他說：「就對他們說實話吧，首先，因為這樣做才對，其次，反正他們無論如何都會知道真相。」蓋爾文的反應再度反映了許多高瞻遠矚公司的二元本質——務實的理想主義。他們並非抱持純粹的理想主義，但也非全然務實，他們兩者兼顧。

像摩托羅拉這樣的高瞻遠矚公司不認為在遵循公司價值觀和採取務實作風之間，只能擇一而為；反而視之為挑戰，他們設法找到務實的解決方案，同時所作所為又符合公司的核心價值。

蓋爾文還把這種看似矛盾的觀點制度化，使之成為引導摩托羅拉未來方向的重要力量。一九九一年，羅伯特．蓋爾文（蓋爾文的兒子和接班人）寫了一系列文章告訴員工：「我們是什麼樣的公司，以及為什麼如此」。他在這三十一篇文章中討論了創造力、革新、顧客完全滿意、品質、倫理、創新等主題，沒有一次提到追求最大利潤的重要，也不曾暗示員工，追求利潤才是潛在的目的。摩托羅拉對於公司目的所做的正式宣示也與上述情況相呼應（刊登於名為〈我們的主張：目的、原則和倫理宣示〉〔For Which We Stand: A Statement of Purpose, Prineiples, and Ethics〕的內部出版品），摩托羅拉將利潤和公司更廣大的目的相結合，將追求充足的利潤（而非最大的利潤）視為企業發展的輔助力量，而非主要目標：

> 摩托羅拉存在的目的是以合理價格，提供顧客品質優異的產品和服務，誠實地服務社區，以賺取企業成長所需的充足利潤，並藉此讓員工和股東有機會實現合理的個人目標。

增你智則恰好相反，創辦人麥當諾「司令」並沒有為公司留下任何恆久不變的理念。在麥當諾時期，增你智存在的目的似乎主要是充當創辦人的玩具和舞台。等到麥當諾逝世後，增你智公司頓失方向，衰弱不振，採取典型的利潤至上作風。我們在檢視摩托羅拉和增你智的相關文章時，注意到關於摩托羅拉的文章經常強調公司「無形」的層面——不拘形式、平等主義、技術導向、樂觀前瞻等，然而在麥當諾過世後，關於增你智的文章多半著重於財務狀況、市場占有率和其他純財務項目。我們在增你智沒有看到和摩托羅拉〈我們的主張〉類似的文件。事實上，我們沒有找到任何證據顯示，當麥當諾於一九五八年過世後，增你智除了提高市場占有率和擴大利潤之外，還信奉任何深具意義的理念。

萬豪vs.豪生

萬豪和摩托羅拉、惠普一樣，明確擁抱務實的理想主義。當麥瑞特被問到，他之所以創辦萬豪酒店，是不是因為想當百萬富翁，或想建立自己的王國時，麥瑞特回答：

不，完全不是這樣。我當時只有三個想法，三個想法同樣重要。第一是為我們的客人提供友善的服務；第二是以合理的價格供應品質好的食物；第三是不分晝夜，努力工作，賺取利潤……我希望得到的收穫是公司成長：提供更多員工就業機會，有更多錢照顧家人，並且能對社會公益有所貢獻……從事服務業可以得到很大的報酬，對社會有很大的貢獻。為離家在外的客人提供一頓好吃的餐點、一張好睡的床，讓他們得到友善的招待……讓遠離家園的人感覺置身於朋友之間，而且備受關懷，是很重要的事情。

和前面的案例一樣，麥瑞特將他的想法制度化，所以能在他百年之後依然延續下去。他實施縝密的人才篩選過程，灌輸他們正確的觀念，以強化員工第一和以顧客為尊的觀念，並且制定主管培育計畫，以確保符合麥瑞特理念的管理人才源源不絕。他也悉心培育兒子當接班人，不只讓他了解公司營運的實務，同時也確保他能貫徹公司的價值觀。一九九一年的一篇文章評論道：「萬豪的主管十分慎重地遵循麥瑞特提出的『給公司主管的指導方針』，他是一九六四年小麥瑞特成為執行副總裁時在寫給兒子的信中提出這些原則。」我們找到了這

表 3.1　萬豪酒店兩代執行長的執行方針

1964 年麥瑞特	1984 年小麥瑞特
以人為先，注重員工的發展、忠誠、利益、團隊精神。(他們的發展)是你最重要的責任……要看員工的長處，並且設法發展這些好的特質。	我們的事業和人有關……要教導他們、幫助他們、關懷他們，給他們公平的機會。教導他們技能，幫助他們成功，塑造他們成為贏家。
授權並讓部屬為成果負責。如果……員工顯然無法勝任工作，那麼就為他找個適合的位子，或請他走路。不要拖延。	網羅優秀人才，期待他們展現績效。如果選錯了人，就趕緊請他們走路。
好好管理你的時間……善用分分秒秒的工作時間……保持幽默感。讓自己和別人都覺得工作很有趣。	努力工作，但要從中獲得樂趣。做事和完成工作是很快樂的事情，關鍵在於要始終保持這樣的狀態。

封長信的副本，注意到這些指導方針和他的兒子在二十年後提出的主張十分類似（請參見表3.1）。

小麥瑞特呼應多年前父親訂下的指導方針，指出驅動公司成長的不是金錢，而是把工作做得很出色時，心中油然而生的自豪感和成就感。他指出，由於萬豪酒店給員工非常好的照顧，同時又提供顧客有價值的服務（以客為尊），自然會為股東帶來「吸引人」（而非「最高」）的報酬。

雖然證據顯示，豪生酒店的詹生也有其理念（強調一致性和品質），但我們沒有發現他將理念傳承給兒子（及接班人），或將理念灌輸給所有員工，成為恆久不變的指導方針。沒有任何紀錄顯示這位創業家交棒給第二代時，曾指導他們如何以公司理念為依歸，也沒有任何證據顯示，豪生酒店曾像萬豪酒店那樣實施縝密的人才篩選和教育過程。在一九七〇年代中期之前，詹生的兒子小詹生已經開始採取純粹財務至上（強調銷售額成長及投資報酬率）的作風來經營公司，完全不注重員工或顧客。根據三篇文章的報導（兩篇刊登於《商業週刊》，一篇為

《富比士》的文章），豪生酒店以昂貴的價格提供淡而無味的餐點、糟糕的住房和惡劣的服務給顧客。小詹生後來以公司收益十八倍的高價把公司賣給英國投資人，大賺一筆。

菲利普莫里斯vs.雷諾茲

和雷諾茲菸草比起來，我們發現菲利普莫里斯的員工在工作時以企業理念為依歸，而不是只求擴大股東財富。一九七九年，擔任菲利普莫里斯副董事長的彌海瑟（Ross Millhiser）表示：

> 我很愛抽菸，香菸是讓人覺得值得活在世上的東西之一……香菸帶給我們一些欲望，一些心理上的平衡感。人總是在想辦法自我平衡，而香菸在裡面發揮了一些功效。

是公司理念，還是自我欺騙？或純粹是公關手法？我們無從得知。但我們在菲利普莫里斯公司觀察到的團隊精神和共同目的感，過去三十年來卻從不曾在雷諾茲公司出現過。菲利普莫里斯的主管說起他們的香菸時，比雷諾茲的主管熱情多了，菲利普莫里斯的主管支持抽菸的理念中也表達出更多的反抗精神。而雷諾茲在一九六〇年之後似乎根本不在乎自己的產品，只把香菸視為賺錢的工具。一九七一年的時候，雷諾茲董事長曾表示，如果放棄香菸這個產品，可以為股東賺更多錢的話，那麼何不從善如流。他和彌海瑟不同，他對香菸完全缺乏理念上的忠誠度。

相反的，在為香菸奮戰的主張中，菲利普莫里斯的主管幾乎自認站在道德的一方，他們的弦外之音是：抽不抽菸，其實事關人們有沒有選擇的自由，不要奪走我的香菸，不要踐踏我的權利！我們在檢視關於菲利普莫里斯的文章時，注意到許多張照片中，菲利普莫里斯的高階主管都擺出一副叛逆的姿態——手持香菸，眼睛瞪著攝影機，彷彿在說：「你甭想叫我把香菸熄掉！」《財星》雜誌的一篇報導描述：

> 主管辦公室間瀰漫著一種近乎反叛式的抽菸文化，他們會從口袋中掏出菸盒……點燃香菸……然後在眾目睽睽之下，把菸盒拋到桌面上。

他們彷彿把自己看成四處可見的萬寶路香菸廣告上那些孤傲的牛仔。一位離職員工形容，在菲利普莫里斯工作有如「加入崇尚抽菸的教派」，領薪水時，公司會強迫他們也帶幾盒香菸回家。一位菲利普莫里斯的董事告訴我們（手指一面撥弄著一盒濾嘴香菸）：「我真的很喜歡擔任菲利普莫里斯的董事。這家公司真的很偉大，我是說『偉大』，我覺得好像參與了一件很特別的事情，這家公司支持某個理念，而參與其中令你感到非常驕傲。」一九七一年，《富比士》雜誌曾在一篇文章中形容菲利普莫里斯董事長柯爾曼（Joseph Cullman）：

> 許多人很不滿（柯爾曼）強力支持抽菸的立場。他不但沒有為香菸造成的傷害道歉，反而指出抽菸對心理健康帶來的「益處」。

千萬不要誤會，我們並不是認為菲利普莫里斯是為了全人類的福祉而無私地努力。菲利普莫里斯的主要信念是關於個人選擇的自由、積極進取、論功過決定發展機會、努力致勝和持續自我改善，單純為經營事業的卓越成就感到自豪。一九九一年開始擔任菲利普莫里斯執行長的邁爾斯（Michael Miles），根據《財星》雜誌的描繪，是個「生意狂……作風務實、無情而專注……十分冷血」，「無時無刻不在思考生意上的事情。」他曾說：「我不認為（菸草）業有什麼道德上的過失……我不認為向人們推銷他們不需要的產品有什麼錯。」這些不是什麼特別「軟性」或「人道主義」的價值觀。畢竟，香菸不能治癒河盲症。

但是……或許會令你十分訝異的是（我們也感到很訝異），我們發現菲利普莫里斯公司和默克藥廠一樣，由於有強烈的核心理念，而展現了高度凝聚力。菲利普莫里斯的理念顯然和默克南轅北轍，但兩家公司以理念為依歸的程度都明顯高於對照公司。就這個層面而言，菲利普莫里斯過去四十年來的發展和默克藥廠的相似度還大於與同行雷諾茲菸草公司，而默克藥廠和菲利普莫里斯的相似度也高於和同行輝瑞藥廠的相似度。

有「正確」的企業理念嗎？

雖然默克和菲利普莫里斯都是有強烈理念的高瞻遠矚公司，但他們的核心理念卻南轅北轍（他們生產的產品對人們的影響也十分兩極化），因此出現一些有趣的問題：高瞻遠矚公司有沒有「正確」的核心理念？理念的內容重不重要？高瞻遠矚公司的核心理念有沒有什麼共通的型態或元素？

我們在表3.2中列出我們研究的高瞻遠矚公司的核心理念，結果發現，雖然有好幾家公司的理念出現相同的主題（例如貢獻、誠信廉潔、尊重個別員工、服務顧客、強調創造力或走在時代尖端、對社區的責任等），但沒有任何一個主題是所有高瞻遠矚公司共通的理念。

- 有的公司，例如嬌牛公司和沃爾瑪，強調顧客至上；但其他公司，例如索尼和福特則沒有如此強調。
- 有的公司，例如惠普公司和萬豪酒店，強調關懷員工；但其他公司，例如諾斯壯和迪士尼，則沒有如此強調。
- 有的公司，例如福特和迪士尼，以產品或服務為中心；但其他公司，例如ＩＢＭ和花旗銀行，則沒有如此強調。
- 有的公司，例如索尼和波音，強調大膽冒險的精神；但其他公司，例如惠普和諾斯壯，則沒有如此強調。
- 有的公司，例如摩托羅拉和３Ｍ，強調創新；但其他公司，例如寶鹼和美國運通，則沒有如此強調。

簡而言之，我們並沒有發現任何特定理念是造就高瞻遠矚公司的重要關鍵。我們的研究顯示，是否真心相信核心理念，以及能否始終如一、言行一致地貫徹理念，反而比核心理念的內容更重要。

換句話說，你喜不喜歡或同不同意菲利普莫里斯的理念，根本一點也不重要，除非你在

表 3.2　十八家高瞻遠矚公司的核心理念

3M	● 創新：「絕不可扼殺新產品構想。」 ● 絕對誠信廉潔 ● 尊重個人的進取心和個人成長 ● 包容誠實的錯誤 ● 堅持產品品質和可靠性 ●「我們真正的事業是解決問題」
美國運通	● 絕佳的顧客服務 ● 全球一致的產品可靠性 ● 鼓勵個人積極進取
波音	● 做航空工業的開路先鋒，走在科技的尖端 ● 勇於面對巨大的挑戰和風險 ● 確保產品安全和品質 ● 誠實正直地經營事業，合乎道德規範 ●「吃飯、呼吸、睡覺都念念不忘航空科技」
花旗銀行	● 在規模、服務和涵蓋的地理範圍上不斷擴張 ● 高居領先地位——例如成為最大、最好、最創新、最會賺錢的銀行 ● 自主管理和創業精神（透過分權式管理） ● 採取菁英領導 ● 積極果敢、滿懷自信
福特汽車	● 公司的優勢來自人才 ● 產品是「我們努力的最終成果」（我們從事的是汽車事業） ● 利潤是成功必要的手段和衡量指標 ● 誠信廉潔 （註：這是 1980 年代福特「使命、價值和指導方針」文件中的順序，但在福特歷史的不同時間點上，曾出現不同順序）
奇異	● 透過技術和創新，改善生活品質 ● 對顧客、員工、社會和股東的責任（沒有明確的高下之分）維持相互依存的平衡 ● 個人責任和機會 ● 誠信廉潔
惠普	● 對於我們從事的領域有技術上的貢獻（「我們以公司的形式存在是為了有所貢獻」） ● 尊重惠普員工並提供發展機會，包括讓他們有機會分享企業的成功 ● 對於我們所處的社區有所貢獻，並善盡責任 ● 為惠普的顧客提供適當的品質 ● 利潤與成長是實現其他價值和目標的手段

（續下頁）

IBM	● 為每一位員工提供完善的照顧 ● 花很多時間取悅顧客 ● 窮盡一切努力把事情做對；我們所做的每一件事都要做到盡善盡美，超越他人
嬌生	● 公司存在的目的是「減輕痛苦和消除疾病」 ●「我們負責的對象依序為：顧客第一，員工第二，社會第三，股東第四」（請參見嬌生的信條） ● 根據個人功績決定機會和報酬 ● 分權式管理＝創造力＝生產力
萬豪	● 友善的服務，卓越的價值（把顧客當做我們邀請的賓客）；「讓離家在外的客人感覺置身於朋友之間，備受關懷」 ● 把人擺在第一位，好好對待他們，寄予高度期望，其他的一切自然隨之而至 ● 努力工作，但要享受工作的樂趣 ● 持續自我改善 ● 克服橫逆，堅忍不拔
默克	●「我們從事的事業是維護人類生命和改善人類生活。要評估我們的所作所為，必須以我們是否成功達成這個目標為基準」 ● 誠信廉潔 ● 企業的社會責任 ● 以科學為基礎努力創新，而非模仿他人 ● 公司各方面都追求卓越 ● 追求利潤，但利潤必須來自於能造福人類的工作
摩托羅拉	● 公司之所以存在「是要以合理的價格，提供品質絕佳的產品和服務，誠實地服務社區」 ● 持續自我革新 ● 開發員工「潛在的創造力」 ● 公司在各方面持續改善——無論是構想、品質、顧客滿意度 ● 尊重每位員工 ● 誠信廉潔、遵守倫理
諾斯壯	● 以顧客為先 ● 努力工作，提高生產力 ● 持續改善，絕不自滿 ● 追求卓越的名聲，共同達成特殊成就

（續下頁）

菲利普莫里斯	● 捍衛個人選擇（抽菸，買自己想買的東西）的自由 ● 努力致勝——擊敗他人，成為頂尖 ● 鼓勵個人積極進取 ● 功勞愈大，愈有機會獲得高成就，沒有性別、種族或階級之分 ● 努力工作，持續自我改善
寶鹼	● 產品卓越 ● 持續自我改善 ● 誠實和公平 ● 尊重和關心個人
索尼	● 從能造福大眾的技術進步、應用和創新中，體會到純然的喜悅 ● 提升日本文化與國家地位 ● 要當開路先鋒——不追隨他人的腳步，要化不可能為可能 ● 尊重和鼓勵每個人發揮才能和創造力
沃爾瑪	●「我們存在的目的是為顧客提供價值」——透過更低的價格和更好的選擇，改善顧客的生活——其他一切都是次要 ● 力爭上游，不隨流俗 ● 將員工當成夥伴 ● 滿懷工作熱情、全心奉獻 ● 經營方式力求精簡 ● 不斷追求更高的目標
迪士尼	● 不容許憤世嫉俗的心態 ● 極端重視一致性和細節 ● 透過創造力、夢想和想像力，持續進步 ● 努力控制和維護迪士尼的「魔幻」形象 ●「為百萬人帶來歡樂」，將「完整的美國價值」發揚光大

* 這個表格乃呈現高瞻遠矚公司在歷史發展軌跡中最一以貫之的理念，而並非只列舉這些公司最新的價值、使命、願景或目的宣示，也絕不仰賴單一資訊來源，而是透過不同世代企業執行長的說法，尋求前後一致性。

菲利普莫里斯公司上班。外界同不同意默克藥廠或萬豪酒店或摩托羅拉或迪士尼的核心理念也不重要。我們的結論是，關鍵不在於這家公司是否有「正確」的核心理念或「受歡迎」的核心理念，重要的是他們是否擁有能啟迪人心、引導員工方向的核心理念。

聽其言，觀其行

我們怎麼確定高瞻遠矚公司的核心理念不是一堆好聽的陳腔濫調，一堆無關痛癢的文字，只是用來安撫、操弄或誤導其他人？答案是：

第一，社會心理學研究強烈指出，當人們公開支持某個觀點時，即使他們原先並非抱持這樣的主張，他們表現出來的行為依然會比過去更符合他們所支持的觀點。換句話說，單單陳述核心理念的舉動（高瞻遠矚公司比對照公司更傾向這麼做）就會對行為造成影響，會令行為更符合理念。

第二（更重要的是），高瞻遠矚公司不只是將理念公諸於世，而且也採取具體步驟，讓組織上上下下都奉行同樣的理念，不受領導人更迭的影響。我們將會在後面幾章說明：

- 高瞻遠矚公司比對照公司更徹底地將核心理念灌輸到員工腦中，創造出幾乎像教派般強烈的企業文化。
- 高瞻遠矚公司比對照公司更以是否符合核心理念為指標，悉心培育和挑選高階主管。
- 高瞻遠矚公司比對照公司更注重在企業目標、策略和組織設計等都符合核心理念。

當然，要維護和實行理念，並非易事。奇異公司執行長威爾許曾經描述，要忍受務實做法和理想主義之間的緊張，或他所謂的「數字和價值」的衝突，是多麼困難的一件事：

關於數字和價值，在此處，我們沒有最後的解答，至少我沒有。能夠在數字上展現績效，並且認同我們價值的人就能向前邁進，扶搖直上。沒能達成數字上的績效，但認同我們價值的人則擁有次佳的機會。如果有人既不認同我們的價值，又無法達成數字上的目標，問題也很容易解決。麻煩的是那些能夠達成數字上的目標，卻不認同公司價值觀的人……我們會盡量說服他們，和他們反覆爭辯，這些人最令我們頭痛。

事實上我們發現，高瞻遠矚公司並非都是恪遵理念的典範。舉例來說，奇異公司在一九五〇年代和一九六〇年代違反了許多倫理和法律，包括一九五五年和幾家水電公司爆發在招標案中共同舞弊的醜聞。一九九一年，寶鹼曾經使詐，想拿到辛辛那堤市的電話紀錄，藉此追蹤（並懲罰）透露消息給《華爾街日報》記者的內部員工——明顯違反了寶鹼崇尚的價值「尊重個人」。即使嬌生公司的信條如此知名，有時候仍然不免難以遵循理念。一九七九年，在強生寫下信條三十六年後，嬌生公司針對公司信條，在內部進行了一次全面省思，當時擔任執行長的勃克表示：

我的前任執行長熱情地信奉這些信條，但（在一九七九年）負責營運的經理人並非都同樣致力於實踐公司信念，所以我召集了二十位重要的高階主管，並挑戰他們的信念。我說：

「這是我們的信條，如果我們不打算遵守這些信條，乾脆把它從牆上扯下來算了……我們要不就承諾會努力實踐信條，要不就乾脆拋棄這些信條。」……等到會議結束時，這些主管對於信條都有了更深入的理解和更強烈的熱情。然後，我們再和世界各地的嬌生經理人會面，挑戰他們對信條的態度。

高瞻遠矚公司並非始終都完美無瑕，但就好像嬌生公司重新奉信條為圭臬，以及奇異公司在價值和數字之間的掙扎所顯示，一般而言，高瞻遠矚公司都非常注重核心理念，並且耗費極大的心力來保存核心理念，使之成為塑造公司的重要力量，而且他們比對照公司更注重這點。

給企業家和經理人的指導方針

建立高瞻遠矚公司很重要的步驟是，清楚表明核心理念。我們根據在高瞻遠矚公司的所見所聞，設計出核心理念的兩組定義。我們輔導過的企業認為這些定義對於他們設定自己的核心理念很有幫助。

核心價值

核心價值是組織恆久不變的根本信念，不會因為財務收益或暫時的權宜之計而輕易妥協。IBM前執行長小華生（Thomas J. Watson, Jr.）曾在一九六三年的小冊子《企業及其信

核心理念 ＝ 核心價值 ＋ 目的	
核心價值 ＝	組織根本而恆久的信念——是一套基本指導方針，不要和特定的文化或營運措施混為一談；也不要為了財務收益或暫時的權宜之計而妥協
目的 ＝	組織存在的基本原因，而不只是賺錢而已——是地平線上永遠指引方向的星光；不要和企業的特定目標或經營策略混為一談

念》（*A Business and Its Beliefs*）中如此評論核心價值（他稱之為信念）扮演的角色：

> 我相信企業成敗的真正關鍵，往往在於組織能否激發出員工的龐大能量和豐富才華，組織用哪些方法來協助員工找到共同的目標？……以及在經歷世代交替的變動時，組織如何維護共同目標和方向感？……（我想答案就在於）我稱為信念的力量，以及這些信念對員工的吸引力……我堅定地相信任何組織如果要生存並成功，都必須找到一套完善的信念，作為所有決策和行動的前提。其次，我相信企業成功最重要的單一因素，就是忠實地遵循公司信念……永遠都要把信念置於政策、做法和目標之前。如果政策、做法和目標違反了基本信念，就必須加以修正。

在大多數情況下，企業都以簡潔動人的字句傳達核心價值，為企業營運提供實質的引導。且看沃爾頓如何點出沃爾瑪核心價值的精髓：「（我們把）顧客擺在第一位……如果你不服務顧客，或不支持服務顧客的人，那麼我們就不需要你。」再看鹼柏如何簡潔優雅地敘述寶鹼關於產品品質和誠實經營的核心價值：「如果你沒有辦法提供分量十足、完美無瑕的商品，不如轉去做其他誠實的工作，即使當碎石工人都好。」還有惠普前執行長楊格如何扼要地說明惠普風範：「惠普風範基本上就是尊重和關懷個人，『想要別人怎麼對你，你就怎麼待人』其實就是惠普風範。」敘述核心價值可以有很多不同的方法，不過要簡潔、清楚、直接、有力。

高瞻遠矚公司通常都只有幾個核心價值，大約在三到六個之間。事實上，我們發現沒有一家高瞻遠矚公司的核心價值超過六個，大都不到六個。的確，這原本就在意料當中，因為只有少數價值可以真的被稱為「核心價值」，是深植人心的根本價值，幾乎不太可能改變，也沒有妥協的餘地。

這對於想要說明組織核心價值的人而言，很有參考價值。如果你列出的核心價值超過五、六個，或許你並沒有掌握到真正核心的價值。如果你已經有一份公司價值宣言，或正在擬訂這樣的宣言，也許你可以自問：「這些價值中，有哪些價值是無論外在環境如何變動，我們仍會努力奉行一百年，即使我們不再因為擁有這些價值而獲得外界的正面回報，或甚至因此遭受懲罰，也依然不動搖？相反的，有哪些是一旦外在環境不再贊同，我們就願意改變或拋棄的價值？」這些問題能幫助你決定哪些價值才是真正的核心價值。

有一點非常重要：千萬不要墮入陷阱——把高瞻遠矚公司的核心價值（列在表3.2中）拿來當做你們公司的核心價值。核心理念並非來自於模仿其他公司的價值觀，即使這些公司是高瞻遠矚的公司也不例外；核心理念也不是出於外界的要求或來自閱讀企管書籍的心得；更不是來自於徒勞無功地「盤算」什麼樣的價值最實用，什麼會最受歡迎或最能創造利潤。在釐清和說明核心理念時，最重要的是確實反映出你們信奉的理念，而不是其他公司的價值觀或外界認為企業應該具備的理念。

很重要的是，必須了解到核心理念是企業經營的內在要素，有很大部分和外在環境沒什麼關聯。打個比方，美國的開國元勛之所以提出自由和平等的核心理念，並非呼應外在的要求，他們也不預期美國將為了回應外在環境的改變，而放棄這些基本理念。他們把追求自由與平等看成不受環境影響、恆久不變的理想（「我們認為這些真理是不證自明的……」），能為未來世世代代指引方向和啟迪人心。

在高瞻遠矚公司裡，核心價值不需要理性的辯護或外界的支持，也不隨時代潮流而改變，甚至不會因為市場環境的變動而動搖。

小強生並不是因為深信信條可以帶來利潤或因為在某本書中讀到這些觀念，而寫下嬌生公司的信條。他寫下這些信條，是因為這是嬌生公司根深柢固並身體力行的信念，而他希望保存這些信念。默克二世深信醫藥的目的是為了救人，他希望每個默克員工都能和他有同樣的信念。小華生形容他父親「打從骨子裡」信奉ＩＢＭ的核心價值：「就他而言，這些價值根本是人生的準繩，必須不計任何代價好好保存下來，推薦給其他人，並且在經營企業時誠實遵循。」

普克和惠烈特並沒有「策劃」出惠普風範或惠普的經營之道；他們只是深信應該以這樣的方式創立事業，並且採取具體步驟來說明並傳播這些信念，因此惠普人會保存並實踐這些信念，也不因當代管理思潮的影響而輕易改變。我們在檢視惠普公司的歷史檔案時，看到普克的這段敘述：

（一九四九年）我參加了一個企業領導人的會議。我在會中建議，企業主管除了為股東賺錢之外，還有一個責任。我說，我們……有責任尊重員工身為人的尊嚴，確保他們能分享自己參與完成的成就。我也指出，我們對顧客有責任，對社會也有責任。令我訝異和震驚的是，沒有任何與會人士贊同我的意見，雖然他們表達反對意見時都很有禮貌，但他們顯然都深信我不是他們的一份子，而且顯然也沒有資格管理重要的企業。

惠烈特、普克、默克、強生和華生並沒有坐下來問：「什麼樣的企業價值會擴大我們的財富？」或「什麼樣的經營哲學印在紙上會很好看？」或「什麼信念能取悅金融界？」不！他們只是清楚表明深植於內心、對他們而言有如呼吸一樣自然的想法。重點不在於他們相信什麼，而是他們有多相信（以及組織能否協調一致地奉行信念）。關鍵在於真誠可信，沒有任何人工添加物，而是百分之百真誠相信。

目的

「目的」是超乎賺錢之上、公司存在的根本理由。高瞻遠矚公司藉著問問題來釐清公司存在的目的。（他們問的問題和本章前面普克所問的問題類似：「我想討論的是公司為什麼存在。換句話說，我們為什麼在這裡？我想許多人都誤以為公司之所以存在，只是為了賺錢而已。雖然賺錢是公司存在的重要結果，但我們必須進一步找出我們在這裡的真正理由。」）

目的不必然是獨一無二的。兩家公司的目的很可能非常相似，就好像兩家公司也可能篤信同樣的價值（例如正直廉潔）。目的主要的功能是指引方向和啟迪人心，而不一定是與其他公司區隔。舉例來說，許多公司可能和惠普公司有相同的目的，透過電子設備，對社會有所貢獻，促進科學進步，增進人類福祉。問題是，他們是否和惠普一樣抱持堅定的信念，在日常營運中同樣奉行不悖？就像核心價值一樣，關鍵在於真誠可信，而非獨一無二。

經過適當的省思過程而產生的公司存在目的應該是寬廣、根本而持久的；好的公司目的應該在多年後、甚至一世紀後，仍然能引導組織的方向並啟迪人心。魏吉羅曾經前瞻未來一百年，描繪出默克藥廠的目的恆久扮演的角色：

想像我們所有人都突然來到公元二〇九一年。我們的許多策略和方法都早因無法預期的發展而改變了，但無論公司經歷了什麼樣的變動，我知道我們仍有一樣東西始終維持不變，而且是最重要的東西……默克人的精神……一個世紀後，我相信我們還是會感受到同樣的團隊精神……我確信這點，因為默克致力於對抗疾病、紓解病痛和助人，是符合公義的事情，能鼓舞人們的夢想，致力於成就偉大的事業。這個目的能經歷時間的考驗，引領默克人在未來數百年達到偉大的成就。

的確，高瞻遠矚公司持續致力於達到目的，但就好像在追逐地上的地平線或天上的指路繁星一樣，從來都沒有辦法真正達到目的。當華特．迪士尼說「只要這個世界還保有夢想，迪士尼樂園就永遠不會有真正完成的一天」時，他捕捉到了公司目的這種恆久不變、永遠未完成的本質。

波音公司永遠不會停止拓展航空科技的新領域，這個世界永遠會需要企業界的葉格爾；惠普公司永遠不可能有朝一日達到理想境界而表示「到了這個地步，我們再也無法有更多的貢獻了」；同樣的，奇異公司透過科技與創新，改善生活品質的任務永遠也不會有真正完成的一天。

萬豪公司可以不斷演化，從賣沙士的飲料攤演變為食品連鎖店、航空餐飲服務和投身旅館業，一直到二十一世紀的「天曉得將會是什麼」事業。但萬豪始終沒有放棄「讓離家在外的人感覺置身朋友之間，備受關懷」的初衷。

摩托羅拉公司可以不斷演化，產品從最初的家用收音機整流器，又陸續開發出汽車收音機、家用電視機、半導體、積體電路、無線通訊、衛星系統，一直到二十一世紀的「天曉得將會是什麼」產品。但摩托羅拉始終沒有放棄「要以合理的價格，提供品質絕佳的產品和服務，誠實地服務社區」的初衷。

迪士尼公司可以不斷演化，從簡單的卡通，到動畫長片、米老鼠俱樂部、迪士尼樂園、熱門電影、歐洲迪士尼樂園，一直到二十一世紀的「天曉得將會是什麼」產品。但迪士尼從來沒有忘記「為百萬人帶來歡樂」的初衷。

索尼公司可以不斷演化，從電鍋和粗糙的熱墊，到錄音機、電晶體收音機、特麗霓虹彩色電視機、錄影機、隨身聽、機器人，一直到二十一世紀的「天曉得將會是什麼」產品。但從來沒有停止追求核心目的：從能創造「無比的樂趣和無比的利益……提升（日本）文化」的科技創新中獲得純粹的滿足和喜悅。

簡而言之，高瞻遠矚公司通常都會經由不斷的發展，跨入生氣勃勃的新領域，然而扮演指路明燈的，依然是公司的核心目的。

所以如果你正在思考組織的核心目的，我們建議你不要只是寫下對於產品線或目標顧客的描述（「我們之所以存在，是要為甲顧客製造出乙產品」）。例如對迪士尼而言，「我們之所以存在，是要為孩子們創造卡通影片」會是糟糕透頂的目的宣言，既無法打動人心，又缺乏延續百年的彈性，但是「運用我們的想像力，為百萬人帶來歡樂」則延續百年之後，依然是個打動人心的目標。很重要的步驟是找出組織存在的更深層而根本的原因，其中一個有效的方法是問：「為什麼不乾脆把這個機構關掉或賣掉？」想辦法逼出不管在目前或百年後的未來都適用的答案。

在此要特別釐清：並非所有的高瞻遠矚公司都曾明確發表正式的目的宣言，有些公司是在不那麼正式的情況下，描述公司存在的目的，內容也不那麼明確。儘管如此，由於公司存在目的和核心價值畢竟還是扮演不太一樣的角色（在所有十八個案例中，我們都明顯看到這個情況），而且也因為其中有十三個公司確實在歷史上某個時點，都曾經發表類似目的宣言的陳述（無論是以正式／明確的或非正式／較模糊的方式表達），因此將目的視為企業核心理念的獨特要素之一，的確有其好處。我們發現，大多數公司都從釐清和明確表達核心價值和目的中獲益，我們很鼓勵你如法炮製。

給經理人的提醒

雖然我們是從公司整體的角度來撰寫本章，但我們發現，同樣的觀念也適用於組織所有階層的經理人。你絕對可以為自己的工作小組、部門或事業部釐清並宣示核心理念。如果你的公司有強烈的公司理念，那麼部門或小組的理念自然要受公司理念（尤其是核心價值）所限。但你仍然可以保有你們自己的理念，而且當然也可以為自己的部門描述存在的目的。你們部門究竟是為什麼而存在？如果這個部門被裁撤掉的話，會有什麼損失？

如果你的公司並沒有整體的公司理念，你仍然可以設定自己的理念，而且可以掌握的自由度就更高了。公司沒有整體理念，並不表示你們就不應該有自己的理念！更何況，你可以透過設定自己部門的核心價值和目的，樹立典範，扮演督促公司釐清整體理念的重要角色。我們曾經看到，許多公司的單位藉著在內部樹立典範，為公司帶來巨大的壓力。

給企業家和小公司主管的提醒

並非所有的高瞻遠矚公司都打從一開始，就有明確的核心理念，只有少數幾家公司做到。舉例來說，強生從萌生創業念頭的當下，就知道嬌生公司的目的何在（「紓解病痛」），索尼公司的井深大在一九四六年寫下公司章程時也一樣。但其他高瞻遠矚公司，例如惠普和摩托羅拉，一直等到公司成立十年後，已經脫離草創階段，站穩了腳步（但通常還沒有成為大企業）時，才清楚說明核心理念。大多數的高瞻遠矚公司在創業初期都只是奮力衝刺，設法讓公司生存、成長，在公司發展過程中才逐步釐清理念。所以如果你們因為公司剛剛起步，還沒有清楚的核心理念，倒是不必太緊張，但愈早釐清愈好。事實上，如果你已經花時間來閱讀本書，那麼何不現在就撥出時間，好好思考一下你們的理念？

第四章

保存核心／刺激進步

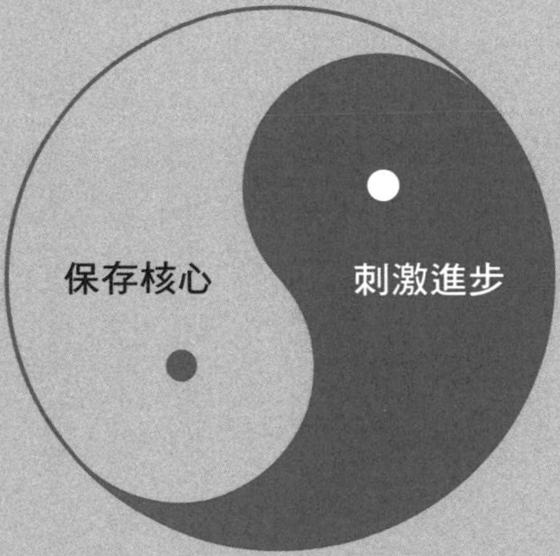

在高瞻遠矚公司裡，

保存核心和刺激進步的動力分進合擊。

追求進步的動力

無休無止地驅策公司不斷向前邁進，

改善或改變核心理念以外的一切。

保羅．蓋爾文驅策我們不斷向前邁進，為動而動……他驅策我們日新又新……自我變革非常重要。但是如果不能持續改變，效果就很有限。沒錯，更新就是改變，要求我們「以不同的方法做事」，願意汰換、重做，但同時也必須珍惜既有的根本。

——前摩托羅拉執行長羅伯特．蓋爾文，一九九一年

能遵循一致的原則……給了我們方向感……（有些原則）從實驗一八三七年創辦以來就一直是實驗的特色。雖然實驗不斷追求進步和成長，但很重要的是員工必須了解，公司並不是只關心成果，也很關心他們以什麼方式達到成果。

——實驗前總裁哈尼斯（Ed Harness），一九七一年

我們在第三章曾經說明，核心理念是高瞻遠矚公司的根本要素。儘管如此，單靠核心理念卻無法造就高瞻遠矚的公司。即使公司擁有全世界最有意義的核心理念，也非常珍視核心理念，但如果一直停滯不前，拒絕改變，就會跟不上外界的腳步，被遠遠拋在後面。正如沃爾頓所說：「你不能只是一再重複過去行得通的做法，因為周遭一切都在不斷改變。你必須走在變遷的最前端，才能成功。」同樣的，小華生在ＩＢＭ的小冊子《企業及其信念》中提出警告：

如果組織要面對變動世界的挑戰，就必須做好準備，在發展過程中，除了基本信念不變

之外，要勇於改變自己的一切。唯一神聖不可侵犯的只有組織的基本經營哲學。

我們相信IBM之所以在一九八〇年代末和一九九〇年代初逐漸失去高瞻遠矚公司的光芒，有部分是因為忽視了小華生嚴厲的警告。IBM的「三個基本信念」中，完全沒有談到任何關於白襯衫、藍西裝或特定的政策、程序、組織階級或有關大型電腦的事情，事實上，基本信念中根本未提到任何和電腦有關的事。穿藍西裝和白襯衫不是IBM的核心價值，大型電腦不是IBM的核心價值，特定的政策、程序和做法也不是IBM的核心價值。除了堅持核心價值不變之外，IBM應該更積極地改變其他的一切，但IBM花了太長時間，一味固守既有的策略和營運措施，而且堅持以既定的方式展現核心價值。

我們發現，當核心理念和非屬核心理念的特定做法產生混淆時，公司就很容易出問題。當兩者混淆不清時，公司可能會因為堅持非核心的做法太久，以至於無法適應外界的變動，因而停滯不前。因此關鍵在於：高瞻遠矚公司固然小心翼翼地保存和維護核心理念，但另一方面，必須容許核心理念的表現方式有所改變和不斷演化。例如：

- 對惠普而言，「尊重和關懷每一位員工」是核心理念中恆久不變的部分，但每天上午十點鐘供應水果和甜甜圈則是可改變的非核心做法。
- 對沃爾瑪而言，「超越顧客的期望」是核心理念中恆久不變的部分，但由接待人員在大門口歡迎顧客，則是可改變的非核心做法。
- 對波音而言，「走在航空科技的尖端，做航空工業的開路先鋒」是核心理念中恆久不變的部分，致力於建造巨無霸噴射機則是可改變的非核心策略。

●對3M而言，「尊重個人進取心」是核心理念中恆久不變的部分，十五％的原則（技術人員可以把一五％的工作時間投入於自己選擇的研發計畫上）則是可改變的非核心做法。

●對諾斯壯而言，「以顧客服務為先」是核心理念中恆久不變的部分，地區發展重心、在大廳演奏鋼琴和存量過高的庫存管理方式則是可改變的非核心做法。

●對默克而言，「我們從事的事業是維護人類生命和改善人類生活」是核心理念中恆久不變的部分，針對特定疾病的研究則是可改變的非核心策略。

根本關鍵在於，不要將核心理念和企業的文化、策略、戰術、營運、政策或其他非核心做法混為一談。經過一段時間後，文化規範必須改變，策略必須改變，產品線必須改變，目標必須改變，競爭能力必須改變，管理政策必須改變，組織結構必須改變，薪酬制度必須改變。如果想成為高瞻遠矚公司，公司在經過長期發展之後，不該改變的唯有核心理念而已。

因此本書的中心觀念是：高瞻遠矚公司的根本特質乃是「保持核心與刺激進步」的潛在動態。我們將以這個簡短的章節來介紹其中的基本概念，並且呈現接下來六章所談到的幾十個詳細例證和故事背後的骨幹。

發自內心的強大驅策力

在高瞻遠矚公司裡，保存核心和刺激進步分進合擊，追求進步的動力無休無止地驅策公司不斷地向前邁進，改善或改變除了核心理念以外的一切。追求進步的力量來自於人類內心深處的強烈衝動，是一股渴望探索、創造、發現、成就、改變和改善的驅動力。追求進步的驅動力並非只是在知識層面上認知「在變動的世界裡，追求進步是很健康的」，或「健全的組織應該不斷改變和改善」，或「我們應該設定目標」；而是一股發自內心深處、不可遏止的原始動力。

沃爾頓正是受到這樣一股力量所驅策，才會在臨終前幾天，把寶貴的時間花在和前來探病的分店經理討論銷售數字。而篤信「要做有建設性的事情，直到臨終的那一刻為止……要認真地過每一天，直到生命的盡頭」的麥瑞特也有同樣的驅動力。

花旗銀行正是受到這樣一股力量所激勵，才會在還是家小銀行時，就設定目標，要成為全世界最普及的銀行，儘管在當時看來，設定如此大膽的目標就算不是有勇無謀，也顯得十分荒唐可笑。迪士尼正是受到這樣一股力量所驅策，所以儘管還看不出市場對於他的瘋狂夢想有強烈需求，卻不惜以公司聲譽為賭注，押在迪士尼樂園上。福特汽車也是受到這樣一股力量所驅策，而將公司前途孤注一擲於膽大包天的目標：「讓汽車變得更平民化」上，結果為世界留下了不可磨滅的影響。

摩托羅拉正是受到這樣一股力量所驅策，而恪遵「為動而動」的四字箴言，推動公司從製造整流器和汽車收音機，到研發電視機、微處理器、行動通訊、環繞地球的衛星，不斷推陳出新，並且大膽追求「六Σ」（即「六標準差」，又稱「六色格瑪」）品管標準（只容許百萬分之三．四的瑕疵率）。蓋爾文以「日新又新」這個形容詞來描繪摩托羅拉追求進步的內在驅動力：

日新又新是本公司的重要驅動力。從家父在一九二八年創辦公司來生產整流器的那一天起，他就不得不開始尋找替代產品，因為不出所料，整流器果真在一九三〇年遭到淘汰。他從來不曾停止創新，我們也一樣……唯有將日新又新的觀念深植於文化中，迫使組織不斷產生富於創意的新構想……無條件投入研發風險性高、但深具潛力的新構想，公司才能生存。

3M正是受到這樣一股力量所驅策，所以持續實驗和解決其他公司甚至根本不認為是問題的問題，結果產生了像防水砂紙、思高牌膠帶和利貼便條紙等深受歡迎的創新產品。同樣受到這股力量的驅策，因此早在利潤分享和員工入股計畫尚未蔚為風潮之前，寶鹼就在一八八〇年代率先推動這些做法。索尼公司也因為同樣的驅動力，而領先其他公司，在一九五〇年代初期就證明電晶體產品確實可以在市場上創造佳績。波音公司也正是受到這樣一股力量所驅策，因此數度從事商業史上最大膽的豪賭，例如在市場需求還高度不確定的情況下，決定製造波音七四七型客機。威廉·波音曾經在波音公司草創時期如此形容這股驅動力：

任何人都不能以「做不到」為由，放棄任何新構想。我們的職責是持續不斷地研究和實驗，盡快讓實驗室的成果進入生產線，絕不錯過任何改善飛行技術的機會，在設備改善上也絕不落人後。

的確，追求進步意謂著即使現狀運作順暢，卻永不滿足於現狀。高瞻遠矚公司追求進步的內驅力就像怎麼治都治不好的搔癢症狀一樣，即使公司已經非常成功，仍然不滿足：「我們永遠可以表現得更好，我們永遠可以更進步，我們永遠可以找到新的可能性。」正如同亨利．福特所說：「你必須做個不停，不停向前邁進。」

內在的驅力

追求進步的驅動力和核心理念一樣，是一種發自內心的強烈衝動，不會等待外界說：「該是改變的時候了」，或「該是改善的時候了」，或「該是發明新東西的時候了」，才開始追求進步。不，這股驅動力早已深植於內心，就好像偉大藝術家或多產的發明家內在的驅力一樣，不斷督促他們向前邁進。創造出迪士尼樂園、製造波音七四七、追求六Σ品質標準、發明3M利貼便條紙、在一八八〇年代推行員工入股措施，或臨終前在病榻上會見分店經理，不會是出於外在環境的要求。高瞻遠矚公司會這樣做，完全是出於追求進步的內在驅策力量，想要走得更遠、做得更好、創造新的可能性，完全不需要靠外在力量的加持。

高瞻遠矚公司藉由這股追求進步的驅動力，展現出融合自信和自我批評的強烈風格。由於滿懷自信，高瞻遠矚公司才能設定膽大包天的目標，並採取膽大包天的行動，有時候甚至不惜突破傳統。高瞻遠矚公司從來不認為自己無法化不可能為可能，成就偉大非凡的事業。但另一方面，早在外界還未要求他們變革和改善之前，由於高瞻遠矚公司勇於自我批評的文化，他們早已自行發動變革和改善。因此高瞻遠矚公司成為自己最嚴苛的批評者，他們有一股自發的強烈驅動力，除了核心理念恆久不變，他們持續改善其他一切，不斷追求進步。

請注意，當有人恭維諾斯壯公司的顧客服務標準，布魯斯．諾斯壯（Bruce Nordstrom）的反應正透露出嚴苛的自我紀律：「我們不想談論我們的服務，我們其實沒有大家說的那麼好，提供好的服務非常不容易，你必須每一天、每一次都做對。」有一位絕不讓屬下滿足於現有光環的惠普行銷經理，曾如此描述惠普的內在驅動力：

我們為成功而感到自豪，也熱烈慶祝，但是真正令人振奮的事情是，思考未來我們要如何表現得比現在更好，試試看我們能走多遠，這是永不休止的過程，我們沒辦法站在終點線上說：「我們已經抵達終點了。」我絕對不希望我們滿足於既有的成就，因為這樣一來，我們就會開始走下坡。

化理念為具體行動

請注意表4.1中核心理念和追求進步的驅動力之間的互動。

核心理念和追求進步之間的交互作用是本研究最重要的發現之一。高瞻遠矚公司秉持「兼容並蓄」的精神，不僅要追求核心與進步之間的平衡而已，而是無時無刻不在追求既能高度實現理念、同時又能突飛

表 4.1　核心理念 vs. 追求進步的驅動力

核心理念	追求進步的驅動力
提供延續性和穩定性	追求持續變革（新方向、新方式、新策略等）
打下穩固的地基	推動組織朝目標、改善、想像的形式等邁進
規範公司方向和可能性（必須符合核心理念）	擴大公司可以考慮的可能性
有明確的內容（「這是我們將奉行的理念」）	可能沒有明確的內容（「只要符合核心理念，任何方面的進步都很好」）
設定核心理念本質上是保守做法	追求進步可能帶來革命性的劇烈改變

猛進的境界。的確，在高瞻遠矚公司裡，堅守理念和追求進步有如陽與陰，是並行不悖的，兩者彼此互補，也相互強化：

- 有了核心理念，企業可以不斷追求進步。因為在企業演化、試驗、改變的過程中，核心理念提供了企業延續的基石。當企業釐清了核心價值（因此是固定不變的），就更容易在所有非核心的部分尋求改變和採取行動。
- 追求進步能鞏固核心價值。因為如果不能持續改變和向前邁進，企業將追不上世界變動的腳步，逐漸走下坡，甚至慘遭淘汰出局。

雖然核心理念和追求進步的驅動力通常都來自特定領導人，但高瞻遠矚的公司往往會將之體制化，融入組織運作的各個層面，令這些要素不僅是抽象的「精神」或「文化」。高瞻遠矚公司並非徒有一套模糊的意念或保存核心、追求進步的熱情。當然他們的確有想法，也有熱情，但他們也有一套具體可行的機制來保存核心，刺激進步。

華特．迪士尼並沒有完全將核心理念託付給命運，而是創造了迪士尼大學，要求每一位員工都參加「迪士尼傳統」研習會。惠普公司並非夸談惠普風範，而是厲行內部升遷制度，並且把經營理念轉換成評估員工績效和決定升遷的項目，因此無法與惠普風範緊密融合的人幾乎不可能升上高階主管的職位。萬豪酒店並非只是空談核心價值，而是制定嚴格的員工篩選機制、教育訓練流程和精密的顧客回饋環路。諾斯壯並非只是空談顧客服務，而是透過具體的獎懲措施強化服務的文化——能提供完善服務的諾斯壯人成為領高薪的英雄人物，未能善待顧客的員工則立刻被趕出公司。

摩托羅拉並非只是暢談品質的重要，而是以獲得美國國家品質獎為目標，努力達到六個Σ的品質標準。奇異公司在二十世紀初並非只是高談持續技術創新的重要，而是建立了全世界第一座工業研發實驗室。波音公司並非只是夢想走在航空科技尖端，而是毅然決然地投入波音七四七等大膽計畫，深知一旦失敗，波音公司將毀於一旦。寶鹼公司並非只是把追求自我進步當成很好的觀念，而是刻意在組織結構的設計上，讓寶鹼各個產品線彼此激烈競爭，這種制度化的內部競爭成為刺激進步的有力機制。3M談到鼓勵個人積極進取和創新時，並非只是說說而已，而是採取分權式管理，容許研究人員把工作時間的十五％拿來從事自己有興趣的研究，同時設立內部創投基金，規定每個事業部的年度銷售額中應該有四分之一來自於過去五年推出的產品。

有形、具體、特定、扎實。深入觀察高瞻遠矚公司的內部運作，你都會看到一個不停滴答、噹噹、嗡嗡、喀喀、鏘鏘作響的時鐘，處處都看得到他們以具體方式實踐核心理念，展現追求進步的驅動力。

起心動念沒有什麼不好，但能否將意圖轉化成具體機制，才是能否真正成為高瞻遠矚的公司，或永遠只是癡心妄想的關鍵所在。

我們發現許多組織都有偉大的企圖心和鼓舞人心的願景，卻未能踏出關鍵的一步，把意念轉化為具體的做法。更糟糕的是，他們通常都任憑組織的特質、策略和戰術違背了原本值得稱頌的意圖，因此產生混淆，引發嘲諷。時鐘的機械裝置和各個零件並非相互磨損，而是協調合作，以保存核心，並刺激進步。高瞻遠矚公司的創建者必須想辦法在策略、戰術、組織制度、結構、獎勵制度、辦公室設計、工作設計上，處處都能協調一致。

給企業家和經理人的重要觀念

在與企業經理人共事時，我們發現將研究中的重要觀念統合成一個整體架構會很有幫助，經理人可以運用這個架構來診斷和設計自己的組織。

圖4.A顯示了我們的架構，架構中共有兩層，最上層包含了前面幾章討論過的元素：以造鐘為導向（第二章）、陰／陽符號（魚與熊掌兼得）、核心理念（第三章）、追求進步的驅動力（本章前面的描述）。你可以把最上層看成高瞻遠矚公司必備的指導原則。不過儘管這些抽象原則非常重要，卻無法單靠這些要素成為高瞻遠矚公司。要成為高瞻遠矚公司，必須先將這些原則轉換為架構的第二層，而大多數公司都是在這個階段碰到困難。

> 如果你參與了組織的建構和管理，你從本書學到的最重要一課是創造出能「保存核心與刺激進步」的具體機制非常重要。這是造鐘的精髓所在。

的確，如果我們必須把為期六年的研究計畫，濃縮成一個最能說明如何建構高瞻遠矚公司的重要概念，我們會描繪出下列圖像，而在以下各章的開頭，你都會見到這個圖像。

在接下來的章節中，我們將描述保存核心和刺激進步的具體方式，這正是高瞻遠矚公司之所以有別於對照公司的關鍵，最後則以探討協調一致的重要性為總結。這些具體方式總共分為五類：

●**膽大包天的目標**：致力於挑戰大膽（而且通常高風險）的目標和計畫（刺激進步）。

●**教派般的文化**：唯有認同企業核心理念的人才會覺得這裡是很棒的工作環境；無法認同企業理念的人會像病毒般遭到排斥（保存核心）。

●**多方嘗試，然後保存可行的做法**：多方嘗試，採取各種行動（通常毫無規畫、漫無方向）往往能打開新路，帶來意想不到的進步，就好像物種演化的過程一樣（刺激進步）。

●**自行培育管理人才**：實施內部升遷制度，唯有在公司工作多年，長期浸淫於企業理念的資深員工才能升到高階主管職位（保存核心）。

●**永不自滿**：永無止境地持續追求自我改善，好還要更好（刺激進步）。

圖 4.A

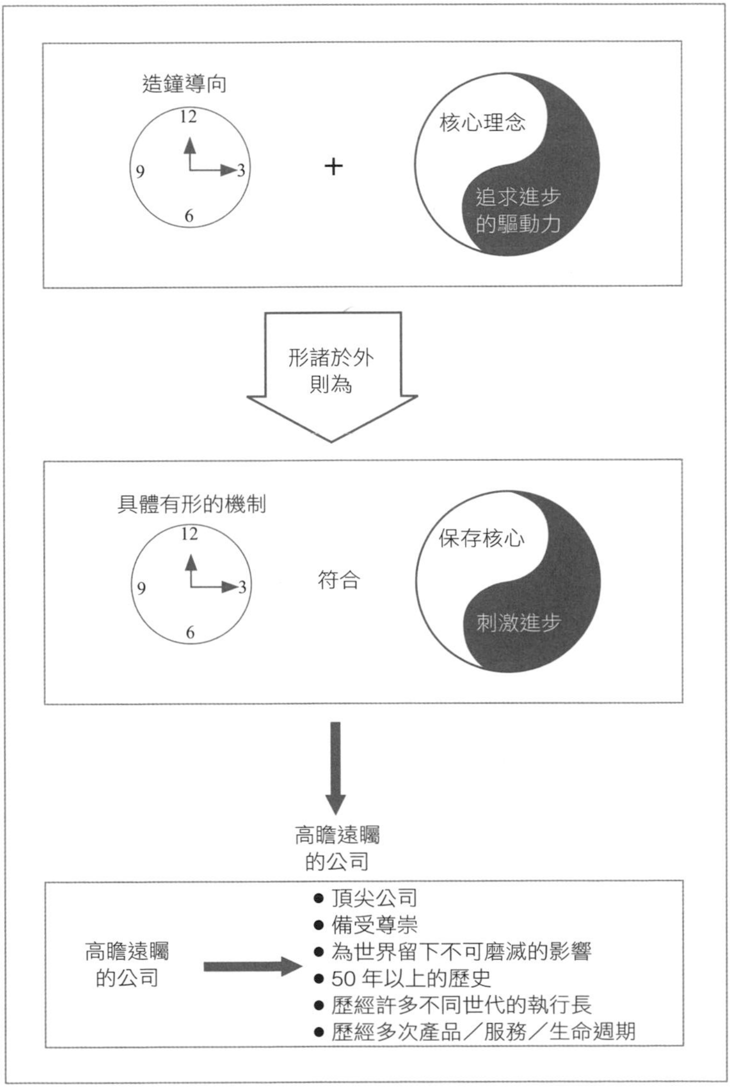
造鐘導向
12
9
3
6
+
核心理念
追求進步
的驅動力
形諸於外
則為
具體有形的機制
12
9
3
6
符合
保存核心
刺激進步
高瞻遠矚
的公司
高瞻遠矚
的公司
● 頂尖公司
● 備受尊崇
● 為世界留下不可磨滅的影響
● 50 年以上的歷史
● 歷經許多不同世代的執行長
● 歷經多次產品／服務／生命週期

我們會提供案例、小故事和系統化的證據來支持和說明這些方式。在閱讀每個章節時，不妨將本書的整體架構拿來當做診斷自家組織的指南：

- 組織是否已經從報時的心態轉換為造鐘的心態？
- 是否拒絕接受「非此即彼」的二分法，而能兼容並蓄，追求「魚與熊掌兼得」？
- 有沒有自己的核心理念——核心價值和超乎賺錢之上的更高目的？
- 有沒有追求進步的驅動力——在所有不屬於核心理念的領域中，強烈追求改變，不斷向前邁進。
- 是否能透過具體措施，例如膽大包天的目標、自行培育管理人才的制度，和本書後面提到的其他做法，一方面保存核心，同時又刺激進步？
- 組織的所有觀念和做法能否協調一致，讓員工接收到一致的訊息，因此能強化符合核心理念的行為，並達到預期的進步？

在你讀完以下六章之後，你應該可以在腦子裡列出一長串清單，上面是要成為高瞻遠矚的公司，你在自己的組織裡可以推行的具體做法。無論你的身分是執行長、經理人、員工或創業家都沒關係，你可以設法實現這些想法。

第五章

膽大包天的目標

真正膽大包天的目標，
應該像攀登聖母峰或登月任務一般
簡潔易懂、清晰動人，
具備鼓舞人心的力量，
能凝聚眾人的努力，激發團隊精神。

寧可大膽嘗試，贏得光榮勝利，即使可能失敗，仍勝過與既無大喜，也無大悲的人為伍，因為他們活在灰暗的模糊地帶，沒有嚐過勝利或失敗的滋味。

——美國總統老羅斯福，一八九九年

我們拚命努力（實現目標）。因為我們內心沒有恐懼，故可大膽嘗試。

——索尼公司創辦人井深大，一九九一年

在我做過的事情當中，最重要的是協調為我們工作的人才，指引他們努力的方向。

——迪士尼公司創辦人華特．迪士尼，一九五四年

請設身處地為一九五二年的波音經營團隊想一想。你們的工程師想要為商用客機市場建造大型噴射客機，公司當時在商用客機市場沒沒無聞，之前的嘗試也都失敗了。你們過去主要製造軍機（B-17 飛行堡壘、B-29 超級堡壘、B-52 轟炸機），生意有五分之四來自單一客戶——美國空軍。更嚴重的是，根據銷售人員的報告，美國和歐洲的民航公司都對波音製造的商用客機興趣缺缺。民航公司一向對波音沒有好感，抱持偏見，認為「他們製造轟炸機」。其他飛機公司也不曾證明過商用噴射客機的市場確實存在，競爭對手道格拉斯飛機公司認為，螺旋槳飛機仍將持續為市場主流，而波音對於二次大戰後痛苦裁員的經驗，將員工人數從五萬一千人裁減到七千五百人，還記憶猶新。最重要的是，要發展出噴射客機的原

型，估計需耗費的成本將是波音過去五年平均每年稅後純益的三倍，差不多是公司淨值的四分之一。（幸運的是，你們認為這種噴射機將可供軍方作為加油機之用，但仍然需要投入一千五百萬美元的自有資金來開發原型。）

如果你是波音的經營者，你覺得該怎麼辦？

波音的經營團隊放手一搏，致力於追求膽大包天的目標，希望在商用客機市場上占有一席之地，建造了噴射機，為它取名為七〇七，啟動了商用客機的噴射機時代。

相反的，道格拉斯飛機公司（後來成為麥道公司，在我們的研究中是波音的對照公司）決定固守原本的活塞式螺旋槳飛機產品線，對商用噴射客機市場小心翼翼地採取觀望態度，直到眼睜睜看著波音公司掌控了商用客機市場，道格拉斯公司遠遠被拋在後面。即使到了一九五七年（根據《商業週刊》的報導，航空公司「爭先恐後地匆匆汰換活塞式螺旋槳飛機」），道格拉斯公司仍然沒有噴射機可以推出上市。最後，道格拉斯公司終於在一九五八年推出 DC-8 客機，但再也無法趕上波音公司。

你可能會認為，「或許波音只不過是運氣好而已？現在回頭來看，就覺得波音很聰明，但他們原本也很可能做了錯誤的決策。」說得好。我們很想贊同你的意見，除了一點：波音的歷史顯示，長期以來，波音一直勇於接受挑戰。遠在一九三〇年代初期，當波音公司立志在軍機市場上占有重要地位，把公司前途押注於 P-26 軍機和後來的 B-17 飛行堡壘時，就展現了這種大膽投入的精神。

而這種作風並沒有隨著一九五〇年代七〇七成功上市而終止。一九六〇年代初期，波音公司在開發七二七客機期間，將潛在客戶（東方航空公司）的要求化為工程師面對的明確挑戰，賦予他們幾乎不可能的任務——建造出能在拉瓜迪亞機場的四—二二跑道降落的噴射機（四—二二跑道只有大約一千五百公尺長，對任何現存客機而言，跑道都太短了），同時這架噴射機必須能從紐約不落地直飛到邁阿密，而且客機寬度必須能每排容納六個座位，總共搭載一三一位乘客，還要符合波音的安全標準。波音的工程師之所以在七二七的技術上有重大突破，主要是因為他們別無選擇。

相反的，道格拉斯飛機公司的反應就太慢了。在七二七推出兩年後，道格拉斯的DC-9客機才問世，因此在商用噴射機市場上遠遠落後波音。那時候波音已經在研發更進步的短程噴射客機七三七。理論上，道格拉斯公司應該能和波音同樣快速地因應東方航空公司提出的挑戰，結果卻把市場拱手讓給波音（波音原本估計七二七的市場規模應該是三百架左右，結果後來售出一千八百多架七二七客機，而七二七也成為航空業短程機種的主力）。

一九六五年，波音採取了商業史上最大膽的行動：決定研發七四七巨無霸噴射機，這個決定幾乎毀了波音公司。在決定性的董事會上，一位董事表示：「如果七四七計畫不如預期，我們還是可以退出。」

波音董事長艾倫的回應是「退出？」艾倫堅持，「如果波音公司說了要建造這種飛機，我們就會把它建造出來，即使要耗盡整個公司的資源也在所不惜！」

的確，就像當初研發P-26、B-17、七〇七和七二七一樣，波音公司無論在財務上、心理上或公開的宣示中，都義無反顧地投入研發七四七。在七四七研發期間，有一位波音的訪客問道：「艾倫先生，（波音公司）下了很大的賭注在這個機型上。萬一第一架飛機一起飛就墜毀，你們要怎麼辦呢？」艾倫沉默了好一會兒，然後回答：「我寧可談談其他比較愉快的話題——例如核子戰爭。」

就像當初研發 DC-8 和 DC-9 客機一樣，競爭對手麥道公司這一回又太慢投入巨無霸噴射機的市場，於是再度跟在波音後面辛苦追趕（道格拉斯飛機公司後來與麥克唐納公司〔McDonnell〕合併為麥道公司）。麥道公司以 DC-10 客機回應波音的挑戰，但在市場上始終無法和波音並駕齊驅。

像登月任務般清晰動人的目標

波音公司是絕佳的範例，展現高瞻遠矚公司如何運用大膽的使命（或者說「膽大包天的目標」）來刺激進步。膽大包天的目標不是刺激進步的唯一有力機制，也並非所有的高瞻遠矚公司都廣泛採用這種方法（例如3M和惠普主要仰賴其他機制來刺激進步，我們在後面的章節中會詳細討論）。儘管如此，我們發現在我們所研究的十八組公司中，有十四組的高瞻遠矚公司較常運用這種有力機制，而顯示對照公司也這樣做的證據則比較少。在三組案例中，我們發現高瞻遠矚公司和對照公司都同樣重視膽大包天的目標。只有在其中一組案例中，有更多證據顯示對照公司運用膽大包天的目標來刺激進步（請參見附錄三中的表A.5）。

每個公司都有目標。但只是單純設定目標，和能全力以赴、因應如攀登高山般巨大驚人的挑戰之間，有很大的差別。這就好比一九六〇年代的登月任務。美國總統甘迺迪和顧問原本大可走進會議室，起草諸如「我們要加強太空計畫」之類的空泛聲明。一九六一年，即使最樂觀的科學評估都認為，登月任務的成功機率只有一半，事實上，大多數專家對登月計畫都抱持悲觀的態度。儘管如此，甘迺迪總統在一九六一年五月二十五日仍發表宣言：「美國應該致力於在未來十年內達成這個目標，將人類送上月球，然後安全返回地球。」美國國會也同意他的聲明，並立即撥款五億四千九百萬美元，而且還在接下來五年中，投入數十億美元的經費。衡量當時的成功機率，設定這個目標還真是膽大包天，但正因為膽大包天，才能產生如此強大的驅策力，在後艾森豪時代激勵尚未恢復元氣的美國打起精神，向前邁進。

清晰有力的目標

真正膽大包天的目標就像登月任務一樣清晰有力，能凝聚眾人的努力，激發團隊精神。這種目標有明確的終點，因此組織會明確曉得是否達到了目標。每個人都喜歡向終點衝刺的成就感。

> 膽大包天的目標能深深打動人心，吸引人才投入。這種目標明確具體、激勵人心、高度聚焦，而且一聽到就立刻明白，幾乎不需再多做解釋。

登月任務不需要委員會花無數小時字斟句酌，將目標描述成累贅空泛、沒有人記得的「使命宣言」。不，目標本身（要攀登的高山）早已一目了然，也十分振奮人心，你可以用一百種不同方式來描述這個目標，但每個人仍然很容易就可理解。當探險隊要出發攀登聖母峰時，不需要用長達三頁的「使命宣言」來解釋什麼是聖母峰。想一想你的組織好了，你的周遭是否充斥著空泛的宣言，但缺乏能激勵人心、像登月任務或攀登聖母峰或本章所介紹的企業目標般清晰有力的大膽目標？我們看過的企業宣言都對於刺激進步沒什麼幫助（雖然有些宣言有助於保存核心價值）。要刺激進步，我們鼓勵你超越傳統的企業宣言，思考什麼是你們膽大包天的目標。

奇異執行長威爾許回顧奇異公司當年面對的挑戰時表示，當時第一步就是「以宏觀而清晰的詞彙定義奇異的命運。你傳達出的訊息必須涵義寬廣，一方面展露雄心壯志，但又簡單易懂」。他們傳達出什麼樣的訊息呢？奇異擬訂的目標是：「在我們所服務的每個市場上，取得數一數二的領導地位，並且推動變革，讓奇異變得像小公司一樣靈活敏捷。」奇異所有的員工都完全明白（也記得）這個膽大包天的目標。現在比較一下奇異的目標和西屋公司在一九八九年提出的既難懂、又難記的願景宣言：

奇異公司	**西屋公司**
在我們服務的每個市場上	全面品管
都取得數一數二的領導地位	市場領導地位
在公司推動變革	技術導向
讓奇異變得像小公司一樣靈活敏捷	聚焦的成長
	全球化
	多角化

重點不在於奇異的目標「正確」，而西屋的目標「錯誤」；重點在於奇異的目標清晰有力，和登月任務一樣，比較可能刺激進步。公司是否有膽大包天的正確目標，或膽大包天的目標能否驅使員工往正確的方向邁進，這些並非不重要，而是沒有觸及根本重點。的確，要掌握根本重點，不妨先問以下問題：「目標能否刺激進步？能否創造動能？能否促使員工向前邁進？能否打動人心？令人深受激勵，願意冒險一試？願意貢獻創造力，全力以赴達成這個目標？」（請注意，這並不表示高瞻遠矚公司會追求他們任意想到的任何膽大包天目標。同樣重要的問題是：「目標是否符合公司的核心理念？」本章最後會有更深入的探討。）

就以菸草公司菲利普莫里斯與雷諾茲的對比為例。一九六一年，雷諾茲還稱霸於菸草市場（市場占有率幾乎達到三五％），而且為菸草業規模最大、獲利率最高的公司。另一方面，菲利普莫里斯只不過排名第六，市占率不到一〇％。但菲利普莫里斯做了兩件雷諾茲沒做的事情。首先，菲利普莫里斯將原本鮮為人知的女性香菸品牌「萬寶路」重新定位，目標對準大眾市場，以牛仔形象為象徵大打廣告，結果非常成功。第二，菲利普莫里斯有清楚的目標。

由於菲利普莫里斯原先一直落後，在後面苦苦追趕，因此他們設定了一個膽大包天的目標——要成為菸草業的通用汽車公司（在一九六〇年代，「成為業界的通用汽車」代表稱霸全球市場）。然後菲利普莫里斯致力於達成這個目標，在業界從第六名躍升到第五名，從第五名再上升到第四名，持續進步，直到把長期稱霸市場的雷諾茲趕下第一名的寶座。在同一時期，雷諾茲則瀰漫著墨守成規的老大作風，除了為股東獲取高報酬外，沒有其他清晰動人的野心和願景。

當然啦，菲利普莫里斯要達到目標比雷諾茲容易些：和只是努力保住龍頭地位相較，從後面迎頭趕上，一舉扳倒業界巨人，就好像大衛對抗巨人歌利亞一樣，是比較振奮人心的目標。但事實就是事實，一九六〇年代五家在後面追趕的菸草公司中，只有菲利普莫里斯設定了雄心勃勃的目標，而且真的擊敗巨人，成為菸草業的通用汽車。菸草業素來由幾大公司各據山頭，在業界只不過排名第六、實力遠遜於產業龍頭的菲利普莫里斯，要挑戰如此雄心勃勃的目標，需要莫大的勇氣。的確，如果經由理性的策略規畫模式來分析，一定會顯示這是個自大愚蠢的決策，缺乏遠見與智慧。我們在課堂上，有時候會拿（經過偽裝的）菲利普莫里斯當時的處境作為案例，和受過良好策略規畫訓練的MBA學生討論。幾乎大家都不認為這家公司應該挑戰巨人，一位學生表示：「他們缺乏適當的策略資產和競爭能力，應該固守原本的利基市場。」當然，菲利普莫里斯原本很可能因為這個大膽決策而鑄下大錯，因此早已為世人所遺忘，也無法成為本書的案例。但我們同樣可以確定，如果菲利普莫里斯膽怯地固守利基市場，不敢向巨人挑戰，那麼同樣也不會成為本書討論的案例。

就菲利普莫里斯的案例而言，膽大包天的目標會恰好落在中間地帶：從理智和審慎的角度判斷，可能認為：「太不切實際了。」但出於追求進步的強烈衝動，仍會告訴自己：「儘管如此，我們相信自己一定辦得到。」我們要再度重申，這些目標不只是「目標」而已，而是「膽大包天的目標」。

另外一個例子是，四十三歲的生意人亨利．福特在一九〇七年，也立下膽大包天的目標：「讓汽車變得平民化」，以激勵公司向前邁進。亨利・福特宣稱：

要為平民大眾生產汽車……把價格壓低到一般受薪階級都買得起汽車，可以和家人一起在寬廣的空間中享受乘車的樂趣……讓每個人都買得起汽車，而且每個人都能擁有汽車。馬路上將再也見不到馬匹，大家慢慢對汽車習以為常。

在提出這個大膽目標的時候，福特只不過是爭食汽車市場的三十家公司之一。在這個混亂的新市場上，沒有任何公司已經建立起明確的領導地位，福特的市占率也只有十五%左右。這個雄心勃勃的目標激勵福特設計團隊拚命加速趕工，每天晚上都工作到十點鐘或十一點鐘。設計團隊的一員索潤森（Charles Sorenson）還記得：「有一次，福特先生和我曾經連續工作四十二小時不休息。」

在這段期間，通用汽車（在本研究中是福特汽車的對照公司）就眼睜睜看著市場被福特汽車蠶食鯨吞，市占率從二〇%跌到一〇%，福特汽車則躍升為首屈一指的汽車公司。

諷刺的是，一旦福特汽車達到膽大包天的目標，就沒有再設定新的膽大包天目標，他們洋洋自得，眼睜睜看著通用汽車設定並達成同樣大膽的目標——擊敗福特汽車。我們應該在此強調，唯有當膽大包天的目標還未達成之前，目標對組織才有助益。福特汽車的症狀正是我們所說的「抵達終點」症候群，即一旦公司達成膽大包天的目標卻沒有提出新目標時，就會出現自滿和停滯的症狀。（順帶一提，假如你的組織已經設定膽大包天的目標，那麼在你達成目標之前，你可能要思考下個目標是什麼。如果你發現組織積弱不振，你可能要自問，你們是否曾經有膽大包天的目標，而且在目標達成後，沒有新的目標取而代之。）

再來看看另外一個勇往直前的例子，這是一家剛成立不久的小公司。一九五〇年代，東京通信工業株式會社（出了日本幾乎沒人知道的小公司）採取了一個所費不貲的行動，放棄原本的名字，改名索尼公司。往來銀行非常反對：「自從公司創立後，你們花了十年時間，好不容易才讓東京通信工業在業界廣為人知。在耗費了這麼多時間以後，你們又荒唐地打算改名，到底在搞什麼啊？」索尼公司的盛田昭夫只回答：改名以後，公司會比較容易拓展海外市場，因為舊名字對外國人來說太難發音了。

你或許會覺得，這樣的舉動不見得特別大膽；畢竟大多數中小企業終究會開始拓展海外市場。把公司名字從東京通信工業改為索尼，沒什麼大不了的。但仔細讀一下盛田昭夫改名的理由，裡面蘊藏了非常膽大包天的目標：

> 雖然我們的公司還很小，而且我們也覺得日本是很有潛力的大市場……但很明顯，如果我們不把目光移到海外市場，我們將無法成長為井深大和我夢想的公司。我們希望改變日本產品（在世界各地）品質低劣的形象。

一九五〇年代，「日本製造」代表的是「品質低劣的便宜貨」。在閱讀有關索尼公司的資料時，我們的結論是，索尼不只想成為成功的公司，而且希望能因改變日本消費產品品質低劣的形象而聞名於世。對當時員工人數不到一千，在海外毫無知名度的索尼而言，他們的野心還真不小。

但是在索尼公司的歷史中，這不是唯一膽大包天的例子。例如一九五二年，索尼曾指派有限的工程人力，追求一個幾乎不可能達成的目標：開發出小得可以放進襯衫口袋、能風行全球的袖珍型收音機。到了一九九〇年代，這種袖珍商品已經變得稀鬆平常了，但是在一九五〇年代初，收音機仍然靠真空管來運作。要製造這樣一個袖珍收音機必須經過長時間不斷辛苦嘗試，是極其重大的創新。當時世界上還沒有任何公司成功地將電晶體技術應用到消費性收音機上。

「無論會碰到多大困難，我們都要研究電晶體收音機。」井深大表示，「我相信我們可以製造出電晶體收音機。」

井深大和一位顧問談到這個大膽構想時，顧問的反應是：「電晶體收音機？你沒有搞錯吧？即使在美國，電晶體都只用在非營利取向的國防工業上。即使你真的成功研發出運用電晶體的消費產品，又有誰買得起這麼昂貴的裝置呢？」

「大家都這麼想，」井深大回答，「很多人說，電晶體不適合作為商業用途……但正因為如此，這門生意才變得更有趣。」事實上，索尼的工程師十分沉醉於這個對小公司而言簡直愚不可及、不可能達成的夢想。結果，索尼終於實現了夢想，製造出袖珍型收音機，創造了通行全球的產品（一位索尼科學家還因為在開發電晶體的過程中有所突破，後來獲得諾貝爾獎）。

沃爾瑪的情形也很類似，早在一九四五年沃爾頓創辦第一家平價商店時，就設定了膽大包天的目標：「讓新港這家小店在五年內成為阿肯色州最好、最賺錢的雜貨店。」要達到這個目標，年銷售額必須成長三倍，從七萬二千美元增加到二十五萬美元。結果這家店達成目標，成為阿肯色州和鄰近五州規模最大、也最賺錢的雜貨店。

幾十年來，沃爾頓繼續不斷設定同樣膽大包天的目標。一九七七年，他設定的目標是：四年內成為十億美元的公司（是當時沃爾瑪規模的兩倍多）。但沃爾瑪並沒有因此滿足，仍然繼續設定新的大膽目標。例如，一九九〇年，沃爾頓提出新目標：在二〇〇〇年之前，分店數目要成長兩倍，每平方呎銷售額則成長六〇%。我們在一篇文章中提出這個例子之後，收到了一封自豪的沃爾瑪董事坎恩（Robert Kahn）的來信：

你們說得沒錯，沃爾頓的確提出了一個目標，要讓分店數目加倍成長，並且在二〇〇〇年會計年度之前，每平方呎銷售額要提高六〇%。

更重要的、而且文章中忽略的是，他確實設定了銷售額達到一千二百五十億美元的具體目標！當時全世界最大的零售商銷售額為三百億美元，到一九九一年一月為止的會計年度，沃爾瑪的年銷售額已達三百二十六億美元，成為美國和全球最大的零售商。而全球企業中，只有通用汽車公司的年銷售額接近一千二百五十億美元。

從一九八〇年以來，我一直擔任沃爾瑪的董事，我絕對相信沃爾頓提出的目標將會達成。如果有人認為他在一九七七年設定的目標很大膽，那麼現在的目標一定把他嚇壞了。

企管顧問及沃爾瑪董事羅伯・坎恩

一九九二年一月十日

這才真是膽大包天的目標！

高度承諾，承擔風險

不是單靠目標就能刺激進步，對目標投入的程度有多深也很重要。的確，如果公司對於實現目標沒有高度承諾和全心投入，就不能稱之為膽大包天的目標。舉例來說，建造波音七四七是很不錯的目標，甚至可以說是膽大包天的目標，但「即使要耗盡整個公司的資源也在所不惜！」的高度承諾才真正令這個目標成為膽大包天的目標。事實上，一九七〇年代初期，波音陷入嚴重的經營困境，波音的「大鳥」（巨無霸機型）銷售額成長緩慢，不如預期。從一九六九到一九七一的三年間，波音裁減了八萬六千名員工，幾乎削減了六成人力。在這段艱困的日子裡，有人在西雅圖五號州際公路豎立了一面看板，上面寫著：

最後離開西雅圖的人請關燈

現在大家都知道，七四七已經成為航空業巨無霸噴射機的招牌機型，一九六〇年代末期的看法卻截然不同。然而（這點非常重要），波音願意承擔風險，採取大膽的行動。就波音的例子看來，承擔風險的過程非常辛苦，但停留在舒適圈卻無法刺激進步。

我們在迪士尼公司看到同樣的型態，在發展歷程中曾經因為大膽投入高風險、膽大包天的計畫，而刺激了進步。一九三四年，迪士尼公司決定要做一件電影界從來沒做過的事情：製作一部成功的動畫長片。在製作《白雪公主》的過程中，迪士尼投入公司大部分的資源，不理會同行說那是「迪士尼做的蠢事」。畢竟，誰會想看動畫長片呢？二十年後，在推出《木偶奇遇記》、《幻想曲》、《小鹿斑比》等一系列動畫長片後，迪士尼又冒險投入另一個「華特的怪點子」：建造一種前所未見的新遊樂園，也就是後來眾所周知的「迪士尼樂園」。迪士尼在一九六〇年代，又重複了同樣的過程，致力於完成華特．迪士尼的夢想：位於佛羅里達州的迪士尼未來世界。華特的哥哥洛伊（Roy Oliver Disney）為他完成了這個夢想，根據艾斯納（Michael Eisner）的說法：

> 他奉獻自己的一生，致力於為弟弟完成興建迪士尼世界的夢想。他放棄了安逸的退休生活，打造出符合迪士尼高品質要求的遊樂園，最後終於目睹樂園完成，並在開幕那天親手剪綵。經歷了這個重大時刻之後兩個月，洛伊就過世了。

相反的，哥倫比亞電影公司很少做任何大膽、有遠見或高風險的事情。他們在一九三〇和一九四〇年代製作了許多B級電影。一九五〇和一九六〇年代，哥倫比亞製作了一些不錯的電影，但顯然不願意為未來發展投入太多。當迪士尼公司努力在佛羅里達州打造迪士尼未來世界時，哥倫比亞的經營者卻認為自己「最重要的角色永遠是……投資人，而非管理者」。哥倫比亞在一九八〇年代初遭到購併，迪士尼則在擊退了眾多惡意收購者後重整旗鼓，大膽投入新風險性事業，例如分別在日本和歐洲建造迪士尼樂園。

IBM和迪士尼一樣，在公司發展的關鍵時刻，致力於追求膽大包天（有時很冒險）的目標，因此遙遙領先對手寶羅斯電腦公司。尤其是一九六〇年代初期，IBM以膽大包天的目標重塑了電腦工業。為了達到這個膽大包天的目標，IBM冒了極大風險，投資於被稱為IBM三六〇的新電腦。當時IBM三六〇可能是有史以來最大的私人商業投資計畫，投入的龐大資金甚至超越美國發展第一顆原子彈的曼哈頓計畫。《財星》雜誌稱三六〇計畫為「IBM的五十億美元豪賭……可能是近年來風險最高的商業判斷」。在三六〇推出上市期間，IBM累積了高達六億美元的生產零件庫存，幾乎需要靠緊急貸款才付得出員工薪水。

更嚴重的是，三六〇機型一出，IBM現有產品線幾乎絕大部分都會遭到淘汰。因此IBM一公開三六〇計畫，現有產品的需求量立刻銳減，IBM發現自己已經跨過深谷，再也沒有退路。如果三六〇計畫失敗了，那麼場面可就非常難看了。《財星》雜誌寫道：「這種情形有一點像通用汽車決定放棄現有車型，以一系列採用新引擎、新燃料的全新車型取而代之。」小華生表示：

> 我們沒有什麼犯錯的空間。這是我所做過最艱鉅、最冒險的決定，我為此苦思了好幾個星期，但在內心深處，我始終相信，沒有IBM辦不到的事情。

諷刺的是，IBM的對照公司寶羅斯當時的電腦技術領先IBM，然而在需要大膽投入電腦發展的關鍵時刻，寶羅斯卻採取了保守的做法，固守電子會計機的舊產品線。就好像道格拉斯飛機公司眼睜睜看著波音迎頭趕上一樣，寶羅斯也眼睜睜看著IBM掌控了整個電腦市場。當時的寶羅斯總裁邁克唐諾（Ray MacDonald）在描述這段歷史時解釋：「從一九六四到一九六六年，我們把主要心力放在衝高獲利率上。我們的電腦發展計畫只是暫時受限，而且只不過是因為我們當時需要立刻改善收益狀況。」

如同前一章有關核心理念的討論一樣，我們再度看到，當公司不認為經營事業的目的只是追求最大利潤時，就展現出高瞻遠矚公司的行為模式。ＩＢＭ一心想取得領先地位，他們之所以發展三六〇電腦，原因不只是為了賺錢，而是因為他們是ＩＢＭ。但當然，ＩＢＭ並非一直都是ＩＢＭ。

一九二四年的時候，計算列表記錄公司（Computing Tabulating Recording Company，簡稱ＣＴＲ）和其他上百家剛起步的中型公司沒什麼兩樣。事實上，三年前這家公司幾乎破產，還是靠大量借貸才勉強熬過一九二一年的經濟蕭條，存活下來。公司的主要業務是銷售打卡鐘和磅秤，只有五十二個業務員有辦法達成銷售配額。但老華生不甘於ＣＴＲ只是一家平庸的公司。他希望公司能把眼界放高放遠，不只是一家慘澹經營的小小計算列表記錄公司，而能邁開腳步，成為全球知名、真正卓越的公司，所以他決定替公司改名。今天我們不覺得「國際商業機器公司」（International Business Machine，即ＩＢＭ的全名）的名字有什麼大不了，然而在一九二四年，這個名字卻顯得很可笑。根據小華生的說法：

父親下班回家後，抱了抱母親，很驕傲地宣布：計算列表記錄公司從今以後會改個響亮的名字——國際商業機器公司。我站在起居室門口，心想：「就憑那家小店嗎？」爹地心裡想的一定是未來的ＩＢＭ吧，他現在經營的小公司裡只有一群邊嚼著雪茄、邊賣咖啡研磨機和磅秤的傢伙。

改名本身不見得特別膽大包天，但在一九二四年宣稱要成為國際商業機器公司，而且還認真把它當一回事，卻展現出很大的膽識（寶羅斯直到一九五三年，都還叫寶羅斯加法機公司，我們很懷疑，在員工前瞻未來時，這個名字所造成的震撼，會像國際商業機器公司帶給ＩＢＭ員工的震撼那麼強）。

即使作風極端保守的寶鹼公司也經常設定膽大包天的目標。例如，寶鹼在一九一九年設定的目標是：全面革新配銷系統，跳過批發商，直接銷售產品給零售商，以便為員工提供穩定的工作機會（因為批發商往往先大量訂購商品，然後好像蛇吞象般，幾個月蟄伏不動，消化大餐，而不再下訂單，這種需求劇烈震盪的情形迫使寶鹼必須經常忽而增加人手，忽而裁減人手）。席斯哥爾（Oscar Schisgall）在《放眼未來：寶鹼的演變》（*Eyes on Tomorrow: The Evolution of Procter & Gamble*）中描述寶鹼內部對於這個目標的爭辯：

「我們的往來帳戶數目要從兩萬增加到四十多萬，」會計師抱怨，「你知道這樣一來，我們要增加多少會計成本嗎？」

「我們必須在全國各地設置幾百個倉庫，」配銷部門指出，「我們得在全美國各地雇貨車來幫我們送貨到零售商店。」

「批發商失掉寶鹼的生意之後，會不會氣得開始抵制寶鹼，拒絕供貨給直接和寶鹼往來的商店？」有些經理很擔心，「這樣的話，我們就完了。」

「寶鹼怎麼可能建立起龐大的銷售人力，拜訪美國每一家小雜貨店呢？」銷售人員問，「這樣一來，銷售部門大概得比美國陸軍的規模還龐大才行！」

當時的寶鹼總裁杜普瑞（Richard Deupree）相信寶鹼有能力克服重重困難，他認為，為了提供員工穩定的工作，冒這個風險很值得（他之所以如此有自信，部分原因是寶鹼在新英格蘭地區嘗試直接和零售商打交道，實驗結果非常成功）。寶鹼開始實踐這個構想，設法找出成功之道。一九二三年的時候，寶鹼達成目標，有一篇報紙的報導宣布：

一九二三年八月一日，寶鹼宣布了一個令勞工和業界都大感振奮的消息，保證提供分布於美國三十個城市的辦公室和工廠員工穩定的工作。這個劃時代的宣布意謂著，在美國工業界，有史以來首度由全美首屈一指的大企業保證，無論產業景氣是否出現季節性蕭條，一年到頭都將穩定雇用數以千計的員工。

在說明寶鹼對員工的承諾時，杜普瑞解釋：

我們喜歡嘗試不切實際和不可能達成的目標，然後證明這個目標確實可行，當然前提是如果我們做的是對的事……你總是做你認為對的事情。如果成功了，就繼續推動；如果失敗了，就抵押農場，宣告破產。

高露潔則恰好相反，在公司發展歷程中，高露潔推出大膽創新的計畫時，不如寶鹼積極進取。在直接鋪貨給零售商的做法上，高露潔總是落後寶鹼一步，被動地採取「跟隨市場領導者」的因應模式（我們在後面會更詳細地討論寶鹼和高露潔的比較）。

近乎傲慢的自信

我們的研究助理有一次觀察到，高瞻遠矚公司似乎都有一種近乎傲慢的自信，我們稱之為「傲慢因子」，在古代神話中，這可能意謂著膽敢嘲弄天神。

設定膽大包天目標的公司，或多或少都具備這種毫無來由的自信。例如，波音決定投入建造七〇七、七四七客機，實在不算明智之舉；ＩＢＭ決定發展三六〇電腦的策略也稱不上審慎，而賣磅秤給肉商的中型公司居然宣稱要改名為「國際商業機器公司」，更是不知分寸。我們不能說興建迪士尼樂園是謹慎的決策；福特公司宣稱要「把汽車變得平民化」真是大言不慚；而在菸草業排名落後的菲利普莫里斯居然想單挑業界巨人雷諾茲，更是不自量力；而小小的索尼居然宣稱要扭轉日本產品在全世界品質低劣的形象，更是荒謬透頂！

以下就是高瞻遠矚公司背後的瘋狂弔詭。

膽大包天的目標在自己人眼中其實不像外人看來那麼大膽。高瞻遠矚公司並不認為自己好似嘲弄天神般膽大妄為，不自量力。他們從來不認為自己達不到目標。

就好比登山一樣。想像你注視著攀岩者不靠繩索，攀登峭壁；一旦失足，就會粉身碎骨。在資訊不足的旁觀者眼中，這個攀岩者即使不是愚不可及，也算膽子很大，喜歡冒險。但這樣的攀岩難度對攀岩者而言，完全不成問題，並沒有超出他的能力範圍。從攀岩者的角度來看，他絲毫不懷疑只要經過適當的訓練和保持專心，一定可以成功。對他而言，這段攀岩行程的風險並不高，雖然明知一旦失足，就會粉身碎骨，但他仍然對自己的能力有信心。高瞻遠矚公司在設定膽大包天的目標時，和這位攀岩者沒什麼兩樣。

重要的是目標，而不是領導人

我們希望強調，在這裡最重要的不是領導魅力。回到登月任務的例子，不能否認，甘迺迪總統深具領導魅力，而且他認真提出這個富想像力的大膽目標，要在十年內登陸月球，確實功不可沒，不過甘迺迪的領導風格卻不是刺激美國進步的主要原因。甘迺迪在一九六三年過世，無法再驅策、激勵、「領導」美國人完成登月使命。但難道登月任務在甘迺迪死後，就變得不那麼振奮人心，並因此戛然而止嗎？難道從此以後，登陸月球的目標就不再激勵美國人舉國一心、奮發向上嗎？當然不是！登月任務最美妙的地方在於，任務一旦啟動，就衍生一種刺激進步的力量，無論誰當總統，都無法改變。在尼克森在位時登陸月球，會不如甘迺迪在位時登陸月球令人振奮嗎？不會的。目標本身才是真正激勵人心的力量。

再回頭來談一談沃爾瑪的董事坎恩的來信。這封信寫於一九九二年一月十日，正是沃爾頓與骨癌奮戰的最後幾個月，一九九二年四月五日，沃爾頓就因骨癌而與世長辭。但儘管當時沃爾頓健康狀況已急遽惡化，坎恩仍然在信中表達百分之百的信心，認為沃爾瑪終將達成目標。這個目標像巨大的磁石般，拉著沃爾瑪向前邁進。

沃爾頓透過膽大包天的目標，在身後留下了刺激進步的有力機制。目標的影響力超越了領導人的魅力。

在波音公司，目標的力量也超越了領導人的魅力。當然，在推動全公司致力於建造波音七四七的事情上，艾倫扮演了關鍵角色，但目標本身才是刺激波音奮發向上的力量，而非艾倫。事實上，艾倫的接班人威爾森（T. A. Wilson）在一九六八年上任成為波音總裁兼執行長時，當時七四七尚未開發成功，而波音公司還毋需面對巨無霸客機剛問世時業績不振的窘況。但波音在艾倫卸任後並沒有停滯不前，欲振乏力。當然不會，因為當時公司正面臨生死存亡之秋，而且史上最驚人的商用客機尚未誕生。

別忘了，早在艾倫上任前（推出P-26、B-17和其他機型），以及在艾倫卸任後（開發出波音七四七、七五七、七六七），波音都一直運用膽大包大的目標來刺激進步，這是波音最主要的機制，是波音能日新又新的卓越組織（時鐘）的一部分，也是波音經歷了六個世代的領導人後仍然持久不墜的主要機制。

相較之下，麥道公司之所以缺乏向前推進的力量，主要是麥克唐納（James McDonnell）的個人領導風格。美國《商業週刊》曾在一九七八年刊登一篇關於麥道公司的文章，標題是〈管理風格決定策略〉，文章中描述「麥先生」「小心翼翼地衡量一切風險，極端保守……策略產生前沒有先經過辯論」。在波音公司，無論換誰當領導人，投入膽大包天的計畫都是波音的特色。而在麥道公司，規避風險、拖泥帶水的商用客機發展策略，卻要歸因於領導人的個人特質。在這裡，我們再度看到波音是在造鐘，而麥道只是在報時（而且還報得不準）。

索尼公司也把制定膽大包天目標的做法制度化，變成企業生活的一部分。李昂斯在《索尼願景》中探討索尼管理制度的內在運作方式，他寫道：「我在索尼公司內部一再聽到有人用英文說Target（目標）這個字。」一九七〇年代中期擔任索尼研究主任的菊池誠向李昂斯說明這個內部流程的重要性：

雖然外面普遍謠傳索尼的研究經費占銷售毛額的比例遠高於其他公司，但其實不然……我們和其他日本公司不同之處不在於技術水準、工程師素質，甚至也無關乎研發預算高低（大約占銷售額的五％）。主要的差異在於……索尼的研究乃是以使命為導向，而且有適當的目標。其他許多公司都給研究人員完全的自由，我們則不同，我們先找目標，實際而清晰的目標，然後再組織必需的人力來完成任務。井深大教導我們，一旦立定目標，許下承諾，就永不放棄。索尼所有的研發工作都服膺這個原則。

後英雄時代的停滯現象

企業經常面對的困境是：在精力充沛的領導人（通常都是公司創辦人）離開後，要如何維持公司的動能。我們在好幾家對照公司，都看到這種「後英雄時代的停滯現象」：例如（後鮑爾〔Joseph Boyer〕時代的）寶羅斯公司、（後洛克菲勒〔David Rockfeller〕時代的）大通銀行、（後柯恩時代的）哥倫比亞公司、（後老詹生時代的）豪生酒店、（後梅維爾時代的）梅維爾公司、（後哈格帝時代的）德州儀器公司、（後威斯汀豪斯時代的）西屋公司，以及（後麥當諾時代的）增你智公司。這種現象在高瞻遠矚公司卻比較罕見──只有兩個比較明顯的例子：（後華特．迪士尼時代的）迪士尼公司，以及（後老亨利．福特時代的）福特汽車公司。高瞻遠矚公司提供了部分解方：他們所創造的膽大包天目標有了自己的生命，因此即使歷經改朝換代、領導人更迭，仍然是刺激進步的重要力量。如果你是即將退休的企業執行長，我們鼓勵你好好學習這一課。你的公司是否有一個大家願意全心奉獻的膽大包天目標，在你卸任後仍然會驅策公司向前邁進？更重要的是，你的公司是否有能力持續設定新的大膽目標，追求更長遠的未來？

例如，在檢視花旗銀行的歷史時，我們注意到，儘管領導人數度更迭，花旗銀行卻持續運用膽大包天的目標，推動公司向前邁進。一八九〇年代，花旗銀行的前身城市銀行是個沒沒無聞的地區性銀行，員工只有一位總裁、一個出納和幾個行員。然而總裁史迪曼仍然設定了一個近乎荒謬（但激勵人心）的目標：「成為一家偉大的全國性銀行」。一位財經記者在一八九一年寫道：

>（他）夢想能建立起一家偉大的全國性銀行，而且認為花旗能成為這樣的銀行。這是他努力的方向，是他日思夜想的事情，也是鼓舞他行動的力量。他經營銀行不是為了獲利，而是為了達成理想……讓花旗無論在美國或國際金融界都成為一家偉大的銀行：這就是史迪曼的夢想。

儘管追本溯源，最初擬訂這個膽大包天目標的人是史迪曼，但目標提出後，就有了自己的生命，並且在未來無數世代中推動花旗銀行跨步向前。史迪曼的接班人凡德利（Frank Vanderlip）在一九一五年（在史迪曼提出他的「夢想」二十五年後，在他退休移居巴黎六年後）寫道：

我有絕對的信心，能否成為有史以來力量最強大、服務最好、最無遠弗屆的世界金融機構，完全看我們自己。

的確是個大膽的目標，尤其一年前花旗還只有「八位副總裁、十位年輕幹部和不到五百名員工……只在華爾街設立了唯一據點」。接著，下一棒接班人米契爾（Charles Mitchell）在一九二二年對員工的演講中又呼應了同樣的目標：「我們正朝向偉大的目標邁進，國家城市銀行的前景比以往都光明……我們正準備好要全力向前衝刺。」「全力向前衝刺」，追求早在一八八〇年代末期就孕育的偉大夢想，因此一九一四年總資產還只有三億五千二百萬美元的花旗銀行，到了一九二九年已增加到二十六億美元，每年平均成長率超過三五%。

花旗銀行和大多數的銀行一樣，在一九三〇年代經營得非常辛苦，但二次大戰後就突飛猛進（期間又經歷了五次領導人世代交替），以更高昂的鬥志朝向史迪曼和凡德利「成為有史以來最無遠弗屆的世界金融機構」的目標邁進。當（一九五九到一九六七年的花旗銀行總裁）摩爾（George Moore）說：「在一九六〇年……（我們決定）要在全世界每個角落提供每一種有用的金融服務」時，聽起來非常熟悉，和五十年前花旗前總裁說的話很像。

請注意花旗銀行跨越了無數世代後，方向始終如一。沒錯，每個世代都有不同的執行長；沒錯，花旗最初的夢想源自於公司創辦人，但目標本身超越了創辦人有限的生命，而追求膽大包天的目標成為花旗銀行根深柢固的行為模式。

花旗銀行的對照公司大通銀行也有類似的雄心壯志，而且事實上，這兩家銀行都視對方為重要競爭對手。在二十世紀的百年間，花旗銀行和大通銀行可以說旗鼓相當，並肩衝刺。

一九六〇年代，兩家銀行相互競爭年度資產排行榜的冠軍寶座，從一九五四到一九六九年，兩家銀行幾乎打成平手，不分上下。事實上，直到一九六八年，花旗銀行才確立了領先地位，規模達到大通銀行的兩倍。我們承認，花旗銀行在一九八〇年代末和一九九〇年代初曾陷入困境，但大通銀行也一樣，而且還有許多商業銀行在一九八〇年代都經營得非常辛苦。

不過，儘管有這麼多共同點，花旗銀行和大通銀行在追求雄心勃勃的目標時所採取的作風和策略，仍然有重要的差異，或許兩家銀行一九六八年以後不同的發展軌跡有一部分要歸因於這些差異。洛克菲勒在一九六〇年成為大通銀行總裁，而擊敗花旗銀行被視為洛克菲勒的目標，而非大通銀行的目標。

和大通銀行領導人不同的是，花旗銀行的歷任執行長在追求目標時，主要是透過組織性的策略（造鐘）。史迪曼關注的焦點是培養接班團隊和健全組織結構；凡德利則認為「我看到的限制在於經營管理的品質」，他把主要心力都放在組織設計上，推出主管培育計畫；摩爾最重視的是讓花旗銀行建立起發掘、訓練和提拔人才的制度，「如果不是這些制度培養出許多能幹的人才，我們的目標沒有一個能夠實現，」他寫道。相反的，大通銀行主要著重於市場和產品策略（報時），而不是造鐘的策略。

和波音公司及花旗銀行一樣，摩托羅拉是跨越無數世代後，組織依然運行順暢的絕佳範例。摩托羅拉創辦人蓋爾文經常運用膽大包天的目標來驅策工程師化不可能為可能。例如，當摩托羅拉在一九四〇年代後期跨入電視機市場時，蓋爾文為電視機部門設定了極具挑戰性的大膽目標：在產品上市的第一年，就要有利可圖，以每部電視機一七九．九五美元的價格銷售十萬台電視機。

一位經理感嘆：「我們的新工廠根本還不具備這樣的產能。」另外一位經理抱怨：「我們絕對沒辦法賣出這麼大的量，那樣的話，我們在業界大概會排第三或第四名，而到目前為止，我們在家用收音機市場頂多爬到第七名或第八名。」一位生產工程師則表示：「我們甚至連能不能把成本壓低到兩百美元以下，都不確定。」

蓋爾文的回應是：「我們一定會賣掉這麼多電視機。在你們以這樣的價格和這樣的銷售量，達到這樣的利潤之前，不要再給我看任何成本分析報表了。我們一定會努力達到目標。」

那一年，摩托羅拉的確在電視機產業躍升到第四大的地位。更重要的是，蓋爾文以制度化的方式，為公司注入了追求進步的驅動力，此後追求膽大包天的目標成為摩托羅拉公司的行為模式。蓋爾文在培植兒子成為執行長的過程中，不斷強調「推動公司前進」的重要，以及無論方向為何，生氣勃勃地動起來總是比死氣沉沉、靜止不動好多了；他告誡兒子，要不斷設定努力的目標。

蓋爾文在一九五九年過世，數十年後，他的公司依然運用膽大包天的目標來刺激進步，包括：要成為高階電子產品領域重要廠商的目標，以及達到六個Σ的品管標準，並獲得美國國家品質獎（Malcolm Baldrige Quality Award）的目標。蓋爾文的兒子和接班人羅伯特以「日新又新」這個詞來形容這種持續改變的概念，通常（雖然並非絕對）都透過全力以赴地追求膽大包天的目標而達到日新又新的境界。他也將這樣的觀念傳承給下一代領導人：「有時候，我們必須憑著堅定信念大膽行動，從事我們知道確實可行、卻無法證明的大事。」

於是，以修理施樂百收音機整流器和製造便宜汽車收音機起家的小公司摩托羅拉在創辦人過世後，仍然持續透過追求膽大包天的目標而不斷進步，不斷更新；同樣這家小公司多年前就已從收音機和電視機，跨越到其他許多領域；後來更創造出高效能的M六八〇〇〇微處理器。在我們撰寫本書時，蘋果電腦決定挑選這種微處理器作為麥金塔電腦的「腦」。而當我們寫下這段文字時，同樣的小公司摩托羅拉正朝著它有生以來最大膽的目標努力：推出和其他公司合資進行的三十四億美元商業豪賭——銥計畫，希望能創造出涵蓋全世界的衛星系統，讓人們在地球上任意兩點之間都可以通電話。

增你智和摩托羅拉一樣，早期也設定了幾個膽大包天的目標：包括立志將調頻收音機普及化，很早就投入電視機的發展，並成為業界要角，投入鉅額資金於付費電視等。但是——這點非常關鍵——增你智和摩托羅拉不同的是，在創辦人於一九五八年過世後，沒有跡象顯示設定膽大包天的目標已經成為增你智的組織行為模式。一九七〇年代初期，增你智瀰漫著一種「小心謹慎」的風氣，增你智的會計主管曾在一九七四年表示：

> 很難解釋公司為什麼決定不做某事，背後有好幾個理由，包括小心謹慎的作風。我們總是牢牢抓住（現有市場），固守看起來會有最大報酬、我們也最擅長的事情……除非願意犧牲一些利潤，否則我們不覺得自己有能力在（新）市場上競爭，但我們不願意犧牲利潤。我們基本上是一家美國公司，也很可能一直維持這個樣子。

增你智的執行長聶文（John Nevin）談到增你智應用新技術（例如固態電子技術）的速度太慢時，呼應了這個觀點：「我認為你也必須說，增你智在市場上推出創新產品時，比競爭對手謹慎多了……我們現在非常努力想（把固態技術）市場化，但很懷疑能不能真的開花結果。」

增你智的領導人麥當諾「司令」和摩托羅拉的蓋爾文不同，他在身後留下的公司沒有能力透過大膽的目標而持續自我革新。麥當諾是偉大的領導人，偉大的報時者，但是他早已過世。另一方面，蓋爾文的公司在他過世三十五年後，仍然蓬勃發展。蓋爾文造了一個時鐘。

給企業家和經理人的指導原則

雖然我們主要是從公司整體角度來撰寫本章，但膽大包天的目標可以在組織每個階層刺激進步。寶鹼公司的產品線經理常常為他們的品牌設定膽大包天的目標，諾斯壯有系統地為公司上下設定膽大包天的目標，從地區到分店、部門，到個別的銷售人員。3M的產品開發部門克服了所有不利條件、懷疑眼光和反對聲浪後，證明他們的新奇發明能在市場上大受歡迎。事實上，一個組織喜歡設定多少膽大包天的目標都成，並不需要限制一次只能有一個膽大包天的目標。例如，索尼和波音經常在公司不同階層同時追求好幾個膽大包天的目標。

膽大包天的目標尤其適合創業家和小公司。還記得沃爾頓的目標嗎——五年內要把第一家平價商店變成阿肯色州最成功的商店？還記得索尼早期以製造出袖珍型收音機為目標嗎？或老華生的目標——想把他的小公司轉型為國際商業機器公司？的確，大多數創業家都有個既定的膽大包天目標：對大多數新公司而言，單單順利起步、成長茁壯到不必再擔心生存問題，就是個膽大包天的目標。

到目前為止，我們已經在本章中探討了有關膽大包天目標的大部分重點，你在為組織思考膽大包天的目標時，可能要牢記以下幾點：

●膽大包天的目標應該要清晰動人，毋需多做解釋。別忘了，膽大包天的目標是一個「目標」，就好像攀登高山或登陸月球一樣，而不是一份「宣言」。如果目標沒辦法激勵人心，就不是膽大包天的目標。

●膽大包天的目標應該脫離舒適圈。組織成員應該有充分的理由相信自己可以達到目標，但仍然需要靠非比尋常的努力，甚至一點點運氣，才能成功，就好像IBM三六〇電腦和波音七〇七客機的情形一樣。

●膽大包天的目標應該要海闊天空，目標本身就具備了鼓舞人心的力量，因此即使組織領導人在目標實現之前就不在其位，目標仍然能持續刺激組織進步，就好像花旗銀行和沃爾瑪的情形一樣。

●膽大包天的目標有一個潛在的危險：一旦達成目標，組織可能停滯不前，茫然陷入「抵達終點」症候群，就如同一九二〇年代的福特汽車一樣。企業應該未雨綢繆，設定後續的膽大包天目標，同時也應該運用其他方式來刺激進步。

●最後，也最重要的是，膽大包天的目標應該符合公司的核心理念。

保存核心，刺激進步

我們無法單靠膽大包天的目標來塑造高瞻遠矚的公司。的確，無論你運用什麼機制來刺激進步，單單有所進步，並無法成為高瞻遠矚的公司。因此在追求進步的過程中，企業應該小心翼翼地保存核心理念。

例如，研發波音七四七的風險高得難以想像，但在過程中，波音一直悉心維護公司的核心價值，包括注重產品安全，採取對商用客機而言最保守的安全標準和嚴格的測試與分析。無論財務壓力多大，迪士尼公司在製作《白雪公主》和建造迪士尼樂園、迪士尼世界時，始終保存注重細節的核心價值。默克藥廠為了保存注重想像力的核心價值觀，不斷藉由創新突破來追求卓越，而不是製造和別人雷同的產品。奇異公司的威爾許清楚表明，絕對不能以不誠實的方式，在市場上奪得龍頭地位。花旗銀行持續透過擴張版圖，成為「有史以來最無遠弗屆的世界級金融機構」，來強化花旗對菁英主義和內部創業的信念。摩托羅拉在大膽追求各種巨大的挑戰時，從來不曾放棄他們對於個人尊嚴和尊重個人的基本信念。

而且高瞻遠矚公司並非盲目地追求任意挑選的膽大包天目標，這些目標必須能強化他們的核心理念，反映他們的自我概念。請注意表5.1中核心理念和膽大包天的目標之間的關係。

對一九〇九年的福特汽車而言，改革鐵路事業當然是個膽大包天的目標，但福特汽車並非鐵路公司，而是汽車公司。對一九五〇年的索尼公司而言，不顧品質或創新的問題，但求製造出史上最便宜的收音機，當然也可能是個膽大包天的目標，但這個目標不符合索尼的自我形象——扮演技術創新的先驅，提升日本在世界的地位。對一九六〇年代的菲利普莫里斯而言，在美國衛生總署的報告公布後，如果菲利普莫里斯決定改頭換面，完全脫離菸草業，當然會是個膽大包天的目標，但這個目標符合他們的自我概念嗎——以萬寶路牛仔為象徵，強調反叛精神、特立獨行、自由思考、自由選擇、個人主義的自我概念?當然不符合。

沒錯，任何會鼓舞人心的膽大包天目標都能刺激改變和行動，但膽大包天的目標同時也

表 5.1　核心理念 vs. 膽大包天的目標

需要保存的核心	☯	刺激進步的膽大包天目標
走在航空科技的尖端；做航空業的開路先鋒；願意冒險。	波音 ⟷	大膽投資於 B-17、707、747。
追求卓越；花很多心力確保顧客滿意。	IBM ⟷	投入 50 億美元，大膽下注於 360 電腦；滿足顧客的新需求。
我們從事的是汽車業——尤其是為平民百姓製造汽車。	福特 ⟷	讓汽車變得平民化。
激發「每個人潛在的創造力」；自我更新；持續改善；以卓越產品滿足社區需求。	摩托羅拉 ⟷	設法以 179.95 美元賣出 10 萬台電視機；達到 6 Σ 的品質標準；獲得美國國家品質獎；推出銥計畫。
致勝——成為頂尖，擊敗對手；個人選擇的自由是值得捍衛的價值。	菲利普莫里斯 ⟷	儘管社會上反對抽菸的聲浪高漲，仍要擊敗業界巨人，成為菸草業首屈一指的公司。
提升日本文化與國家地位；當開路先鋒，化不可能為可能。	索尼 ⟷	改變日本產品在世界各地品質低劣的形象；發明袖珍型電晶體收音機。
為百萬人帶來歡樂；注重細節；創造力，夢想，想像力。	迪士尼 ⟷	打造迪士尼樂園——不是依照業界標準建造，而是依照自己心中的圖像打造。
維護人類生命和改善人類生活；醫藥是為了治病，而不是為了賺錢；想像力和創新。	默克 ⟷	藉由大量投資於研發，發明能治療疾病的新產品，而成為全世界最傑出的製藥公司。

應該是公司對核心理念的有力宣示。膽大包天的目標有助於強化保存核心理念的重要機制——教派般的文化，這也是下一章的主題。如果公司能勇敢挑戰膽大包天的目標（尤其是如果目標根植於企業理念），員工將深深以隸屬於一家與眾不同、卓越超群的公司為榮。

再回到高瞻遠矚公司的重要特質：核心理念和追求進步的驅動力之間強烈的交互作用，兩者就好像陰陽並存的現象一樣，每個元素都與另外一個元素互補，彼此相互強化。的確，由於堅守核心理念，企業才有可能進步，因為核心理念提供了延續的基礎，高瞻遠矚公司站在這個一貫的基礎上，才有可能追求有如登月任務般大膽的企業目標；同樣的，企業唯有持續不斷進步，才有可能維繫核心理念，因為如果停滯不前，不願改變，公司終究會生存不下去。我們要在此重申，我們不需要在核心或進步之間二選一，甚至不必在兩者之間求取平衡，保存核心和追求進步是同樣重要、相互連結的要素，而且兩者都可以發揮最大的功效，以創造組織的最大利益。一位奇異公司的員工在談到奇異膽大包天的目標：「在每個市場上取得數一數二的領導地位，並且改革公司，讓奇異變得像小公司一樣靈活敏捷」時，對於保存核心與刺激進步之間的交互作用有貼切的描繪：

「奇異公司……我們為人生帶來美好的事物。」儘管大多數人都不願承認，但是每個奇異人聽到這句話時，都覺得說得真好，短短一句話完全抓住了他們對奇異公司的感覺……奇異公司在經濟上代表工作機會和成長；對顧客而言，代表品質和服務；對員工而言，代表福利和訓練；對個人而言，代表挑戰和滿足。奇異還代表正直、誠實和忠誠的價值觀。如果沒有這些價值和承諾作為後盾，威爾許不可能啟動變革。

第六章

教派般的文化

高瞻遠矚公司有著宛如教派般的強烈文化，

因此員工往往面臨著零與一的選擇：

要不完全融入公司文化，

要不就會像病毒一樣遭到排斥。

現在，請舉起右手——記住我們在沃爾瑪說過的話，一旦許下承諾，就必須信守承諾，然後跟著我唸：謹在此承諾並宣布，從今天開始，只要顧客走進我周遭三公尺之內，我都會面露微笑，看著他的眼睛，和他打招呼。請幫助我，山姆。

——沃爾頓透過衛星電視連線和十萬名沃爾瑪同仁談話，一九八〇年代中

IBM確實很擅長激勵員工，我從安的身上看到這點。她可能已經被某些人洗腦了，不過，是好的洗腦。他們的確把忠心耿耿的態度和努力工作的精神灌輸給員工。

——IBM員工配偶的談話，一九八五年

「那麼，你為什麼想來諾斯壯公司上班呢？」面試官問。

「因為我的朋友蘿拉告訴我，在她工作過的所有公司裡，這家公司最棒。」羅伯特❷回答，「她滔滔不絕地告訴我，和頂尖菁英一起工作，成為頂尖菁英的一份子，是多麼快樂的事。她幾乎像你們的傳教士一樣，非常以身為諾斯壯的員工而自豪，並且得到很好的報酬。蘿拉八年前剛到諾斯壯上班時是在倉庫工作，而她現在才二十九歲，卻負責管理整個分店。她告訴我，同事的收入普遍都比其他商店的店員多很多，最高竿的銷售員一年收入可能超過八萬美元。」

「沒錯，在這裡上班賺的錢會比在其他百貨公司多。我們的銷售員收入幾乎是美國零售業店員平均薪資的兩倍，有人的收入還更高。不過當然並非每個人都能成為諾斯壯的一份

子，」面試官說，「我們嚴格篩選員工，很多人遭到淘汰。你如果不能在各方面都證明自己的能力，就得離開。」

「是啊，我聽說新人到職一年後，有一半的人離開公司。」

「差不多是這種情況。不喜歡壓力、不愛辛苦工作，同時不能適應我們的制度和價值觀的人都離開了。但是如果你積極進取，自動自發，而且有生產能力，又懂得服務顧客，那麼你就會表現很好。關鍵在於諾斯壯到底適不適合你，如果不適合，你可能會痛恨在這裡工作，表現得糟糕透頂，最後終於離開。」

「那麼，我適合什麼樣的職位呢？」

「和其他新人一樣，從基層開始，從倉庫管理員和店員做起。」

「但我有大學文憑，是華盛頓大學的優等生。其他公司都會讓我從儲備幹部做起。」

「在這裡可不行，每個人都要從基層做起。曾經擔任過董事長的諾斯壯三兄弟——布魯斯先生、吉姆先生和約翰先生，全都從店員做起。布魯斯先生總是提醒我們，他們家幾兄弟長大過程中，都曾經坐在賣鞋的小凳子上伺候顧客。我們全都牢牢記得這個象徵性的姿勢。在這裡上班，你在工作上有很大的自由度，不需要一舉一動都聽從別人的指揮，除了你自己的能力限制外，沒有任何事情會限制你的發揮空間（不過當然必須符合諾斯壯的理念）。但如果你不願意盡心盡力取悅顧客，例如親自把西裝送到顧客的旅館房間，跪下來為他穿鞋，

❷原註：諾斯壯的典型新人「羅伯特」其實是合成的人物，但他經歷的一切都有憑有據。我們根據和諾斯壯現任及離職員工的訪談、與董事長吉姆訪談時的筆記，以及公司文件、相關書籍內容和報導文章，而組合成對羅伯特工作經驗的描述。

圖 6.A　諾斯壯的公司結構

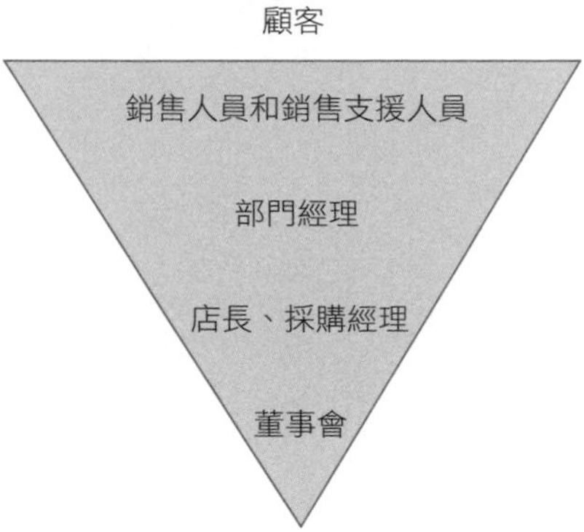

看看鞋子是否合腳，碰到難纏的顧客時，強迫自己露出微笑，那麼你就不適合在這裡工作。沒有人會告訴你必須在顧客服務方面表現出色，只不過大家都期待你這麼做。」

羅伯特接受了諾斯壯的工作，很興奮能到這麼特別的公司上班。他很驕傲能拿到專屬名片，而不只是名牌而已。他還拿到一張單子，上面描繪了諾斯壯倒金字塔型的「公司結構」（參圖6.A），讓他更加覺得自己非常重要。他也領到諾斯壯的員工手冊，裡面附的十三乘二十公分的卡片上寫著：

歡迎加入諾斯壯公司

很高興你能成為公司的一份子。

我們的首要目標是

提供顧客卓越的服務。

請你設定很高的個人目標和工作目標。

我們對你的能力有高度信心，相信你一定能達成目標。

諾斯壯的規定：

第一條：無論碰到任何情況，都請善用良好的判斷力。

除此之外，別無其他規定。

如果有任何問題，

請隨時詢問部門主管、分店經理或事業部總經理。

剛進入諾斯壯的頭幾個月，羅伯特努力融入認真打拚的「諾弟」世界（Nordie，許多諾斯壯員工都如此自稱）。他發現自己大部分的時間都待在店裡工作、到其他部門辦事，或是和其他「諾弟」來往，他們變成他的支持團體。他聽到許多卓越的顧客服務故事：有位「諾弟」替顧客把新買的襯衫燙平，因為顧客需要穿這件襯衫參加下午的會議；有位「諾弟」欣然為顧客包裝他在梅西百貨買的商品，冬天的時候，有位「諾弟」趁顧客採購完畢前，先為他暖車；有位「諾弟」親手為年紀大的顧客織圍巾，因為這位顧客需要特殊長度的圍巾，免得圍巾被輪椅的輪輻纏住；有位「諾弟」在最後一分鐘及時把禮服送去給快抓狂的晚宴女主人；甚至還有位「諾弟」退錢給一位購買輪胎鏈的顧客，雖然諾斯壯根本不賣輪胎鏈。他也聽說諾斯壯的銷售員會寫所謂的「英雄卡」給其他人，諾斯壯就根據英雄卡、顧客來函和員工寫給顧客的謝函，來決定哪家分店獲得當月的最佳服務獎。

他的上司解釋顧客來函為什麼這麼重要：「顧客來函真的很重要。你永遠、永遠不想收到不好的來函，那真是罪過。但好的顧客來函可能會讓你成為『顧客服務之星』。你以為在大學加入優等生社團已經很了不起了嗎？那麼，成為『顧客服務之星』更了不起。諾斯壯三兄弟的其中之一會和你握手，你的照片會掛在公司牆上，你還會得到獎品和購物折扣，簡直好像飛上雲端一樣。如果你得到生產力獎，就成為『員工模範』，你的新名片上會特別註明這點，而且你還會享受到三三％的購物折扣。只有最頂尖的員工才能成為模範。」

「要怎麼樣才能成為員工模範呢？」

「很簡單，只要設定很高的銷售目標，然後超越目標就可以了。」她解釋，然後問他，「順便問一下，你今天的銷售目標是多少？」

大家滿腦子都是銷售目標、生產力、業績、成就！羅伯特注意到辦公室牆上張貼著很多「提示」：「每天列出必須做的事情！」或「列出目標，設定優先順序！」或「不要令我們失望！」或「努力得大獎！當選頂尖模範！」

他很快學會如何計算很重要的每小時銷售額。「如果你超越了每小時銷售額目標，就能拿到淨銷售額一〇％的佣金，」他的上司解釋，「如果達不到目標的話，就只能拿到基本工資。如果你的每小時銷售額很高，你就可以挑比較好的時段來上班，而且也會獲得比較好的升遷機會。你可以自己去辦公室查看電腦印出的每小時銷售額紀錄，我們會根據每個人的實際銷售業績來排名，所以你可以隨時追蹤自己的表現，確定自己的業績不會落後其他人。我們也會在你的薪水單上列出你的每小時銷售額。」

羅伯特第一次領薪水的時候，和其他員工一起，全部聚集在辦公室布告欄前面，布告欄上張貼著以員工號碼表示的每小時銷售額排名，有幾個人落在紅線之下。羅伯特很快就明白，他必須盡一切努力，避免業績落後。有一天，他半夜在噩夢中驚醒，全身直冒冷汗，因為他夢見自己走進辦公室，看到自己的名字在每小時銷售額排行榜上敬陪末座。於是，他白天拚命工作，免得業績落後同事。

第一次領到薪水不久，羅伯特注意到，部門裡有個銷售員那天很早就下班了。「約翰怎麼不見了？」他問。

「他們要他提早下班……懲罰他今天對顧客發脾氣，」比爾說，比爾也是銷售員，最近剛在微笑競賽中得獎，因此照片掛在牆壁上。「就好像你小時候犯了錯，被關在房間裡，不准出來吃飯一樣。他明天會回來上班，不過他們會密切觀察他幾個星期。」

比爾才二十六歲，但已經在諾斯壯工作五年了，曾經當選「員工模範」，而且也是「顧客服務之星」。比爾顯然擁有在諾斯壯成功必備的那種「盡心盡力」的罕見特質。他解釋：「顧客來諾斯壯買東西的時候，理應受到最好的對待。不管面對任何人，我的臉上永遠都掛著微笑。」比爾幾乎每天都穿著諾斯壯的衣服，除了在微笑競賽獲勝之外，他前一年也在「誰最像諾斯壯人競賽」中奪冠。有一天，分店經理大聲讀出顧客讚美比爾的來信，同事都鼓掌歡呼，比爾感到十分光榮。

比爾熱愛在諾斯壯工作，他總是不加思索地表示：「我在其他地方哪有辦法獲得這麼好的待遇，還享受這麼大的自主權？諾斯壯是第一個讓我真正有歸屬感的地方，覺得自己是這個與眾不同的公司的一份子。當然我非常賣力工作，但我喜歡努力工作。沒人告訴我該做什麼，我覺得只要全力以赴，在公司能有很大的發展空間。我覺得自己好像創業家一樣。」

比爾之前為了籌備東岸一家分店開幕，曾和一百多位諾斯壯員工一起從西岸調到東岸工作。「雖然我們需要大老遠從西岸飛到東岸，但我們不希望由不曾在諾斯壯上班的外人來籌備分店開張。」他解釋。他描繪開幕當天的熱鬧情況：「員工拚命鼓掌，顧客紛紛上門，也跟著鼓掌。大家都很興奮，氣氛熱烈，瀰漫一種與有榮焉的情緒，讓你覺得很特別。」

對羅伯特而言，比爾是很好的榜樣。他告訴羅伯特自己參加諾斯壯激勵營的情況，他在那裡學習寫下為自己打氣的自我肯定宣言，一再對自己洗腦：「我很驕傲能成為員工模範。」比爾的目標是成為分店經理，所以他不斷對自己複誦：「我很喜歡當諾斯壯的分店經理……我很喜歡當諾斯壯的分店經理……我很喜歡當諾斯壯的分店經理……」

比爾解釋，當諾斯壯的分店經理很辛苦。分店經理必須在每季會議中宣布自己的業績目標。「約翰先生有時會穿著一件胸口有個巨大N字的毛衣，在現場煽風點火。接著會有人宣布祕密委員會為每家分店設定的業績目標。我聽說如果分店經理提出的目標低於祕密委員會設定的目標，全場會一片噓聲，而若分店提出的目標較高，全場都歡呼喝采。」

比爾也指點他很多關於諾斯壯風範的事情。比爾提醒他，「和外面的人說話時要很小心。我們公司非常重視隱私，希望嚴格控制流到外界的資訊。這是公司最高層的意思。我們在公司內部怎麼做事，完全不干其他人的事。」

「順便問一下，」有一天晚上打烊的時候，比爾說，「你知不知道今天店裡來了一個『祕密顧客』？」

「什麼？」

「祕密顧客。就是由諾斯壯員工假扮顧客，調查你的行為和服務。她今天向你買東西，我想你的表現還不錯，不過要注意皺眉的毛病。你賣力工作的時候常常會皺眉頭，要記得多微笑，不要皺眉。你可能會因為皺眉的習慣而在紀錄上留下汙點。」

「第二條規定是，」羅伯特心想，「別皺眉，多微笑。」

接下來六個月，羅伯特在諾斯壯愈來愈不自在。他發現早上七點鐘，自己和其他諾弟一起在百貨公司會議上高唱「我們是第一名！」和「我們要為諾斯壯這樣做！」，回想起《全美國最適合上班的一百家最佳公司》（*The Best 100 Companies to Work for in America*）中，對諾斯壯的描述一開頭就寫著：「如果你不喜歡在衝勁十足的氣氛下工作，不喜歡周遭每位同事都抱著滿腔熱誠，那麼你就不適合來這家公司上班。」羅伯特覺得自己的表現還算差強人意，從來沒有在每小時銷售額排行榜吊車尾，但也稱不上特別出色。吉姆先生、約翰先生或布魯斯先生從來不曾和他握手，他也從來沒有當選員工模範或顧客服務之星，他更害怕自己會再對顧客皺眉，或收到負面的顧客來函。更糟糕的是，那些比他更融入諾斯壯文化的人早已遙遙領先。他們擁有正確的諾斯壯特質，而他卻總是覺得格格不入。

羅伯特在諾斯壯工作了十一個月後，決定辭職。一年後，他在另外一家商店當經理，做得有聲有色。「在諾斯壯工作是很棒的經驗，但不是那麼適合我，」他解釋，「我有些朋友在那兒工作得非常愉快，他們熱愛他們的工作。毫無疑問，諾斯壯的確是一家卓越的公司，不過我比較適合這裡。」

如魚得水或格格不入

當我們展開研究計畫，原本猜測所蒐集到的證據一定會顯示高瞻遠矚公司都有絕佳的工作環境（或至少比對照公司好）。實情卻非如此，至少不是每家公司都如此。還記得比爾和蘿拉在諾斯壯是多麼如魚得水嗎？對他們而言，諾斯壯是很棒的工作環境，但請注意，羅伯特就沒有辦法將諾斯壯文化全盤照收，因此對他而言，諾斯壯不是那麼理想的工作環境。所以唯有能真心投入、同時也非常適應諾斯壯文化的人，才會覺得那裡是絕佳的工作環境。

其他高瞻遠矚公司也一樣。如果你不願意熱誠採納惠普的行事風格，那麼你就不適合在惠普工作；如果你不太認同沃爾瑪對顧客無微不至的服務，那麼你就不適合在沃爾瑪工作；如果你不願意被寶鹼文化所同化，那麼你就不適合在寶鹼工作；如果你不想加入追求品質的聖戰（即使你只是在公司餐廳工作），那麼你就不適合在摩托羅拉工作，當然也絕對無法成為真正的摩托羅拉人；如果你始終質疑是否一個人可以想買什麼（例如香菸）就買什麼，那麼你就不適合在菲利普莫里斯工作；如果你對於萬豪酒店那種摩門教式循規蹈矩、獻身服務的氣氛感到不自在，那麼你最好不要去萬豪酒店工作；如果你沒辦法讓自己狂熱地擁護迪士尼「有益身心」、「神奇魔力」、「魔術金粉」等概念，那麼你或許會痛恨在迪士尼上班。

我們學到的是，要塑造高瞻遠矚的公司，並不是非創造「柔和」或「舒適」的工作環境不可。我們發現，無論在績效表現或服膺企業理念方面，高瞻遠矚公司對員工的要求通常都比其他公司更嚴苛。

我們學到的是，「高瞻遠矚」並非意謂著軟弱而缺乏紀律。恰好相反，正因為高瞻遠矚公司很清楚自己的定位和目標，因此通常都不能容忍不願追求嚴苛標準或不符標準的員工。

在一次研究小組會議中，有一位研究助理提出他的觀察，「加入這些公司好像加入組織嚴密的社團一樣。如果你沒辦法融入團體，那麼就寧可不要加入。如果你真的相信公司的主張，也願意全心投入，就會感到非常滿足，也很有貢獻，很可能覺得快樂無比。但如果你不認同公司的理念，就可能發展不順，感到格格不入，最後只得另謀他職，像病毒一樣遭到排斥。這是零與一的情況：你要不就完全融入公司文化，要不就乾脆退出，沒有中間地帶，幾乎好像教派一樣。」

他的觀察聽來十分有道理，所以我們決定檢視有關教派的歷史文獻，看看高瞻遠矚公司是否確實與教派有較多相同的特質，反而與對照公司之間較無共同點。結果我們發現，過往文獻對於教派並沒有放諸四海皆準的定義；最常見的定義為：極端熱愛某個人、某個想法或某個事物的一群人所組成的團體，就稱為「教派」（這種特質當然也適用於許多高瞻遠矚公司）。我們也沒有發現任何共同清單，足以幫助我們區分教派與非教派。不過我們的確找到一些一再出現的主題，尤其是高瞻遠矚公司比較明顯地展現了四種教派的共通特質，而對照公司則沒有那麼明顯。

- 狂熱信奉公司核心理念（我們在關於核心理念的那一章曾討論到）
- 將理念強烈灌輸給員工
- 員工必須與公司理念緊密契合
- 鼓吹菁英意識

就拿諾斯壯和梅維爾公司的對比為例。請注意諾斯壯是多麼緊鑼密鼓地將公司理念灌輸到員工腦子裡，這個過程從面談展開，接下來包括顧客服務英雄的故事、牆上張貼的提醒海報、高聲朗誦自我肯定宣言和為彼此歡呼打氣。請注意諾斯壯如何讓員工寫下同事的英雄事蹟，讓同事和頂頭上司加入理念灌輸的過程（教派常見的做法正是積極讓新人透過人際交往而融入教派）。請注意諾斯壯如何網羅年輕人，在新人事業剛起步時，就教導他們諾斯壯風範，而且唯有能忠實反映公司核心理念的人才有機會升遷。請注意諾斯壯如何促使員工與公司理念緊密契合——服膺諾斯壯風範的員工會得到很多正面鼓勵（獎賞、肯定、加薪等），行為舉止不符合諾斯壯風範的員工則得到很多負面回應（考績「落後」他人、遭到懲處或紀錄留下汙點）。請注意諾斯壯如何在「自己人」和「外人」之間劃出一道清楚的界線，並且如何把「成為自己人」形容為參與與眾不同的盛事和躋身菁英之列——這又是教派常見的做法。的確，單單「諾弟」這個名詞本身就有濃濃的教派意味。檢視梅維爾的發展軌跡時，我們沒有看到他們曾經像這樣持續明確地採取類似的做法。

諾斯壯是所謂「教派文化」的絕佳範例，透過一系列做法，在高瞻遠矚公司中營造出崇尚核心理念、有如教派般的氣氛。這些做法往往在人才招募過程中或新人剛進公司時，嚴格篩選掉不符合企業核心理念的人，同時灌輸員工強烈的忠誠感，影響仍然留在公司的員工，讓他們的行為與公司核心理念一致，歷經長時間考驗始終如一，並且熱切實踐公司理念。

請不要誤解我們的意思。我們並不是說高瞻遠矚公司就等於教派，而是說儘管他們不是真正的教派，卻比對照公司更有一種宛如教派般的氣氛。「教派文化」和「如教派般」這類形容詞可能引起各種負面想像和涵義，因為這些形容詞是比「文化」更強烈的字眼。但只說高瞻遠矚公司都擁有自己的文化，完全沒有透露任何有趣的新鮮事。所有公司都有自己的文化！但我們所觀察到的是比「文化」更強烈的氣氛。「教派文化」或「如教派般」只是用來形容我們在高瞻遠矚公司觀察到、而在對照公司較少見的做法，並沒有貶損的意味。

分析各組高瞻遠矚公司和對照公司之後發現（請參見附錄三中的表A.6）：

●證據顯示，十八組公司中，有十一組的高瞻遠矚公司比對照公司更重視灌輸員工企業核心理念。我們發現一般而言，高瞻遠矚公司比較重視員工訓練，除了灌輸企業理念的新人訓練之外，他們也很重視技能訓練和專業發展訓練。

●證據顯示，十八組公司中，有十三組的高瞻遠矚公司的員工比對照公司的員工更與企業理念緊密契合——員工要不就是能完全融入公司文化，服膺公司理念，要不就是覺得格格不入。

●證據顯示，十八組公司中，有十三組的高瞻遠矚公司比對照公司更強調菁英意識（員工有強烈的優越感，覺得公司與眾不同）。

●綜合衡量以上三個層面（將公司理念強力灌輸給員工、要求員工與理念緊密契合、鼓吹菁英意識），在十八組公司中，有十四組的高瞻遠矚公司比對照公司在發展過程中展現了更強烈的教派般的文化（另外四組則看不出明顯差別）。

以下三個例子——IBM、迪士尼和寶鹼——顯示在高瞻遠矚公司的發展過程中，這些特質如何發揮效用。

ＩＢＭ邁向卓越

ＩＢＭ前執行長小華生曾經描述，當ＩＢＭ在二十世紀上半葉躍升為全球知名企業時，公司裡有一種「教派般的氣氛」。早在一九一四年，當小華生的父親老華生成為這家搖搖欲墜的小公司執行長，就刻意將公司員工塑造為全心奉獻的狂熱信徒。華生在牆上到處張貼標語：「時光一去不復返」、「世上沒有停止不動這回事」、「絕不自滿」、「我們銷售的是服務」、「員工代表公司對外的形象」等。他替員工立下嚴格的行為規範，要求業務員衣著整潔，穿深色西裝，鼓勵員工結婚（他認為已婚男人會更努力工作，也更忠心耿耿，因為他們得養家活口），但不鼓勵員工抽菸，並禁止他們飲酒。他也制定訓練計畫，有系統地灌輸新人ＩＢＭ的理念，網羅可塑性強的年輕人，並嚴守執行內部升遷制度。後來，他還創立由ＩＢＭ經營的鄉村俱樂部，鼓勵ＩＢＭ人多花時間和其他ＩＢＭ人交往，而不是參與外面的社交圈。

ＩＢＭ和諾斯壯一樣，努力為最能具體展現公司理念的員工，創造出英雄式的神話故事，在公司刊物中刊登他們的照片，並描述他們的英雄事蹟，甚至還特別創作公司歌曲，向員工模範致敬！ＩＢＭ也非常強調在團隊中個人的努力和進取心非常重要。

一九三〇年代，ＩＢＭ早已建立了完整的教育流程和健全的學校，作為幹部交流和訓練之用。小華生在《父子情深》（*Father, Son & Co.*）中寫道：

學校裡所有的一切都是為了激發員工的忠誠、熱情和崇高的理想，ＩＢＭ認為這些都是成功必備特質。大門口則以六十公分高的大字寫著無所不在的ＩＢＭ標語：「思考」（THINK）。裡面則是花崗岩階梯，希望學生踏著階梯一步步往上走向教室時，心中滿懷熱情與抱負。

課堂上由標準ＩＢＭ裝扮的資深員工授課，強調ＩＢＭ的價值。每天早上，學生都要在貼滿ＩＢＭ標語和格言的教室中翻開《ＩＢＭ之歌》（*Songs of the IBM*）的歌譜，站起來齊唱，歌譜中包括〈星條旗之歌〉，也包括了ＩＢＭ的公司頌歌〈永遠向前邁進〉。ＩＢＭ人唱的歌都包括類似這樣的歌詞：

和ＩＢＭ一同跨步向前，
攜手合作，
在每一塊土地上，
勇敢無畏地向前邁進。

雖然經過多年演變之後，ＩＢＭ終於不再唱公司歌了，卻始終保持價值觀導向的密集訓練。ＩＢＭ的新進人員一定會學到「三個基本信念」（前面一章曾有說明），並且參加訓練課程，學習公司理念和工作技能。ＩＢＭ人還要學習ＩＢＭ文化中特有的語言，並且隨時展現ＩＢＭ的專業風範。一九七九年，ＩＢＭ完成了二十六英畝的「主管培育中心」，ＩＢＭ自己形容這個地方「直到置身於忙碌的教室前，你可能還以為這是一所修道院」。

一九八五年版的《全美國最適合上班的一百家最佳公司》中形容ＩＢＭ：「好像教會般將信念制度化……結果公司裡充斥著狂熱的信徒（如果你不夠狂熱，就會覺得格格不入）……有人把加入ＩＢＭ比擬為信教或從軍……如果你了解海軍陸戰隊，你就會了解ＩＢＭ……你必須願意放棄一部分自我意識，才能在ＩＢＭ生存下去。」一九八二年，《華爾街日報》在一篇報導中提到，ＩＢＭ文化的「滲透力太強了，一位在ＩＢＭ工作了九年的前ＩＢＭ員工表示：『離開ＩＢＭ簡直好像移民國外一樣。』」

的確，回顧ＩＢＭ歷史（至少直到我們撰寫本書之時），ＩＢＭ一直嚴格要求員工完全服膺公司理念。前ＩＢＭ行銷副總裁羅傑斯（Buck Rodgers）在著作《ＩＢＭ風範》（*The IBM Way*）中解釋道：

ＩＢＭ甚至在雇用新人之前，在第一次面談時就開始灌輸員工……公司理念。對某些人而言，「灌輸」這個詞隱含洗腦的意思，不過我倒不認為這種做法有什麼不好。基本上，ＩＢＭ告訴每一個想到ＩＢＭ上班的人：「這就是我們的做事方式……我們這麼說的時候，有一些非常具體的想法，如果你到我們公司上班，我們會教導你如何對待顧客。如果你不喜歡我們對待顧客的態度和服務方式，那麼大家就道不同不相為謀，而且愈快分手愈好。」

ＩＢＭ從過去到現在一直在鼓吹菁英意識。從一九一四年起，遠在ＩＢＭ尚未建立起全國聲望之前，老華生就不斷告訴員工，ＩＢＭ是一流的公司，在ＩＢＭ工作與眾不同。他勸戒員工：「除非你相信自己從事的是全世界最棒的行業，否則無論你做哪一行，都不可能成功。」（還記得在膽大包天的目標那章，老華生為了展現這樣的態度，把公司名稱從沉悶的計算列表記錄公司，改成國際商業機器公司。）一九八九年，距離老華生開始打造ＩＢＭ與眾不同、頂尖菁英的自我形象已經七十五年，他在慶祝ＩＢＭ七十五週年的刊物《ＩＢＭ：一家與眾不同的公司》（*IBM: A Special Company*）中再度闡述這個主題：

> 如果我們相信ＩＢＭ只不過是另外一家公司而已，那麼我們就真的只是另外一家公司罷了。我們必須相信ＩＢＭ與眾不同。一旦你有了這樣的想法，就很容易產生強烈的驅動力，努力讓ＩＢＭ一直與眾不同。

你或許好奇，ＩＢＭ在一九九〇年代初期遭逢的困境是否和這種教派般的氣氛，以及恪遵三個基本信念有關。是否因為ＩＢＭ這種強烈的教派文化，才無法適應電腦工業的劇變？

經過嚴密的檢視，沒有證據支持這個觀點。ＩＢＭ在一九二〇年代有強烈的教派文化，然而仍能因應自動會計機興起的產業劇變。一九三〇年代，ＩＢＭ的教派文化也非常強烈，卻仍有辦法度過經濟大蕭條的難關，沒有裁減任何員工。ＩＢＭ在一九五〇和一九六〇年代也都維持這樣的文化，然而仍能因應電腦崛起的挑戰，這可能是ＩＢＭ有史以來最戲劇化的轉變。到了一九八〇年代初，ＩＢＭ雖然瀰漫著如教派般的狂熱氣氛，仍能因應個人電腦革命的衝擊（不像其他遭到淘汰的電腦主機公司），並且在市場上建立起舉足輕重的地位。事實上，當ＩＢＭ逐漸陷入困境時，它那種教派般的文化，瘋狂地執著於核心價值觀，反而漸漸消沉。

當ＩＢＭ展現最強烈的教派文化時，也是它最成功（而且最可能適應外界變動）的時期。

ＩＢＭ的對照公司寶羅斯則沒有展現類似ＩＢＭ的強烈教派文化。寶羅斯沒有訓練中心來灌輸員工公司價值觀，也沒有任何證據顯示寶羅斯試圖讓員工與公司核心理念緊密契合，更沒有任何證據顯示寶羅斯自認與眾不同，是美國企業界的頂尖菁英。無論ＩＢＭ的文化多麼像教派，ＩＢＭ有清楚的自我認同，寶羅斯則沒有。在電腦工業發展的關鍵時刻，即使寶羅斯的起步較早，基礎較好，卻始終落後ＩＢＭ。

迪士尼的神奇魔力

迪士尼公司和ＩＢＭ及諾斯壯一樣，大量運用觀念灌輸、要求員工與企業理念緊密契合和鼓吹菁英意識，作為保存核心理念的重要做法。

迪士尼要求公司上上下下每一位員工都要參加名為「迪士尼傳統」的新人訓練，由迪士尼內部的訓練機構——迪士尼大學的老師負責授課。迪士尼設計的課程「向迪士尼團隊的每一位新成員介紹我們的傳統、理念、組織，以及做事方式」。

迪士尼非常注重嚴密篩選領時薪的員工，並且讓他們融入迪士尼樂園的文化。應徵者至少需要通過由不同考官主持的兩次篩選，即使是負責掃地的清潔工都不例外（一九六〇年代，迪士尼曾要求所有應徵者都要先做性格測驗）。迪士尼還對員工儀容訂下嚴格規範，不希望男性員工蓄鬍或女性員工戴耳環、化濃妝（一九九一年，迪士尼樂園的員工為了抗議儀容規定而罷工，結果迪士尼開除了領導罷工的員工，而儀容規定則原封不動）。甚至早在一九六〇年代，迪士尼樂園已經開始在雇用新人時，嚴格地以新人能否與迪士尼的理念緊密契合為篩選標準。席科在一九六七年的著作《迪士尼》中形容迪士尼樂園的員工：

（他們的）外表都頗為一致。女生通常都金髮碧眼，謙虛親切，好像那種隨時準備當年輕媽媽、在郊區舒服過活的加州運動服裝廣告模特兒，活生生來到面前。男生……則全都像酷愛戶外運動的那種典型美國陽光男孩，是媽媽老愛叫你仿效的對象。

所有的迪士尼新人都受過多天的訓練，很快學會新的語言：

員工就是「演員」。
顧客則是「賓客」。
人潮是「觀眾」。
每一次換班都是一場新的「表演」。
工作是你的「角色」。
工作說明則是「劇本」。
制服是「戲服」。
人事部門負責「徵選演員、分配角色」。
值班時是「上場表演」。

下班則是「在後台」。

這種特殊語言更強化了迪士尼透過新人訓練所塑造的心智模式。在新人訓練中，訓練有素的「講師」會依照精心設計的劇本，以問答方式引導新演員演練迪士尼的特色、歷史和神話，增強他們對迪士尼理念的認識：

講師：我們究竟從事哪種行業？大家都知道麥當勞賣的是漢堡，那迪士尼做什麼？

新人：迪士尼製造歡樂。

講師：完全正確！迪士尼製造歡樂。無論訪客是誰、說什麼語言、做什麼工作、從哪裡來、膚色是什麼，我們都把歡樂帶給他們……你們不是受雇來工作，而是要在迪士尼秀中扮演一個角色。

新人訓練的場地是特別設計的訓練教室，牆上張貼著創辦人華特．迪士尼和他最著名的卡通人物（例如米老鼠、白雪公主和七個小矮人）的照片。套用湯姆畢德士集團（Tom Peters Group）所攝製的錄影帶中的描述，他們的目的是「創造出華特本人也在現場、歡迎新人加入他的個人王國的幻象。目標是讓新進員工覺得自己好像是樂園創辦人的合作夥伴」。員工在迪士尼大學的教科書中讀到各種告誡，例如：「我們在迪士尼樂園或許會覺得疲倦，但永遠不會厭倦，即使那天諸事不順，我們仍然要表現出很快樂的樣子。你必須露出坦誠的微笑，是發自內心的微笑……如果其他方法都無法奏效，那麼請牢記，我們付你薪水，是請你來微笑的。」

上完課後，他們會讓一位資深同事搭配一位新演員，進一步協助新人融入環境和熟悉工作細節。在整個訓練過程中，迪士尼都會堅持嚴格的行為規範，要求演員立刻改掉不符合角色個性的怪癖。根據《訓練》（*Training*）雜誌的觀察：「對迪士尼的新人而言，根本沒有未經安排的自由時間這回事。他們參加迪士尼新人訓練的頭幾天都忙著試『戲服』（制服）、排練『劇本』（訓練），以及接觸同事所扮演的其他『角色』。所有的一切都經過精心設計，是為迪士尼樂園的賓客所推出的大秀。」

在迪士尼樂園中，最能明顯看出迪士尼是多麼瘋狂地保存自我形象和核心理念，但走出迪士尼樂園也一樣。迪士尼公司的每一位員工都必須參加一次「迪士尼傳統」訓練課程。有一位史丹佛大學的ＭＢＡ曾利用暑假在迪士尼公司從事財務分析、策略規畫和類似的工作，他描述：

> 我第一天踏入迪士尼公司，就注意到華特願景的神奇魔力……在迪士尼大學，透過錄影帶和「魔幻金粉」，華特和觀眾分享了他的夢想和迪士尼世界的神奇魔力。迪士尼的新演員透過迪士尼珍藏的歷史檔案了解迪士尼的歷史。新人訓練結束後，我在米奇大道和都比路的轉角停下腳步時，對迪士尼的神奇魔力、豐富情感和歷史都很有感覺。我相信華特的夢想，而且和組織中其他成員擁有共同的信念。

任何員工如果膽敢嘲諷或批評迪士尼「有益身心」的理想，很難在迪士尼待下去。公司出版品不斷強調迪士尼是「非常特別」、「與眾不同」、「獨一無二」、「神奇」的。甚至連給股東的公司年報中，都充斥著「夢想」、「好玩」、「刺激」、「歡樂」、「想像」及「神奇魔力是迪士尼的根本特質」等形容詞。

迪士尼不讓外人得知內部運作狀況，因此更營造出一種神祕感和菁英意識——只有深入「核心」，才有辦法揭開迪士尼的神祕面紗，一窺「神奇魔力」究竟如何施展。例如，除了扮演特定角色的員工（他們必須發誓保密），其他人都無法觀察迪士尼如何進行角色扮演的訓練。採訪迪士尼的作者在探討迪士尼王國的奧祕時，往往會碰到守門人嚴格把關。一位作者寫道：「迪士尼是一家出奇封閉的公司。我報導美國企業這麼多年來，從來沒看過別的公司有這麼強烈、近乎偏執的嚴密控制。」

迪士尼嚴格篩選員工，又密集灌輸他們迪士尼的理念，堅持隱祕和控制，精心打造迪士尼的神話和形象，將迪士尼刻劃為對全世界兒童都非常特殊而重要的生活體驗，以上種種都營造出如教派般的狂熱崇拜，甚至連迪士尼的顧客都受到影響。有一次，一位忠誠的迪士尼顧客在商店中看到迪士尼卡通玩偶有點褪色，他怒氣沖沖地說：「如果華特叔叔看到，一定會覺得很丟臉。」

的確，在檢視迪士尼的資料時，很難把它當成一家公司，而不是社會運動或宗教運動。法勒（Joe Fowler）在《魔幻王國的王子》（*Prince of the Magic Kingdom*）中寫道：

本書並非公司歷史，而是人類為理念、價值和希望而辛苦奮鬥的過程，是無數男女願意為之奉獻自我的想法和價值。這些價值有時看似微不足道，以至於有些人嗤之以鼻，視為愚蠢，但又含義深刻，令其他人願意投入心力學習研究，並終身奉獻於實現這些價值。當別人背棄這些價值時，他們會感到憤怒痛苦，在捍衛這些價值時，則深受鼓舞啟發，變得創意十足。這是為什麼「迪士尼」這個名字會如此動人，在這件事情上沒有人立場模糊……華特．迪士尼不是天才，就是說大話的騙子；不是偽君子，就是典範；不是賣藥的江湖郎中，就是深受無數世代孩童喜愛的父親形象。

事實上，要探究迪士尼教派般的文化，就必須追溯到迪士尼創辦人華特．迪士尼的思想，他把自己和員工的關係看成父子。他期待迪士尼員工全力以赴，要求員工絕對忠於公司和公司的價值。全心奉獻、忠心耿耿的迪士尼人如果犯了無心之過，都會有第二次（通常還有第三次、第四次、第五次）機會。但如果員工違反了公司的神聖理念或表現不忠……那可就犯下滔天大罪，迪士尼可能會絲毫不留情面，立刻將他革職。根據伊里特（Marc Eliot）寫的《華特．迪士尼》（*Walt Disney*）：「偶爾有人在華特面前說溜嘴，吐出三字經，結果一定立刻被開除，無論革職的決定會在工作上造成多大的不便都一樣。」迪士尼的動畫師曾在一九四一年發起罷工，當時華特深覺遭到員工背叛，他不是把工會當成一股經濟力量，而是認為工會侵犯了他悉心掌控、由忠心的迪士尼人所組成的「大家庭」。

華特．迪士尼非常重視秩序和控制，因此採取許多具體做法來維護迪士尼的根本精神，包括員工儀容規定、人才招募和訓練流程、鉅細靡遺地關注樂園的外觀設計、關心資訊隱祕的問題，以及為了保存迪士尼每個角色的完整性和神聖地位而制定的嚴格規定。這一切都源自於華特希望迪士尼人完全奉行核心理念，不可逾越。他曾如此描述迪士尼流程的起源：

第一年我把停車場租出去，引進一般保全人員之類的。但是我很快就明白我犯了錯。我不可能在引進外援的同時，還希望傳達迪士尼熱情好客的精神。所以，現在我們自己招募和訓練所有的員工。例如，我告訴保全人員，絕對不要自以為是警察，他們的職責是幫助別人……一旦你開始實施這樣的政策，它就會自行繁衍出茂密枝葉。

的確如此。儘管迪士尼公司在華特過世後，曾經沒落了一段時間，但從來不曾喪失核心理念，有很大部分要歸功於華特過世前為迪士尼制定的具體流程。當艾斯納和新團隊在一九八四年接手後，迪士尼多年來悉心保存的核心價值，就成為迪士尼在一九九〇年代東山再起的基石。

相反的，當柯恩在一九五八年過世後，哥倫比亞電影公司既沒有核心理念，也沒有任何保存核心價值的機制。華特．迪士尼並沒有建造出完美的時鐘，但他確實樹立了核心理念，也建立了保存核心理念的機制。柯恩則不然。在華特過世後，迪士尼最後終於以獨立公司的型態，站在華特．迪士尼遺留的基石上再攀高峰，而哥倫比亞電影公司則遭到購併，不再是一家獨立的公司。

完全融入寶鹼文化

綜觀寶鹼的歷史，大半時候寶鹼都大量灌輸員工企業理念、要求員工與企業理念緊密契合和強化菁英意識，以保存核心理念。寶鹼會謹慎篩選新進員工，網羅年輕人擔任基層工作，然後將他們塑造為言行思想都符合寶鹼風範的員工，請不能融入寶鹼文化的人離開。中高階管理職位只限於忠心耿耿、一路從基層升上來的寶鹼人方能擔任，這些都是寶鹼行之已久的做法。《全美國最適合上班的一百家最佳公司》中形容：

新人要經過激烈競爭，才能進入寶鹼工作……寶鹼錄取的新人可能覺得自己好像加入社會機構，而不是進入一家公司上班……寶鹼所有的中高階主管都不曾在其他公司工作過，而且毫無例外。寶鹼貫徹實施從基層一步步往上升遷的制度……寶鹼有自己獨特的作風，如果你不能精通他們的做事方式或至少覺得自在的話，那麼你在這裡不會快樂，更不可能成功。

寶鹼灌輸員工理念的方法有時是透過正式流程，有時則透過非正式交流。新人剛加入時要接受新人訓練，公司並期望他們閱讀公司傳記《放眼明天》（*Eyes on Tomorrow*），這本書將寶鹼形容為擁有「精神傳承」和「不變的品格……創辦人一再宣揚並永續流傳的倫理道德和處事方針迄今仍是其堅實的基礎」，是「美國歷史不可或缺的一部分」。公司內部刊物、高階主管的談話和正式的新人訓練教材都再三強調寶鹼的歷史、價值和傳統。寶鹼員工更不可能忽視了俯瞰艾佛瑞戴爾工廠的「艾佛瑞戴爾紀念堂」，裡面有一具真人大小的大理石雕像，是寶鹼創辦人的孫子威廉・古柏・寶洛科特（William Cooper Procter）的雕像，雕像底座刻著：「他一生都過著高尚樸實的生活，信仰上帝，也相信每位同胞都有其天生的價值。」

新人（尤其是公司的核心部門——品牌管理部門的新人）立刻發現，自己幾乎全部時間都被忙碌的工作占據，要不然就是和「寶鹼大家庭」的其他成員往來，進一步了解寶鹼的價值觀和做法。由於寶鹼總公司位於辛辛那提市，寶鹼在那裡勢力龐大，加上地理位置比較隔絕，員工更加全心投入公司活動。一位前寶鹼員工形容：「你來到一個陌生的城鎮，白天大家一起工作，晚上通宵達旦寫各種備忘錄和報告，然後到了週末又和同事聚會。」寶鹼期望員工多和同事交往，大家參加相同的俱樂部，上同樣的教堂做禮拜，而且也住在附近。

寶鹼的傳統是薪水高、福利好，因此員工對公司的向心力很強。

- 一八八七年，寶鹼推出員工利潤分享計畫，是美國產業界目前還在持續實施的利潤分享計畫中最古老的計畫。
- 一八九二年，寶鹼又開風氣之先，推出員工入股計畫。
- 一九一五年，寶鹼推出完整的疾病殘障退休壽險計畫——又是美國最早嘗試這種做法的企業之一。

寶鹼不只透過這些計畫來獎勵員工，也藉以影響員工行為，吸引他們全心投入，並且確保員工與公司文化緊密契合。寶鹼在公司刊物中形容他們早期如何運用利潤分享計畫：

（威廉・古柏・寶洛科特）認為，對於不願更努力工作的員工，應該取消他們分享利潤的機會，將利潤分給真正關心工作績效的員工。所以他依據主管評定的員工合作程度，設定了四個分紅級別，（對於確保員工正確的工作態度）有很大幫助。

寶鹼透過員工入股計畫，鼓勵員工購買公司股份，促使員工在心理上對公司許下更高承諾。畢竟如果希望員工把全部心力都「投入」公司，還有什麼方法比員工真的把辛苦賺來的收入「投入」公司更好呢？一九〇三年，為了進一步強化這個制度，寶鹼規定只有願意購買公司股票的員工才能參與利潤分享計畫：

利潤分享計畫將直接和員工入股計畫掛鉤。員工購買的寶鹼股票現值必須等同於他的年薪，才有資格加入利潤分享計畫，但他可以分好幾年付清購買股票款項，每年最少付出年薪的四％。同時，公司每年也相對提撥相當於員工年薪十二％的款項，協助員工購買股票。

一九一五年，已經有百分之六十一的寶鹼員工加入了這項認股計畫，因此心理上已完全認同寶鹼。在寶鹼漫長的歷史上，他們曾經運用不計其數的具體機制，確保員工展現符合寶鹼期望的行為，從嚴格的服裝規定到幾乎沒有隱私可言的辦公室設計，到寶鹼著名的「一頁備忘錄[3]」，要求員工採取一致的溝通方式。

寶鹼要求員工從上到下，無論在任何地方、任何國家以及不同的文化環境，都必須嚴密奉行公司理念。一位剛從商學院畢業就到寶鹼上班、曾派駐歐亞的前寶鹼員工表示：「寶鹼的文化延伸到全世界每個角落。當我被派駐海外時，他們明確告訴我，最重要的是適應寶鹼文化，其次才是適應當地文化。成為寶鹼的一份子就好像成為一國的國民一樣。」寶鹼執行長史梅爾在一九八六年的公司會議中，也傳達了類似訊息：

[3] 原註：所有的備忘錄都不能超過一頁。大多數的寶鹼人都遵守這條規定，雖然事實上還是有人看過超過一頁的備忘錄。

全世界的寶鹼人都有一種共同的連結。儘管我們之間存在著文化差異和個人差異，卻都說共同的語言。當我碰見寶鹼人的時候，無論他們是波士頓的業務員、艾佛瑞戴爾技術中心的產品發展人員或任職於羅馬的經營管理委員會，我都覺得我在和同一種人說話，他們是我認識的人，我信任的人，是寶鹼人。

寶鹼和諾斯壯、IBM、迪士尼等公司一樣，非常重視公司隱私，喜歡控制資訊。員工在飛機上工作、在行李牌上透露他們是寶鹼員工或在公共場合討論公事，都會遭到告誡、斥責，甚至處罰。寶鹼在一九九一年的主管股票選擇權計畫中特別規定，如果接受股票選擇權的員工未經授權就對外透露任何公司資訊，寶鹼將撤銷他的認股權。

在寶鹼發展過程中，注重保密的特質更助長了寶鹼原本就刻意營造的菁英意識。寶鹼自詡為「特別」、「偉大」、「卓越」、「有道德」、「自我紀律高」、充滿「最優秀人才」、「在全世界商業組織中獨樹一幟」的公司，員工非常自豪能成為寶鹼的一份子。一位寶鹼經理人在描述某個特別困難的專案表示：「如果說（在執行專案的過程中）有什麼特質是在每個人身上都可以明顯看見的，我想應該是大家都以身為一流菁英為傲。」

寶鹼和高露潔之間的對比並不像諾斯壯和梅維爾、IBM和寶羅斯，或迪士尼和哥倫比亞之間的對比那麼鮮明。直到二十世紀初，高露潔都非常強調以高露潔家庭價值為核心的大家長式文化。儘管如此，兩家公司仍有不同之處，在過去六十年尤其明顯。我們沒有看到任何證據顯示，高露潔在雇用新人時，和寶鹼採取同樣嚴格的篩選過程，並考量新人能否與企業文化緊密契合；我們也沒有看到高露潔像寶鹼那樣極力灌輸員工公司「特質」和創辦人擬訂的指導方針。寶鹼總是藉由企業核心理念和根深柢固的文化傳統來自我定義，經常強調寶鹼多麼與眾不同、獨一無二，高露潔則經常拿自己和寶鹼比較。寶鹼不斷告訴員工，他們是菁英中的菁英，高露潔則自認「在業界僅次於寶鹼」，並且努力「成為另外一個寶鹼」。

給企業家和經理人的忠告

你或許對本章的發現略感不安，我們也有同感，而且希望澄清我們絕對無意鼓吹（或甚至描繪）類似瓊斯（Jim Jones）❹、考瑞許（David Koresh）❺或文鮮明牧師（Reverend Sun Myung Moon）❻式的極端宗教崇拜。重要的是，你必須明白，和許多教派或社會運動不同的是，高瞻遠矚公司的員工並非唯魅力型領袖馬首是瞻，他們乃是對企業理念產生教派般的狂熱。例如，請注意諾斯壯如何營造出狂熱崇尚公司核心價值的氣氛，他們將員工服務顧客的英雄事蹟塑造成動人的神話故事，而不是要求員工盲目崇拜個別領導人。迪士尼熱切保護企業核心價值，在華特．迪士尼過世後數十年仍大部分完整無缺。寶鹼一百五十年來儘管歷經九任企業執行長，始終奉行企業指導方針。以個別領導人為核心的教派文化乃是報時；塑造

❹ 編註：瓊斯在一九五三年於美國印第安那州創立人民聖殿教（Peoples Temple），這個教派後來開始變質。一九七八年十一月十八日，九百多名跟隨瓊斯移居圭亞那瓊斯鎮的信眾集體自殺死亡。

❺ 編註：考瑞許為美國極端教派「大衛教派」創辦人，一九九三年二月二十八日，大衛教派與美國武裝軍警在德州維科鎮（Waco）對抗，導致數十人死亡。

❻ 編註：文鮮明牧師於一九五四年創辦韓國統一教。

良好的環境，強化成員對於企業核心理念的認同和奉獻，則是造鐘。

本章主旨並非鼓勵大家開始營造個人崇拜的風氣，這是你最不應該做的事。

本章真正的重點在於，組織應該以具體方式熱情保存核心理念。高瞻遠矚公司都能將核心理念轉化為有形的機制，不斷發出一致的訊息，強化員工對企業理念的認同。他們灌輸員工正確的觀念，要求他們與企業理念緊密契合，同時透過下列實際做法，讓員工深以參與一個與眾不同的組織為傲。

- 透過新人訓練和持續的訓練計畫，教導員工企業的價值、規範、歷史和傳統，內容包括企業理念，也包括實際做法。
- 創立內部「大學」和訓練中心。
- 由同事及頂頭上司做在職的社會化教育，協助新人融入企業文化。
- 嚴格實施「從基層做起」的政策，雇用年輕人、厲行內部升遷制度、讓員工從年輕時就養成正確心態。
- 廣泛宣傳員工「英雄事蹟」和神話，表揚員工模範。
- 以獨特的用語強化參考架構，增強員工的獨特感和菁英意識。
- 以公司歌曲、歡呼、自我肯定宣言或誓言來強化員工的心理認同和承諾。
- 在招募人才期間和新人進公司的頭幾年，實行嚴格的篩選流程。

●獎勵措施和升遷標準必須與企業理念有明顯關聯。
●以各種獎項、競賽和公開表揚來獎勵努力奉行企業理念的員工。對於違反企業理念的員工施以明顯而具體的懲罰。
●包容沒有違反公司理念的無心之過，但嚴厲懲罰違反企業理念的行為，甚至革職。
●透過員工對公司的（金錢或時間的）「投入」，增強向心力。
●舉行各種表揚和慶祝儀式來鼓勵成功，增強歸屬感和獨特感。
●工廠和辦公室的設計要能強化行為規範和激發追求理想的熱情。
●經常透過文字或言詞強調企業價值、傳統和獨特感。

陰陽互濟

這時候，或許你心想：但嚴密的教派文化不是很危險嗎？會不會形成集體思考模式，導致發展停滯？會不會因此留不住優秀人才？會不會扼殺創造力和多樣性？會不會抑制變革？我們的答案是：沒錯，如果不能陰陽互濟，教派般的文化可能會變得很危險，限制了企業的發展。教派般的文化有助於保存企業的核心理念，但一定要和刺激進步的強烈動力交互作用才行。在高瞻遠矚的公司裡，兩股力量攜手並進，互相強化。

教派般的文化可以實際提高公司追求膽大包天目標的能力，完全是因為這樣的文化讓員工覺得自己是菁英組織的一份子，因此幾乎有辦法達成任何目標。ＩＢＭ敢大膽下注於三六〇電腦，和這種如教派般的自我認同有很大關係。華特·迪士尼一直抱持狂熱的信念，認為迪士尼在世界上扮演了特殊角色，因此才能提出像迪士尼樂園和迪士尼明日世界等膽大包天的目標。如果波音不是致力於成為由「吃飯、呼吸、睡覺都念念不忘手邊工作」的一群人形成的組織，就不可能成功推動波音七〇七和七四七的計畫。如果不是瘋狂地相信自己是一家與眾不同的公司，在世界上扮演特殊角色，索尼在一九五〇年代不可能大膽研發電晶體收音機。默克如教派般堅持信念，令員工覺得他們加入的不是一般公司，也正因為如此，員工大受鼓舞，願意盡心盡力，將默克打造成全世界最卓越的製藥公司。

更重要的是必須了解，你們可以有教派般的創新文化，或教派般的競爭文化，或教派般的變革文化。你們甚至可以有教派般的滑稽文化。我想，當沃爾瑪的高階主管率領數千名同事高聲歡呼著沃爾瑪口號時，正是如此：「給我W！給我A！給我L！寫給我看（員工都扭動臀部）！給我M！給我A！給我R！給我T！拼出來是什麼字？沃爾瑪！拼出來是什麼字？沃爾瑪！誰是第一？顧客！」

如教派般緊密融合的文化和多樣性也可以攜手並進。有些教派文化最強烈的高瞻遠矚公司被譽為對女性和少數族裔最友善的大企業。例如，默克大藥廠從很早以前就推出先進的就業機會均等計畫。在默克，多樣性是進步的表徵，和他們所珍視的核心理念正好互補。在默克，只要相信公司的理念，你的膚色、性別、高矮胖瘦都不重要。

貫徹理念／營運自主

高瞻遠矚公司一方面嚴格控管理念，但又讓員工在實際作業時擁有極大自主權，鼓勵個

圖 6.B

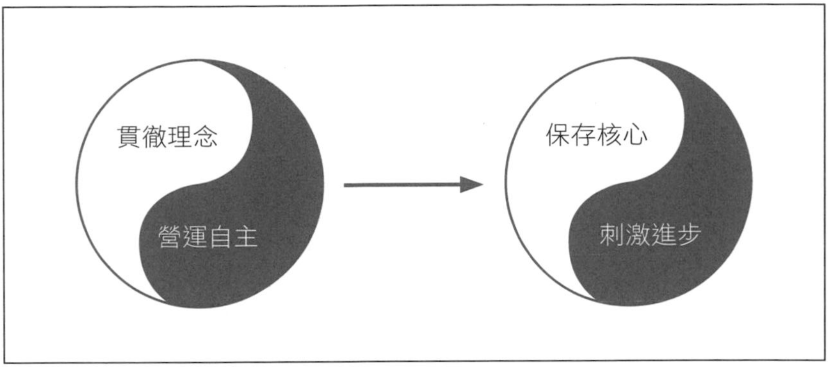

人積極主動，是「兼容並蓄」勝過「非此即彼」的經典範例。事實上，在下一章會討論到，儘管高瞻遠矚公司有更強烈的教派文化，他們比對照公司更能大幅實施分權式管理，並且容許員工在實際作業享有更大自主權。理念上的控制保存了核心，而營運自主卻能刺激進步。

還記得本章一開頭描述的只有一頁的諾斯壯員工手冊嗎？一方面，公司限制員工行為必須符合核心理念，另一方面，又給予他們極大的自由裁量空間。有一次吉姆·諾斯壯在訪問史丹佛大學商學院時被問到，如果顧客要求退貨，但很明顯已經穿過那件衣服了，諾斯壯的店員會怎麼處理？吉姆回答：

> 我不知道，真的。但是我對他們很有信心，他們的處理方式一定會讓顧客覺得受到禮遇，獲得好的服務。至於是否收回那件衣服，則要視個別狀況而定，我們希望給每位店員極大的空間來衡量怎麼做是最好的。我們把員工看成銷售專家，他們不需要一大堆規定，只需要基本的指引。在諾斯壯，只要你遵守我們

的基本價值觀和標準，你可以做任何你認為完成工作需做的事。

諾斯壯讓我們聯想到美國海軍陸戰隊——嚴格貫徹理念、嚴密控制、鐵的紀律，不願或不能遵從核心理念的人毫無生存空間。不過弔詭的是，缺乏個人進取心和創業家本能的人，和不認同公司理念信條的人在諾斯壯同樣的容易失敗。其他強調核心理念的高瞻遠矚公司，例如3M、嬌生、默克、惠普和沃爾瑪，其實也一樣。

這個發現在實務上有極大的意義。這表示公司如果想營造「權力下放」或「分權式管理」的工作環境，首要之務是先貫徹核心理念，嚴格篩選員工，並灌輸員工企業理念，排斥掉不適合公司的「病毒」，賦予留下來的人高度的責任感，讓他們感覺自己是菁英組織的一份子。這表示公司必須把適當的演員放在舞台上，讓他們建立起正確的心態，然後給予他們很大的自由發揮和自由裁量的空間。簡而言之，必須了解的是，當企業如教派般嚴格貫徹核心理念時，事實上反而能給員工更充分的實驗、變革、適應和（最重要的是）行動的空間。

第七章

多方嘗試，汰弱擇強

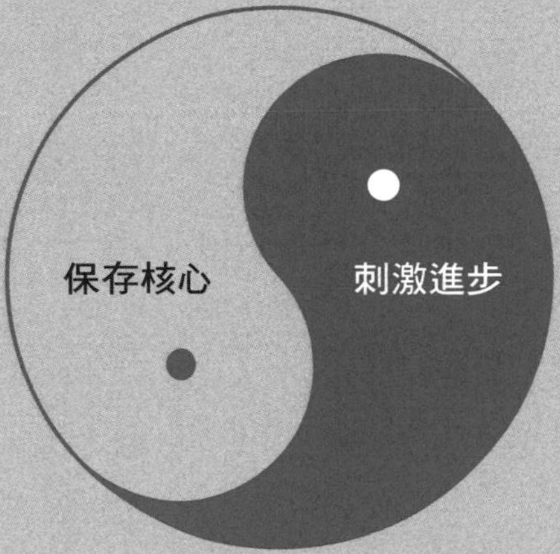

雖然利貼便條紙的發明或多或少是偶發的意外，
但 3M 營造出容許意外出現的環境，
卻絕非偶發的意外。
高瞻遠矚公司往往不斷實驗、嘗試和修正，
透過「刻意的意外」，刺激演化式的進步。

在我的想像中，比較令人滿意的說法應該是：不要將（適應良好的物種）視為天賦異稟，而是由一個通則帶來的許多小小影響累積之後，促成所有生物演化——也就是繁衍，變異，讓強者生存，弱者滅亡。

——達爾文《物種原始》，一八五九年

我們公司有些新產品的確是在偶然的情況下發明的。不過千萬別忘了，唯有當你先動起來，才會碰巧有意外的新發現。

——3M前執行長卡爾登（Richard P. Carlton），一九五〇年

失敗是我們最重要的產品。

——嬌生公司前執行長小強生，一九五四年

在檢視高瞻遠矚公司的歷史時，我們非常訝異這些公司在採取最佳行動前，多半沒有經過詳細的策略規畫，反而經常透過實驗、嘗試錯誤、隨機應變，甚至是因為意外的機運而成功。在事後諸葛眼中極為出色的策略，其實往往是碰運氣試試看或「刻意的意外」的結果，請看看下面所列舉的嬌生、萬豪和美國運通的例子。

嬌生：從賣藥到賣嬰兒爽身粉

一八九〇年，嬌生公司接到一位醫生的來信，抱怨病人敷的藥膏會刺激皮膚。當時嬌生的主要產品為抗菌紗布和醫療藥膏。嬌生研究部門主管基爾默（Fred Kilmer）立刻寄了一包義大利滑石粉，讓醫生抹在病人皮膚上，紓解不舒服的感覺。基爾默又說服公司在某些產品的包裝中附上一小罐滑石粉。令嬌生公司訝異的是，很快就有一些顧客要求單獨加購滑石粉。於是，嬌生決定單獨推出新產品「嬌生嬰兒爽身粉」，後來這種爽身粉成為全世界家喻戶曉的產品。根據嬌生的官方歷史記載：「嬌生跨入嬰兒爽身粉的生意純屬偶然。」更重要的是，嬌生從此朝消費性商品踏出一小步，後來逐步邁進，終於演變為重大的策略轉折，正式轉進消費性商品的市場，原本偶發的「意外」後來成長為占嬌生營收四四%的大生意，對推動嬌生成長的重要性不亞於醫療用品及藥物。

後來，嬌生又意外發明了另一項著名的產品。一九二〇年，嬌生員工狄克森（Earle Dickson）因為妻子老是不小心被菜刀割傷，而發明了一種立即可用的便利繃帶——在外科用的膠帶上面附加一塊紗布和特殊敷料，因此不會黏住皮膚。狄克森和行銷人員提起這個新發明，行銷人員決定把產品推到市場上測試。雖然起步緩慢，而且修改產品的過程簡直好像沒完沒了，但「ＯＫ繃」後來成為嬌生公司有史以來最暢銷的產品，而且更加堅定了嬌生跨入消費性商品的策略。

萬豪：從汽水攤到空廚服務業

一九三七年，麥瑞特開創第一家沙士汽水攤十年後，已經擁有一家連鎖餐廳，而且九家分店都很賺錢。餐廳雇用了兩百位熱誠的員工，他們都受過萬豪嚴格的顧客服務訓練，整個系統運作順暢。麥瑞特計畫接下來三年要把餐廳數目擴增一倍，新公司前途一片光明。麥瑞特和經營團隊只要專心執行餐廳擴張計畫，就會非常成功，而且一定忙得不可開交。

但是，萬豪八號餐廳卻碰到奇怪的狀況。八號餐廳位於華盛頓的胡佛機場附近，因此顧客層和其他分店不同。許多趕飛機的旅客路經餐廳門口時會停下來買餐點，然後塞在口袋、紙袋、手提包中，再匆匆上路。麥瑞特有次到八號餐廳巡視時看到這個情形，他說：「嘿，居然有這種事，客人跑進來買東西帶上飛機吃？」

分店經理解釋：「這樣的客人一天比一天多。」

根據歐布萊恩（Robert O'Brian）在《萬豪》（*Marriott*）一書中的描述，麥瑞特想了一整晚，第二天他拜訪東方航空公司，談妥一筆新生意，以後八號餐廳會用漆上萬豪標誌和字母的橘色卡車，將包裝好的餐盒直接送到機場跑道。幾個月內，萬豪的服務對象就擴展到美國航空公司（American Airlines），每天為二十二班飛機供應餐點。麥瑞特不久就指派一位經理全職負責這個新興事業，肩負在胡佛機場全面拓展市場的使命，同時還要將這項服務延伸到其他機場。因為意外的機遇而埋下的空廚服務種子，後來成為萬豪公司的重要事業，觸角延伸到一百多個機場。

萬豪並非經過冗長的會議和策略分析，才決定該怎麼辦。對萬豪而言，八號餐廳的特殊顧客群是「變異」，他們原本大可置之不理，卻選擇試驗看看——透過實際測試，看看這個「奇怪的變異」是否可能是有利的變異。萬豪迅速採取行動，掌握天外飛來的好運，逐步改變公司策略。事後回顧，會認為這真是明智之舉，但事實上，這一切不過是臨時起意的實驗碰巧奏效的結果。

美國運通：從快捷貨運到旅行支票

美國運通在一八五〇年初創時，是一家地區性快捷貨運公司（在十九世紀的美國相當於今天的優比速〔UPS, United Parcel Service〕）。一八八二年，美國運通踏出的一小步，成為後來公司戲劇性策略轉折的起點。由於當時郵政匯票愈來愈受歡迎，美國運通公司的運鈔服務（和武裝運鈔車類似的服務）生意日漸衰退，為了因應市場變化，美國運通也推出匯票。結果「美國運通匯票」出乎意料之外地成功，剛推出六個星期就銷售了一萬一千九百五十九張匯票。美國運通積極掌握機會，除了自己的據點外，還在火車站和一般商店銷售匯票，開始轉型為金融公司。

十年後，美國運通總裁法爾戈（J. C. Fargo）在一八九二年到歐洲度假，發現很難將信用狀轉換成現金，這個問題（也是機會）進一步扭轉了美國運通的發展方向。海契（Alden Hatch）在《美國運通百年史》（*American Express, 1850-1950*）中指出：

> 回國後，（法爾戈）比平常更加心事重重地跨步穿越百老匯大道六十五號的走廊……他經過自己的辦公室卻過門不入，直接走到員工貝瑞（Marcellus Berry）的辦公室，連招呼都

沒打，就開門見山地說：「貝瑞，我要兌現信用狀時，碰到很多麻煩。一脫離日常程序，這些信用狀就變得和弄溼的包裝紙一樣毫無用處。如果連美國運通的總裁都會碰到這麼多麻煩，想想看一般旅客要面對多大的困難，我們一定要想想辦法。」

貝瑞還真的想了一個聰明辦法，旅客只要在購買匯票時先簽名，在兌現匯票時再簽一次名即可。後來舉世聞名、通行全球的「美國運通旅行支票」於焉誕生。旅行支票的兌現機制為美國運通帶來意外的紅利：由於支票遺失和延後贖回的情況，美國運通每個月賣出的旅行支票比兌現的支票多，因此就產生了「現金緩衝」（cash cushion）。佛利曼（Jon Friedman）和密翰（John Meehan）在《卡之屋》（*House of Cards*）中指出：

> 美國運通無意中發明了「浮存金」（float），起初只有七百五十美元的浮存金，到了一九〇年浮存金已超過四十億美元，帶來兩億美元的收益。美國運通意外創造了國際流通的新貨幣。

最初，美國運通只不過偶然踏出了一小步，發明了旅行支票，後來卻因此將美國運通進一步往金融服務業推進。美國運通從來沒有計畫要踏入金融服務業，後來卻演變為一家金融服務公司。旅行支票也促使美國運通意外變成旅遊服務公司。事實上，法爾戈總裁曾經明令，美國運通絕不踏入旅遊業。「我們無論在什麼地方，都必須時時刻刻牢記，本公司不從事也不打算跨入旅遊業。」

儘管法爾戈三令五申，美國運通偏偏還是跨入了旅遊業。這是因為美國運通基於注重顧客服務的核心理念，早已發展出立即解決顧客問題、迅速掌握機會的行為模式，即使貴為公司執行長，都很難壓抑這樣的風氣。

一八九五年，美國運通在巴黎設立歐洲第一個旅行支票服務據點不久，每天都有許多美國旅客蜂擁而至美國運通辦公室，要求兌換旅行支票，提供收發郵件、旅遊行程、票務處理和旅遊諮詢等服務，一位極具創業精神的員工達里拔（William Dalliba）為了因應顧客需求，開始擴展公司的業務範圍。當然，達里拔必須很小心、很低調，免得觸怒法爾戈。所以他循序漸進，先試驗性地設立售票窗口，銷售遊輪艙位，然後以這個成功的實驗為踏腳石，說服美國運通成立「旅遊部」，開始銷售火車票、套裝旅遊行程和一系列旅遊服務。到了一九一二年，美國運通已經「成為一家基礎穩固的卓越旅遊公司，雖然他們自己始終不承認這點」。到了一九二〇年代初期，達里拔的實驗已經讓旅遊事業成為美國運通第二大策略支柱，重要性僅次於金融服務。

於是，美國運通透過一連串漸進式的步驟（大都是隨機應變，沒有任何偉大的計畫），演變成和創立初期的貨運公司截然不同的企業。

從物種演化看企業

我們應該如何看待從嬌生、萬豪到美國運通的例子呢？我們或許會忍不住嗤之以鼻，視之為少數例外，但我們並非只找到這幾個特例而已。惠烈特曾告訴我們，惠普在關鍵的一九六〇年代，「從來不規畫兩、三年以後的事情」，當惠普面臨策略上的分水嶺，決定跨入電腦事業時，完全沒有什麼偉大的計畫。恰好相反，一九六五年，惠普只不過為了讓電子儀器更具威力，才設計出第一部惠普小電腦，前惠普執行長楊格解釋：

> 我們基本上是私下進行這件事，甚至不稱之為電腦，而叫它「儀器控制器」。雖然我們知道電腦在未來將變得非常重要，但我們希望維持惠普在儀器界的名聲，不希望別人把我們當做電腦公司。

同樣的，摩托羅拉最初踏入精密電子業（電晶體、半導體、積體電路）也完全是無心插柳的結果。摩托羅拉在一九四九年設立鳳凰城的小實驗室時，只是為了開發電視機和收音機需要的電子零件，直到一九五五年，摩托羅拉才有意識地出於策略上的考慮，選擇踏入電子業，因為如果摩托羅拉再不開始對外銷售部分研究成果，他們將沒有足夠的財力來建造先進的工廠。

我們可以繼續列舉花旗銀行、菲利普莫里斯、奇異、索尼和其他公司的例子。請不要誤會，我們並不是指這些公司從來不規畫，但令人訝異的是，高瞻遠矚公司的許多重要行動都並非經由規畫而產生，這些案例也並非純靠運氣。不，我們發現還有其他原因。

這些激勵人心的例子令我們想到高瞻遠矚公司刺激進步的第二種型態（第一種是膽大包天的目標）：演化式的進步，而且同樣的，高瞻遠矚公司比對照公司更明顯地展現這樣的型態。以「演化」來形容，是因為這種型態的進步非常類似於生物界物種演化和適應自然環境的過程。

演化式的進步在兩方面有別於「膽大包天的目標」所刺激的進步。第一，「膽大包天的目標」刺激的進步有清楚明確的目標（「我們要攀登那座高山」），演化式的進步過程則模糊不清，充滿不確定（「我們會做各種不同的嘗試，其中總會有些碰巧行得通，我們只是沒辦法預先知道哪些行得通」）。其次，「膽大包天的目標」刺激的進步會出現非連續性的大膽躍進，演化式的進步則往往從漸進式的小步驟或突變開始，通常都靠迅速掌握意外的機會，最後演變為超乎預期的重大策略轉折。

為什麼要透過未經規畫的策略轉折來討論演化式的進步呢？原因是演化式的進步原本就是未經規畫的進步。的確，如果我們以策略分析的眼光來觀察自然界的物種，我們或許會驟下結論：大自然中的萬物都是精密計畫下的產物，因為這些物種適應得這麼好，必然是完全按照精密完善的計畫所創造出來的，否則要如何解釋這種現象呢？但是從現代生物學的觀點看來，這樣的結論很可能大錯特錯，自從達爾文提出演化論之後，生物學家逐漸明白，物種並非直接依照預先規畫好的特定形式創造出來。不只如此，而且物種演化的過程和高瞻遠矚公司適應環境的過程非常類似。

高瞻遠矚公司的變異和選擇

達爾文的偉大洞見、演化論的核心觀念為：物種的演化乃是漫無方向的變異（「隨機的基因突變」）和天擇的過程。透過遺傳變異，某些物種取得了「較高勝算」，其部分成員比較可能適應環境的要求。當環境改變時，最能適應環境的遺傳變異也比較容易「雀屏中選」

（換句話說，能適應環境的變異得以保存下來，適應不良的物種則滅亡，這就是達爾文所說的「適者生存」）。經過「天擇」而存活下來的生物其遺傳變異在基因庫中有較強的代表性，而物種也將朝那個方向演化。套句達爾文的話：「繁衍、變異，讓強者生存，弱者滅亡。」❼

現在，如果我們把某家公司（假設是美國運通）比擬為物種。早在二十世紀初，美國運通就發現傳統貨運生意已陷入困境。美國政府的管制壓抑了美國運通獨占性的費率結構，一九一三年美國郵政局推出包裹寄送服務，更與美國運通形成競爭局面，美國運通的利潤下降了五〇％，然後美國政府又在一九一八年，將所有貨運快捷事業收歸國有，整個產業為之天崩地裂。在核心事業落入政府手中之後，大多數貨運公司從此銷聲匿跡，但對美國運通而言，由於他們在金融服務和旅遊服務所做的新嘗試已通過考驗，證明是有利的「變異」，因此美國運通後來就「選擇」金融與旅遊服務為新的發展方向，走出（如今已遭淘汰出局的）傳統事業，為未來的繁榮奠下基礎。

> 我們喜歡把演化過程形容為「分枝和剪枝」。概念很簡單：如果你把這棵樹種得枝繁葉茂（變異），同時又能睿智地修剪掉枯木（選擇），那麼就很可能培養出許多健康的分枝，在不斷變動的環境中依然能蓬勃發展。

直到今天，嬌生公司仍然刻意提倡分枝和剪枝的做法。他們嘗試許多新事物，保留行得通的部分，迅速放棄行不通的計畫，並且營造高度分權的環境，鼓勵個人積極進取，容許員工實驗自己的新構想，藉此激發變異。同時，嬌生公司又設定嚴格的篩選標準。唯有確實有利可圖而又符合嬌生核心理念的新嘗試才能成為嬌生事業領域的一部分。

小強生經常把一句話掛在嘴邊：「失敗是我們最重要的產品。」他明白公司必須接受一個事實——實驗失敗乃是演化過程的一部分。事實上，嬌生歷史上不乏因為實驗失敗而忍痛割捨（剪枝）的著名案例，包括嘗試生產可樂興奮劑（以雪莉酒和可樂果萃取精製而成），以及為兒童設計的彩色石膏（當純食用染料把床單弄得五彩繽紛、醫院洗衣房一團混亂時，這個產品很快就遭淘汰出局）。年代較近的失敗案例則包括在心臟瓣膜、洗腎設備，以及異布洛芬止痛藥（ibuprofen）方面的嘗試。對嬌生公司而言，為了培養出枝繁葉茂、符合核心理念的健康樹木，就必須付出失敗的代價。雖然一路遭遇這麼多挫敗，嬌生公司在一百零七年的歷史中，卻從來不曾留下任何虧損紀錄。由於嬌生耀眼的財務績效，在外人眼中，嬌生的發展歷程彷彿由隱身幕後的策略天才精心策畫，但事實上，嬌生歷史中充斥著意外發展出來的有利結果，以及錯誤的嘗試和經常的失敗。套用嬌生執行長拉森（Ralph Larsen）在一九九二年說的話作為總結：「成長是賭徒的遊戲。」

同樣的，我們也應該從演化的觀點，而非創造論的觀點，來看沃爾瑪在一九七〇和一九八〇年代締造的驚人成就。事實上，個體經濟學教科書和MBA策略規畫課程針對沃爾瑪的成功所做的分析，總是令沃爾瑪人覺得好笑。正如同吉姆．沃爾頓（Jim Walton）所說：

❼原註：如果想要更詳細了解演化論，我們極力推薦閱讀古爾德（Stephen J. Gould）的著作，尤其是《雞有牙，馬有趾》（*Hen's Teeth and Horse's Toes*）和《貓熊的大拇指》（*The Panda's Thumb*），以及道金斯（Richard Dawkins）的著作，尤其是《盲眼鐘錶匠》（*The Blind Watchmaker*）。

每次看到有些作家把家父（山姆．沃爾頓）說成偉大的策略家，能憑直覺擬訂複雜的計畫，並且精確地執行計畫，我們全都竊笑不已。家父只是不斷在變中求勝，沒有什麼決策是神聖不可侵犯的。

的確，大多數的公司策略課程中傳授的工具都完全無法解釋沃爾瑪究竟如何發展出他們的策略競爭優勢——沃爾瑪最初如何建立起這麼「出色」的系統。事實上，沃爾瑪的系統主要是經由變異和選擇的演化過程形成，也就是：「繁衍、變異，讓強者生存，弱者滅亡」，而非仰賴任何經濟天才所擬訂的策略規畫。從沃爾頓一九四五年創立第一家店開始，就完全採取這樣的行為模式。表面上看起來，沃爾瑪似乎很有先見之明，就好像創造論者以為自然界的物種乃是精心設計下的產物，但其實正如沃爾瑪一位高階主管所說：「我們的信條是：『先做，然後修正，再嘗試。』如果你嘗試了某件事以後，結果行得通，那麼就繼續做下去；如果行不通，你就修正它，或嘗試別的事情。」

舉例來說，沃爾瑪著名的「迎賓人員」，並非什麼偉大的計畫或策略。當時路易斯安那州克羅里市（Crowley）的沃爾瑪店長對顧客順手牽羊的劣行感到很頭痛，於是他嘗試了一個新做法：請一位年紀較長、親切和善的紳士站在門口，向進出沃爾瑪的顧客致意：「嗨！你好嗎？歡迎，歡迎！如果您對本店有任何問題，請隨時告訴我。」因此誠實的顧客會覺得賓至如歸，但另一方面，卻對可能順手牽羊的顧客發出清楚的訊息：如果他們試圖偷竊商品並攜出店外，有人可是會盯著他們的。在這位店長嘗試這種做法之前，沒有任何沃爾瑪人（包括山姆．沃爾頓在內）曾經想過要這樣做，不過這個奇怪的實驗居然奏效了，而且後來還推廣到所有分店，成為標準做法，而且變成沃爾瑪的一大競爭優勢。

以沃爾瑪為例，我們可以把本章開頭引用的達爾文的話改成：

> 不要將適應良好的高瞻遠矚公司視為有先見之明和策略規畫的結果，而是由許多基本步驟帶來的小小影響累積的成果，也就是多方嘗試，把握機會，保留行得通的做法（但要符合核心理念），修正或捨棄行不通的做法。

當然我們必須很小心，不要把生物演化過程完全套用在企業身上。我們並不認為高瞻遠矚公司的一切適應和進步都完全來自於漫無方向的演化過程。當然，將企業完全比擬為物種也是不正確的。首先，企業確實有能力設定目標和規畫策略，而且我們所研究的高瞻遠矚公司的確都設定了目標和擬訂了計畫——沃爾瑪在發展歷程中，也同時追求膽大包天的目標和演化式的進步。他們運用膽大包天的目標來界定需要攀登的高山，以演化過程開創攀上高峰的途徑。奇異公司的威爾許也同樣抱持這種目標與演化並重的弔詭觀念，提區（Noel Tichy）和薛曼（Stratford Sherman）在《奇異傳奇》（*Control Your Own Destiny or Someone Else Will*）中稱這種管理觀念為「有計畫的投機主義」：

> 威爾許並非依照詳細的……策略規畫來經營事業，他認為只需要設定幾個清晰的最高目標，員工就能自由抓住他們認為能達成目標的任何機會……他是在讀完十九世紀普魯士名將毛奇（Johannes von Moltke）的論述後，腦中浮現這套清晰的「有計畫的投機主義」。毛奇

深受著名軍事理論家克勞塞維茲（Karl von Clausewitz）❽的影響，認為詳細的計畫通常會失敗，因為環境必然會改變。

其次，人類組織中的變異和選擇過程與自然界純達爾文式的演化過程不同。在達爾文理論中，物種的「選擇」乃是「天擇」，是一種完全無意識的選擇過程，最能適應環境的變異得以保存下來，最弱的變異則遭淘汰。換句話說，自然界的物種並非有意識地選擇某種變異，而是由環境來做選擇，但人類組織能有意識的選擇。而且自然界的演化除了讓物種得以生存以外，別無其他目標，也缺乏理念，但高瞻遠矚公司則刻意激發演化式的進步，以朝向符合核心理念的理想目標邁進，我們稱之為「有目的的演化」。

當然，所有公司或多或少都經過演化而來，無論是否經過刻意刺激，都會發生演化的過程。無論對個人、對組織或對整個經濟體系而言，現實世界中都充斥著各種影響生命發展軌跡的偶發事件，然而很重要的是，高瞻遠矚公司會更積極地促成演化的力量，因此本章的重點為：

> 如果充分理解並刻意激發演化過程，演化過程或許能成為刺激進步的有利機制，高瞻遠矚公司在這方面的著力更深，遠甚於對照公司。

當然，有目的的演化並非高瞻遠矚公司刺激進步的唯一方式，也並非所有的高瞻遠矚公司都廣泛運用這種方式。有些公司例如波音、ＩＢＭ和迪士尼，比較仰賴膽大包天的目標所刺激的進步（畢竟很難以漸進方式建造出波音七四七客機）。其他公司，例如默克藥廠、諾斯壯、菲利普莫里斯等，則比較依賴持續的改善，我們在後面章節會詳細討論。儘管如此，無論這些公司採取哪一種做法，在十八個對照組中，有十五個高瞻遠矚公司在運用演化力量上，著力比對照公司深（請參見附錄三的表A.7）。

「明尼蘇達的突變機器」——3M

採訪惠普創辦人惠烈特時，我們問他，有沒有哪一家公司是他極力推崇、視之為榜樣的公司，惠烈特毫不猶豫地回答：「3M！毫無疑問，你永遠不知道他們接下來會推出什麼新產品。最妙的地方是，可能連他們自己都不知道接下來會推出什麼新產品。但即使你永遠無法預測3M的下一步是什麼，你知道他們始終都會非常成功。」我們同意惠烈特的說法。的確，如果我們必須拿自己的生命下注，打賭本研究中哪家公司在未來五十年或一百年能因應外界變動，持續成功，我們會押注在3M公司上。

十分諷刺的是，3M剛創立時簡直一敗塗地。當最初創業構想——開採金砂失敗的時候，3M遭到致命的打擊（請參見附錄二），這家小公司努力摸索了好幾個月，希望能找到新出路，想出任何行得通的點子都好。根據塔克（Virginia Tuck）在《領導品牌：3M的故

---

❽ 編註：克勞塞維茲是普魯士將軍，軍事理論家。他留下的大量資料在死後整理成《卡爾・馮・克勞塞維茲將軍遺著》，共十卷，著名的《戰爭論》是前三卷，後七卷為戰史戰例。

事》（*Brand of the Tartan—The 3M Story*）中的描述：

在一九〇四年寒冷的十一月裡，董事每個星期都開會討論解決方案。創辦人決心不放棄（公司），幸運的是，員工也抱著同樣的想法。為了讓公司繼續營運下去，每個人都或多或少做了一點犧牲（包括有的人暫時不支薪）。

最後，董事會同意一位投資人提出的建議，3M應該放棄採礦，轉而製造砂紙和砂輪。否則的話，他們要拿礦場那些無法使用的便宜礦砂怎麼辦呢？所以，3M並非經過審慎規畫，而是在絕望中放棄了採礦事業，改變策略成為研磨材料製造商。

建立組織的偉大造鐘者

從一九〇七到一九一四年，3M碰到嚴重的品質問題、利潤微薄、庫存過多，還面臨現金流量不足的危機。但是年輕而充滿書卷氣的會計師麥克奈特當時轉任銷售經理，在他默默推動下，3M嘗試了各種產品改善方法，而得以勉強存活下來。

一九一四年，3M拔擢當時才二十來歲的麥克奈特為總經理。麥克奈特是天生的造鐘者，他很快在角落開闢了寬一．五公尺、長三公尺的儲藏室，投資五百美元在裡面裝設了水槽和膠水槽來做實驗和測試，因此建立了3M第一座「實驗室」。3M以人工礦砂做了幾個月實驗後，推出了一種非常成功的新研磨砂布，叫做「Three-M-Ite」，有了這個產品以後，3M開始獲利，而且Three-M-Ite在發明了七十五年後，迄今仍列在3M的產品目錄中。

麥克奈特雖然外表害羞低調，卻充滿好奇心，永無止境地追求進步，經常一星期工作七天，推動羽翼未豐的3M公司向前邁進，不斷尋找各種適合3M的新機會。舉例來說，一九二〇年一月，麥克奈特打開一封不尋常的信，信的內容是：

> 請將貴公司製造砂紙時使用的各種規格的礦砂樣品寄給費城的油墨、銅粉和金色油墨製造商歐奇（Francis G. Okie）。

3M並不賣原料，所以這裡面沒有生意可做。但當時麥克奈特正在尋找能推動公司成長的新構想，這件事挑起了他的好奇心，於是麥克奈特問了一個簡單的問題：「歐奇先生為什麼需要這些樣品？」

3M因此意外找到了公司有史以來最重要的產品，因為歐奇先生發明了一種革命性的防水砂紙，對全世界的汽車工廠和油漆店都有莫大用處（順帶提一下，歐奇先生寫信給無數的礦業公司和砂紙公司索取樣品，但除了3M之外，沒有一家公司問他為什麼需要這些樣品）。3M很快買下這項技術，並開始銷售這種「乾溼兩用」（Wetodry）砂紙。

但3M買下的還不止技術而已，的確，整樁交易中最寶貴的部分並非乾溼兩用砂紙。致力於建立卓越組織的偉大造鐘者麥克奈特並非只是簽訂協議，然後向歐奇道謝就算了，他雇用了歐奇！於是歐奇關掉了他在費城開的小店，搬到聖保羅市，直到十九年後歐奇退休之日為止，他一直是3M開發創新產品的要角。

迸發新枝，修剪舊枝

3M早期幾乎關門大吉的經驗令麥克奈特記憶深刻。因此他希望3M為了自我保護，能在內部發展出充分的變異：

我們公司最初（失敗的礦場）把所有的雞蛋都放在同一個籃子裡……透過開發多樣化的產品……貿易戰爭不可能一下子衝擊到所有的產品，我們至少會有部分生意始終都能獲利。

但從雇用歐奇的決定就足以顯示，麥克奈特並不希望完全靠一己之力，來推動公司演化和擴張。他希望他所建立的組織乃是由積極進取的員工來推動公司前進，並不斷自我突變。3M人多年來再三複誦的句子正反映了麥克奈特的作風：

「注意聆聽有原創精神的人所說的話，無論他的創意乍聽之下有多荒謬。」

「多鼓勵，少挑剔，讓員工自由發揮創意。」

「雇用優秀人才，然後就放手讓他們做事。」

「如果你用籬笆把員工圍起來，你得到的只是溫馴的羊群。必須給員工充分的空間。」

「鼓勵員工多方嘗試，自由實驗。」

「不妨試試看——而且要快一點試！」

麥克奈特直覺理解到，鼓勵個人積極進取將激發漫無方向的變異，推動演化式進步。他也明白並非所有的變異都是有利的：

（當你讓員工自由發揮，鼓勵他們自動自發時）他們一定會犯錯，但……就長期而言，他們犯的錯不會比採取權威式管理、只要員工聽命行事的主管所犯的錯嚴重。如果管理階層在員工犯錯的時候嚴厲斥責，將扼殺員工積極主動的精神。因此公司如果要繼續成長，很重要的是，必須公司內部有許多人都積極進取、自動自發。

事實上，3M第一次試圖超越砂紙的範圍，進行自我突變，是一九二四年進軍汽車打蠟用品和亮光劑市場，結果鑄下大錯，而且代價昂貴。3M後來中止了這條生產線。

但3M第二次突變卻非常成功。在麥克奈特所營造的「不妨試試看」氛圍中，名叫卓爾（Dick Drew）的年輕員工在拜訪客戶的時候（一家汽車烤漆店），無意中聽到烤漆店的員工粗魯地叫罵三字經。當時非常流行為汽車噴雙色漆，但是拿一般膠水和膠帶來分隔兩種不同顏色的油漆，卻效果不佳，結果在車身留下難看的汙漬和歪七扭八的線條。「難道就沒有人可以給我們一些有用的東西嗎？」油漆工咆哮。整個油漆店都聽得到他的怒吼聲。

3M來的訪客回答：「我們可以！我敢說，我們一定有辦法在實驗室裡把東西修改一下，做出簡單易用的遮蔽膠帶。」

不過卓爾發現，3M的實驗室中沒有現成的產品可用，所以他就像典型的3M人一樣，自己發明了3M遮蔽膠帶。為了因應這個表面上看來是問題的機會（3M歷史上出現過幾千次類似的狀況），3M終於踏出研發新產品的第一步，不再仰賴砂紙。五年後，有一些公司主動和3M接觸，問他們有沒有防水包裝膠帶，於是卓爾以遮蔽膠帶技術為基礎而發明的新產品——思高牌透明膠帶，後來成為全世界家喻戶曉的產品。

思高牌膠帶並非精心計畫下的產物，一九二〇年的時候，沒有任何3M人料到，到了一九三〇年代中，透明膠帶會成為3M最重要的產品線。思高牌膠帶是在麥克奈特營造的組織氛圍中自然產生的新產品，而不是精心策劃的結果。

不過，比思高牌膠帶的產品本身還重要的是，3M將發明思高牌膠帶的演化過程制度化。當時擔任研究主任、後來曾任總裁的卡爾登早在一九二五年，就已經將這種「變異和選擇」策略納入3M的技術手冊：

> 對於新構想，（我們）必須擬訂產生構想和測試構想的流程……每個發展中的構想應該都有機會證明其價值，原因有二：第一，如果這個構想很好，那麼我們會需要它；其次，如果這個構想不好，那麼我們等於買了保險，因為已經證明構想不可行，所以也就心安理得，不必再煩惱了。

卡爾登還增加了兩個評估和選擇構想的重要標準——以核心理念為基礎的標準。首先，必須是新的構想才能雀屏中選；因為3M只希望選擇創新的構想。第二，構想必須能滿足明確的需求，能解決實際的問題。任何創新如果無法「轉換為有用的產品和製程」就引不起

3M的興趣。

有趣的是，3M並非僅根據市場規模來選擇創新。3M的信條是「做一點，賣一點」和「每次跨一小步」。他們深知偉大的產品往往從小東西演變而來，但由於你無法預知哪些小東西會變成偉大的產品，因此必須做許多小小的嘗試，把行得通的小東西保留下來，捨棄行不通的構想。他們奉行「一個簡單的原則，沒有任何市場或產品是微不足道的」。3M的政策是，容許員工為了因應問題或構想而迸發「新枝」。大多數的新枝很可能半途夭折，無法開花結果，但任何時候，新枝只要展現潛力，3M都會讓它有機會成長茁壯，甚至長成大樹。3M刻意採取這種分枝的做法，因此有時候甚至以「樹狀圖」來描繪產品線（圖7.A是其中一個例子）。

3M故事的美妙之處在於3M公司超越了麥克奈特、歐奇、卓爾、卡爾登和3M草創時期的所有人物。他們創辦了一家會持續演化的公司——一部突變機器，無論執行長換誰來當都沒差。雖然3M領導人永遠無法預測公司未來將會走向何處，但他們絲毫不懷疑3M可以走得很遠。3M成為一個不停滴答、噹噹、嗡嗡、喀喀、鏘鏘作響的時鐘，裡面有無數協調一致的具體機制，來刺激持續性的演化式進步。請參看表7.1的說明。

在這些機制推動下，到了一九九〇年，3M已經推出六萬多種產品，成立了四十個產品事業部，產品範圍橫跨屋頂建材、公路反光標誌、錄影帶、投影機、電腦磁碟、生化電子耳和3M利貼便條紙。

3M的公司理念是：你往往是因為偶然的發現而得到今天的成果，但是唯有先動起來，才會碰到意外的新發現，而無所不在的利貼正提供了另外一個好例子。發明利貼的富萊

圖 7.A　3M 公司部分產品的分枝演化樹狀圖

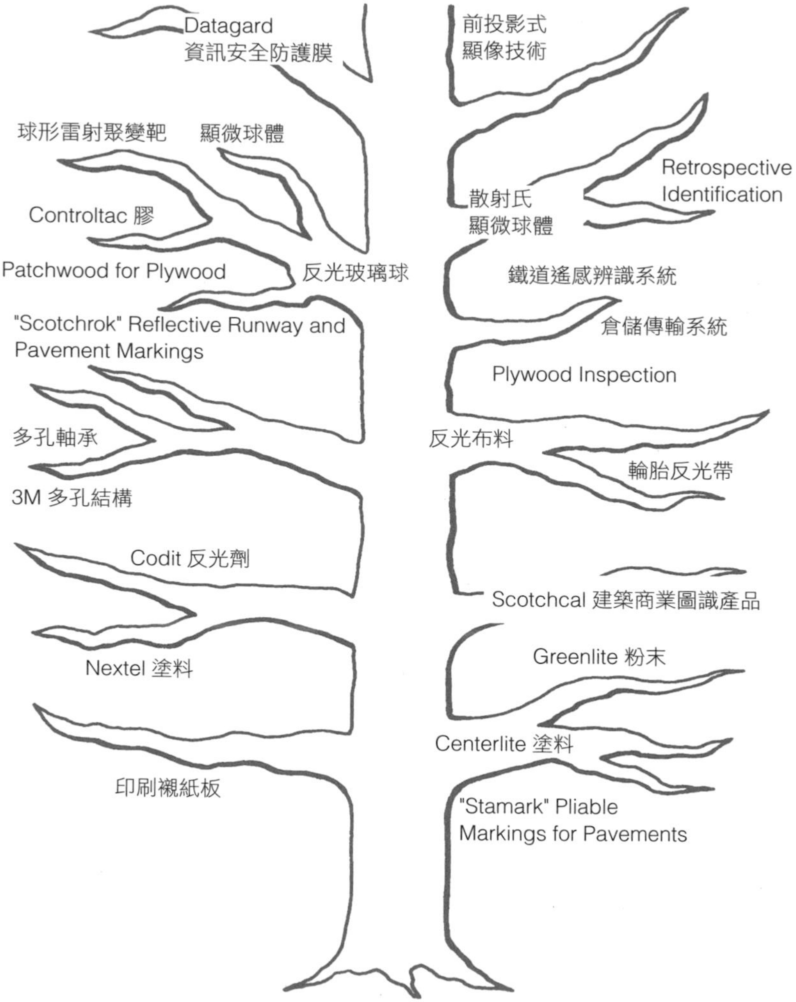

* 在 3M 的官方歷史文獻中，記錄了 1970 年代中期 Scotchlite 反光布技術的產品演化（圖中英文部分為尚未有正式中文翻譯者）。

（Art Fry）形容：

一九七四年有一天，我在教會唱詩班唱聖詩的時候，突然福至心靈。每次做禮拜的時候，為了比較容易找到我們要唱的聖詩，我都把小紙片插在歌譜中標示（但小紙片常常在不該掉的時候飛出來，令我抓狂）。我心想：「如果在這些書籤上塗一點黏膠，應該就對了。」所以我決定查一查……席爾佛（Spence Silver）的膠水。

席爾佛運用十五%的規定，並且奉行「胡亂試驗看看」的原則，在實驗室中把一些化學品混在一起，「看看會有什麼變化」，因而發明了與眾不同的膠水。他解釋：

發明利貼黏膠的關鍵就在於做實驗。如果我事先盤算過，思考過，我根本不會做這個實驗。如果我當初認真翻書，好好研究一下文獻，我也會早早停止研究。因為技術文獻裡有一大堆例子，告訴你不能這樣做。

3M主管尼可森（Geoffrey Nicholson）針對這個有點混亂的流程指出：「（導致利貼發明的）許多事情都是意外。」但如果不是富萊周遭環境中許多人都會拿十五%的時間來試驗古怪的黏膠，那麼他不可能發明這個新產品。而且如果富萊和席爾佛的工作環境不鼓勵堅持到底的精神——如果初步的市場調查顯示產品將慘遭失敗後，3M就禁止他們繼續研究這個瘋狂的構想，那麼3M利貼也不會發展為成功的商品。這正是3M故事的重點所在：

表 7.1　3M 刺激進步的機制

3M 刺激進步的機制（1）	
15%的規定 3M 行之多年的傳統，鼓勵技術人員把 15%的時間花在自己選擇和主動提出的研究計畫上。	激發未經規畫的實驗和變異，或許會從中出現意料之外的成功創新。
25%的規定 每個事業部都必須有 25%以上的營業額來自過去五年內推出的產品和服務（從 1993 年開始，改為 30%來自於過去四年內推出的產品和服務）。	激勵各個事業部持續開發新產品（例如 1988 年，3M 的 106 億美元營收中，有 32%來自於前五年推出的新產品）。
金階獎 頒發給在 3M 內部成功開創新事業的員工。	鼓勵內部創業，激發冒險精神。
創世紀補助金 3M 的內部創投基金，研究人員最多可獲得五萬美元的補助金來開發產品原型，進行市場測試。	支持內部創業和試驗新構想。
分享技術獎 頒發給開發出新技術並成功與其他事業部分享技術的員工。	鼓勵員工在企業內部散播新技術和新構想。
卡爾登協會 為技術性榮譽社團，獲選加入會員即為莫大肯定，代表這位 3M 人曾開發出原創性技術，並有傑出貢獻。	刺激新技術的發展和創新。
擁有自己的事業 成功推出新產品的 3M 人有機會（視產品銷售額多寡）主持自己的專案、部門或事業部。	鼓勵內部創業。

（續下頁）

3M 刺激進步的機制（2）		
雙軌並行的事業發展管道 技術人才和專業人員不必為了升遷而犧牲自己在研究或專業上的興趣。		容許頂尖專業人才和技術人才不需要「當主管」也能升上去，因此刺激創新。
設立新產品論壇 讓所有事業部分享最新產品相關資訊。		激發跨部門的新構想。
設立技術論壇 3M 人可以在論壇中發表技術論文，交流新想法和新發現。		刺激新構想、新技術相互激盪，開花結果。
解決問題任務小組 直接派遣任務小組到現場解決客戶各種稀奇古怪的問題。		藉由顧客問題來刺激創新，因為新機會往往從顧客的問題中萌芽，不斷複製 3M 在 1920 年代意外發明遮蔽膠帶的過程。
高衝擊計畫 每個事業部都選擇一至三個短期內優先推出上市的產品。		加速產品開發到推出上市的週期，因此增進演化過程中的「變異和選擇」循環。
自主營運的小單位 1990 年，3M 有四十二個產品事業部，每個事業部平均年銷售額大約 2 億美元，工廠分布於四十個州，大都位於小鎮，中等規模的工廠員工人數為 115 人。		營造「大公司中的小公司」氣氛，激發個人進取心。
很早採取利潤分享制 1916 年針對核心員工推出利潤分享制度，1937 年幾乎擴及所有員工。		令員工感覺自己投資於公司的整體財務和成功，因此激勵員工更加努力，自動自發。

雖然利貼的發明或多或少是偶發的意外，但營造能容許意外出現的環境絕非偶發的意外。

原地踏步的諾頓公司

和3M不同的是，諾頓公司有很好的創業概念，而且從一開始就賺錢，創立十五年後，諾頓最初投入的資金價值已經高漲十五倍（請參見附錄二）。一九〇二到一九一四年，當3M還在為生存掙扎時，諾頓已經穩居黏合研磨產品業的龍頭寶座，每年都交出耀眼的財務績效。一九一四年，諾頓的規模已經是還在辛苦掙扎的3M十倍，獲利更遠遠高於3M。

不過即使早期表現出色，諾頓卻無法跟上3M這部「恆動機器」的腳步。3M的規模和獲利能力都逐漸超越諾頓，請參見表7.2。

為什麼會發生這樣的事情呢？諾頓為什麼會逐步喪失看似無法超越的領先優勢，輸給明尼蘇達州一家失敗的礦業公司？

諾頓是在一九一四到一九四五年這段期間，種下了失敗的種子。當時3M開始推行鼓勵個人積極進取和自由實驗的管理措施，諾頓卻沒有任何具體機制來激勵實驗精神和未經規畫的演化。當3M充滿衝勁，不斷追求進步時（「不妨試試看，而且快一點試！」），諾頓卻變成一家高度集權而且官僚的公司，主要特色是「例行公事和停滯不前」。當3M積極掌握機會，推出防水砂紙和思高牌膠帶時，諾頓卻明文規定，不鼓勵員工偏離傳統產品線，追求新機會。一九二八年，諾頓有八成五的銷售額和九成的利潤都來自早在二十五年前就推出的砂

表 7.2

規模比較（年度營收）	3M（千美元）	諾頓（千美元）	比率：3M／諾頓
1914	264	2,734	.10
1929	5,500	20,300	.27
1943	47,200	131,300	.36
1956	330,807	165,200	2.00
1966	1,152,630	310,472	3.71
1976	3,514,259	749,655	4.69
1986	8,602,000	1,107,100	7.77
1990	13,021,000	諾頓遭到收購	諾頓遭到收購
獲利率比較（1962-1986）			
資產報酬率	34.36%	17.72%	1.94
股東權益報酬率	23.22%	11.25%	2.06
銷貨報酬率	20.27%	9.42%	2.15

輪產品線。正如同諾頓公司的研究科學家所描述：

> 雖然我們也會談論應該研究截然不同的新產品，然而公司幾乎把所有的心力……都放在……製造出更好的砂輪上……你想研究什麼都可以，只要你做的東西是圓的，而且上面有個洞。

一九四〇年代末期和一九五〇年代，3M開始將諾頓遠遠拋在後面。當3M將權力下放，推出各種措施，持續激發演化式進步時，諾頓依然保持中央集權，把經營重新放在削減成本，提高效率上。一九四八年，3M已經分出七個獨立的事業部，研磨產品只占不到三成營收，而諾頓的營收仍然將近百分之百來自傳統的研磨產品線。當3M的思高牌膠帶產品系列帶來大筆現金，可以資助Scotchlite反光布和熱感傳真影印技術等有趣的新產品開發，諾頓的研磨產品面對的卻是成長停滯、產能過剩、削價競爭、利潤下降的成熟市場。

一九五〇年代末，諾頓稍稍嘗試了一下多角化發展，但是由於缺乏資源，也缺乏體制內的誘因，因此發展並不順利。有趣的是，諾頓一度想追隨3M的腳步，生產膠帶，在一九五七年推出透明膠帶（已經落後3M二十七年），但3M的思高牌已經建立起牢不可破的地位，根據諾頓銷售經理的說法：「我們從來不曾（像與思高牌競爭）傷亡這麼慘重。」

一九六二年，3M的營收已是諾頓的三倍，獲利率是諾頓的兩倍。此外，3M的事業單位包羅萬象，包含了像膠帶這種獲利穩定的搖錢樹，像思高潔（Scotchguard）布料保養劑和錄音帶這種高成長事業，還有像微縮影片和傳真這類新市場，但諾頓的銷售額仍有七成五來自傳統研磨產品。更重要的是，3M的突變機器全速啟動，確保3M公司在邁向未來的道路上，會不斷碰到數以千計的新機會。相反的，諾頓卻原地踏步（銷售額維持二%的低成長，獲利則停滯不前），沒有任何追求進步的驅動力，也沒有刺激進步的具體機制。奇普（Charles W. Cheape）在敘述諾頓歷史時寫道：

一九六〇年代，諾頓經營團隊的主要功能只是保住現有的微薄利潤，同時也保住（賣掉公司的）可能性。

諾頓的股票本益比和3M及金剛砂公司（Carborundum）相較之下，節節敗退，為了因應這個危機，諾頓決定效法3M，致力於多角化和追求進步。但是和3M不同的是，諾頓並非透過演化過程達成目標，而是靠公司策略規畫和藉由購併而多角化。事實上，諾頓成為波士頓顧問公司（Boston Consulting Group，簡稱BCG）的第一批重要客戶，篤信BCG的「組合管理」模式❾。諾頓沒有設法刺激內部進步，而只是想辦法買到進步。《富比士》雜誌形容：「諾頓經營公司的方式幾乎就和大多數投資人管理投資組合的方式一樣。」

的確，當我們比較3M和諾頓時，最大的諷刺在於，3M的事業單位「組合」一向為所有以策略規畫見長的顧問公司豔羨不已。3M的組合彷彿是完美計畫下的產物（就好像造物

❾原註：所謂「組合管理」是在市場占有率和市場成長率矩陣中，將事業部區分為矩陣上的「金牛事業」、「明星事業」、「問題事業」、「苟延殘喘事業」四大類別。企業可以根據這種分類方式來投資、收購和撤資。

主創造出來的完美物種一樣），但其實3M的多角化事業主要是透過變異和選擇的過程自由演化而來。3M的例子正好顯示出採取創造論的策略規畫觀點，很容易混淆了「原因」和「過程」。

如果我們將3M的事業單位組合排列在策略規畫矩陣上，我們很容易就可以了解為什麼3M會這麼成功（「只要看看那些金牛和策略明星就好了！」），但這個矩陣完全無法說明這個組合最初究竟是如何成形的。

一九七〇和一九八〇年代，3M繼續鼓勵個人積極進取，朝向嶄新（而且通常意外）的領域推進。反之，諾頓則依賴顧問公司交給他們的研究報告和規畫模型來制定決策。由於容許像席爾佛這樣的員工意外地（而非透過精心策畫）開創新市場，3M得以不斷刺激進步。諾頓的總裁則聲稱「規畫必須變成我們的生活方式」。3M鼓勵「玩科學」；諾頓的經營階層則形容他們的策略規畫方式為「起源於軍事規畫」。3M主要是從員工自發的研究所創造的豐碩果實中，選擇最佳的漸進式發展機會，進行多角化；諾頓則把重心放在收購其他公司，「因為（內部）技術和研究資源只能提供有限的機會。」

最後，3M一九九〇年的銷售額已經超過一百三十億美元，並且推出數以百計的創新產品，諾頓卻成為惡意收購的目標，無法繼續獨立存在。

給企業家和經理人的忠告

如果把3M當做演化式進步的最佳藍圖，以下為高瞻遠矚公司刺激演化式進步的五個基本教訓：

一、「**不妨試試看——而且要快一點試！**」3M的營運模式和諾頓截然不同，3M的做法是：有疑慮的時候，要設法多樣化，改變，解決問題，掌握機會，實驗，嘗試新方法（當然，必須符合核心理念）——即使你無法預料會有什麼結果。想辦法做點事情。如果這件事失敗了，就試試別的。嘗試、落實、調整、行動。無論如何，都不要呆呆坐著不動（尤其在因應意外的機會或顧客的特殊問題時）。積極的行動往往能創造變異。如果麥克奈特沒有問歐奇為什麼寄信來索取礦砂樣品，如果卓爾沒有衝動地答應顧客要解決上雙色漆的問題，如果席爾佛沒有進行教科書認為行不通的實驗，或如果富萊沒有試圖解決在教會唱聖詩時翻歌譜碰到的問題，以此類推其他千千萬萬個「如果」可能的情況，那麼3M就不會是一家高瞻遠矚的公司。

二、「**接受必然會犯錯的事實**」。由於無法預知哪些變異會是有利的變異，因此必須接受錯誤和失敗乃演化過程不可或缺的一部分。假如3M因為汽車蠟生意失敗，而嚴懲歐奇和卓爾（甚至開除他們），那麼3M可能就不會發明思高牌膠帶。要記住達爾文的重要警語：「繁衍，變異，讓強者生存，弱者滅亡。」為了擁有健康的演化過程，你必須充分嘗試（繁衍）不同型態（變異）的各種實驗，保留行得通的產品或做法（讓強者生存），捨棄行不通的做法（弱者滅亡）。換句話說，如果沒有經歷一連串實驗失敗，就不可能產生生氣勃勃的自我突變系統——不可能產生3M之類的公司。3M前執行長勒爾（Lewis Lehr）表示：「如果其中真有什麼祕密，就是一旦曉得怎麼做會失敗，就趕緊拋棄失敗的做法……但即使是失敗的作品，在某些方面仍然有其價值……你必須經過一番努力，才能從成功的經驗中學習，但要從失敗中學習，可就容易多了。」別忘了本章開頭嬌生公司的弔詭觀點，對這家一百零七年來從無虧損紀錄的百年企業而言，要培植出枝葉茂密的健康大樹，都必須付出失敗和錯誤的代價。同時，也請記住討論教派文化的第六章所提供的教訓：高瞻遠矚公司會容忍錯誤，但不會容忍「罪過」。換言之，絕對不可違背公司核心理念。

三、**「先踏出小步」**。當然，企業比較容易容忍實驗失敗，因為畢竟實驗只是實驗，而不是大規模的經營失敗。千萬別忘了，漸進的小步驟累積起來將形成重大策略轉折的基礎。麥克奈特給歐奇的簡單回信導致了防水砂紙的發明，打開了汽車業的大市場，因此才有後來卓爾的遮蔽膠帶和隨後發明的思高牌透明膠帶，因此又引發了錄音帶的發明等。如果你想促使公司改變重大策略，那麼或許你應該嘗試「漸進式的革命」，借助看得見的小成功所發揮的力量來影響公司整體策略。的確，如果你真的想進行重大變革，或許最好的方法是，只要求公司准許你「做個實驗」。還記得美國運通在金融服務上採取的漸進式步驟後來成為公司的重要策略支柱，還有達里拔如何利用小實驗逐步將公司改頭換面成旅遊服務公司。要記得「分枝和剪枝」的圖像，或索尼的井深大採用的「種子和果實」圖像，他所傳達的概念是：特殊的小問題往往能開啟大好機會。

四、「給員工充分的空間」。和諾頓比起來，3M提供員工更大的營運自主權，權力也更分散——要促進未經規畫的變異，這是關鍵步驟。當你給員工充分的發揮空間時，你無法準確預測他們會做什麼，這是好事。3M完全不知道席爾佛、富萊和尼可森會怎麼運用他們的一五%「自由時間」。事實上，在本研究的十八個對照組中，其中十二組的高瞻遠矚公司比對照公司更徹底實施分權式管理，也給員工更大的自主權（有五組高瞻遠矚公司和對照公司不分軒輊）。針對這個教訓，我們增加了一個推論：必須容許員工堅持到底。雖然利貼小組無法說服3M人他們發明的古怪黏性便條紙有何可取之處，但始終也沒有人叫他們住手、不要再研究這個東西了。

五、「**機制就是造鐘**」。3M故事的美妙之處在於麥克奈特、卡爾登和其他人將上述四點轉換成協調一致的具體機制，以刺激演化式進步——諾頓則從來不曾這麼做。回顧一下3M的各種機制，注意一下這些機制的內容是多麼具體，如何傳達出一致的訊號，而且威力是多麼強大。如果你負責掌管某個3M事業部，那麼你最好達到三〇%新產品的目標；假如你想成為3M的技術英雄，你最好和其他部門分享技術；如果你想獲得金階獎，成為創業英雄，你必須開創出有實際產品、令顧客滿意、且能獲利的成功新事業。單單有很好的意圖不足以成事。3M並非只是找來一群聰明人，把他們聚集在一起，看看會發生什麼事。3M其實是在旁邊煽風點火，拚命攪拌。

我們發現，經理人通常低估了第五個教訓的重要性，無法將自己的意圖轉換為具體機制，誤以為只要設定正確的「領導基調」，員工就會實驗和嘗試新事物。不！單單這樣絕對不夠，必須擬訂能持續刺激和增強演化行為的具體措施才行。要讓時鐘持久不斷地滴答、噹噹、嗡嗡、鏘鏘作響。

反面教材——不該做的事情

我們也找到許多反面教材，顯示對照公司在歷史發展的關鍵階段，如何積極壓制演化式進步。

大通銀行。一九六〇和一九七〇年代，大通銀行在控制欲極強的大衛·洛克菲勒統治下（當時被稱為「大衛的銀行」）瀰漫著恐懼氣氛，經理人多半時間都在開會，而不是在制定決策或採取行動。大通銀行經理人的心態是：「吁！又過了一天，幸好我沒惹上什麼麻煩。」即使到了一九八〇年代末，許多大通銀行高階主管仍然不願嘗試新構想，因為「大衛可能不喜歡」。相反的，花旗銀行在這段期間「公司結構鬆散，但混亂中充滿創造力……是個適者生存的企業環境」。才華出眾的員工往往因為提出創新構想而獲得重賞。

寶羅斯。在電腦工業早期發展的關鍵時期，寶羅斯總裁邁克唐諾扼殺員工的進取心。他幾乎趕走了所有喜歡實驗的人才，公開羞辱犯錯或失敗的經理人。邁克唐諾「每天都需要證明自己才是老闆」，他獨攬大權，產品經理「幾乎直屬於他的辦公室」。邁克唐諾非但沒有（像3M那樣）將顧客的問題視為演化的機會，反而因為有辦法令顧客「敢怒而不敢言」而沾沾自喜。即使在一九六〇年代初期，寶羅斯的電腦技術已經領先ＩＢＭ，邁克唐諾卻禁止經理人掌握世紀最大商機。

德州儀器。在執行長哈格帝領導下，德州儀器在一九五〇和一九六〇年代就已經是一家實至名歸的高度創新公司，在哈格帝創造的工作環境中，各種想法和創意會從公司最基層冒出來。但哈格帝的接班人薛普（Mark Shepard）和布西（Fred Bucy）卻扭轉了德州儀器的文化，實施由上而下的專制統治，透過恐懼和威嚇，令德州儀器的創業精神蕩然無存。假如他們在聽簡報時，有什麼地方看不順眼，他們會打斷報告人，說：「胡說八道！如果你只有這些廢話可說，那麼我們不要聽。」他們會大吼大叫，拍桌子，丟東西。一位前德州儀器主管形容：「(薛普和布西）對員工沒有信心……他們大幅削減低階主管的權力，掌控權大半都轉移到總公司手中。產品提案改了又改，沒完沒了，最後，你拿到的產品明明是方形木樁，他們卻要你把它放進市場的圓洞中。」在一九七〇年代末和一九八〇年代，德州儀器不再名列美國聲望最高的公司，並且虧損累累，而惠普卻始終備受推崇，甚至利潤豐厚。

固守根本？堅持核心！

畢德士（Tom Peters）和華特曼（Robert H. Waterman）在一九八二年出版的名著《追求卓越》（*In Search of Excellence*）中提議要「與根本事業緊密結合」，意思是「能堅持做內行的事的公司比較容易表現卓越」。表面上看來，這樣的說法並不符合我們在本章提出的演化觀點。的確，如果3M將它的本業定義為採礦或砂紙，那麼3M就不可能演變出今天的面貌——我們在撰寫本書時也就無法有絕妙的利貼便條紙來幫助我們將資料整理得眉目清楚。從我們的角度來看，還真要感謝3M沒有固守本業！而且諾頓比3M更緊密地固守本業，結果請看看諾頓的下場如何。增你智也比摩托羅拉固守本業（電視機和收音機）——結果卻日漸衰落；嬌生公司剛推出嬰兒爽身粉時，毫無銷售消費性商品的經驗；萬豪進軍旅館業時，和旅館業毫無淵源；惠普在一九六〇年代推出第一個電腦產品時，並非專業的電腦公司；迪士尼創辦迪士尼樂園時，對於如何經營主題樂園毫無概念；IBM踏入電腦業之前，從未涉足電子業；波音打造七〇七噴射客機之前，也完全沒有製造過商用客機；假如美國運通只知道固守貨運本業，很可能早已銷聲匿跡。

我們並不是說，演化式進步就等於恣意多角化發展，或者甚至認為專注本業的策略不對。例如，沃爾瑪直到今天仍然只專注於一個行業——折扣零售業，卻能在狹隘的單一產業中不斷刺激演化或進步。但我們也不認為「固守根本」的觀念毫無意義。真正的問題在於：高瞻遠矚公司的「根本」究竟為何？我們的答案是：公司的核心理念。

保存核心／刺激進步

因此，針對前面的五個教訓，我們必須再增加第六個教訓：在刺激演化式進步的同時，千萬別忘了保存核心。要記住，演化過程包含了變異和選擇。在3M這樣的高瞻遠矚公司裡，選擇包含了兩個重要問題。第一個問題很實際：這樣行得通嗎？但第二個問題也同樣重要：是否符合核心理念？

自從麥克奈特的時代以來，3M一直試圖以創新方式來解決人類實際碰到的問題——這就是3M所從事的事業。所以任何3M的變異都必須創新、有用，而且可靠（3M核心理念的關鍵要素），才會有機會雀屏中選。當然沒有任何3M人會阻止席爾佛把十五%的自由時間花在他那有點黏、又不太黏的古怪黏膠上。但同樣重要的是，直到席爾佛把黏膠拿來解決富萊的聖詩歌譜問題，向其他3M人證明這種奇怪的小便條紙確實有用，而且生產品質和可靠度都能符合3M標準之後，3M才選擇將這個突變的黏膠用在新產品上。在3M公司，你不可能因為開發和別人雷同的產品，而贏得「創世紀基金」。如果沒有原創性的技術貢獻，你不可能成為卡爾登協會的一員。如果你的產品到了顧客手中，品質不可靠，經常出問題，那麼你休想繼續擔任事業部主管。就一家一百三十億美元的大企業而言，3M不遺餘力地刺激進步，但同時也堅持保存核心。

同樣的，如果沃爾瑪的新嘗試無法為顧客增加價值，就不會雀屏中選。如果嬌生公司的新枝違反了公司信條，就會遭到修剪。如果惠普的行銷經理興致勃勃地打算開拓新生意，但新生意卻不會帶來技術上的貢獻，那麼就很難得到公司的支持。如果萬豪的新發展機會將偏離「讓遠離家園的人感覺置身於朋友之間，而且備受關懷」的目的，他們就會另外尋找商機。如果索尼播下的「種子」，結果只長出技術平庸、品質低劣的「果實」，那麼索尼會改播其他種子。

在高瞻遠矚公司突變和演化的過程中，核心理念是凝聚和指引的力量。3M經過一再突變，早已是事業部眾多的大企業，但我們仍然在3M看到高度的凝聚力。的確，3M人對公司向心力之強，就好像我們在寶鹼、迪士尼和諾斯壯看到如教派般的忠誠一樣。惠普、摩托羅拉和沃爾瑪的情況也如出一轍，和3M同樣一方面不斷突變，另一方面堅守核心理念。

就好像自然界的物種在不斷變異、演化的過程中，遺傳密碼始終不變，高瞻遠矚公司歷經各種變動之後，核心理念也始終如一。的確，正因為這些固定不變的指導原則和理想，因此高瞻遠矚公司具備了一些自然界物種絕對沒有的特質：目的和精神。套用麥克奈特回顧他在3M的六十五年歲月時所說的話：

我應該強調我們是多麼依賴彼此（也依賴我們的共同價值）。在強調這個重要教訓的同時，我們的挑戰在於保持對個人的適度尊重……為了持續進步，服務美國和全世界，對於能追求卓越、促成新事物發明、以創新構想和產品豐富我們生命的人，我們必須心存感激。他們以勇於冒險和面對挑戰的精神，以一流的表現完成了最艱難的工作。

第八章

自家培養的領導人

在十八家高瞻遠矚公司總計一千七百年歷史中，
只有四位執行長是從外界引進的空降部隊。
基業長青的關鍵不在於領導人的素質是否優於競爭對手，
更重要的是能否延續卓越的領導品質，
保存核心價值。

從現在起，（挑選接班人）是我最重要的決策，我幾乎每天都花很多時間思考這個問題。

——奇異公司執行長威爾許在一九九一年談及接班計畫（當時他預計九年後退休）

我們有一個重要的責任，就是確保公司能持續不斷出現能幹的領導人。我們一直努力培養真正有實力的可能接班人選，以輪調計畫協助主要候選人做最周全的準備，同時對（接班計畫）抱著開放的態度……我們認為延續性非常重要。

——羅伯特．蓋爾文，前摩托羅拉公司執行長辦公室成員，一九九一年

一九八一年，威爾許當上奇異公司執行長。十年後，他成為當代傳奇人物，根據《財星》雜誌的報導，威爾許「被公認是我們這個時代的企業變革大師」。如果閱讀過關於威爾許如何推動變革的無數報導，我們可能會以為他是個偉大的救星，騎著白馬來拯救從電力發明後就幾乎沒有重大改變、如今深陷泥沼的奇異公司。如果我們不曉得威爾許的背景或奇異的歷史，我們很可能以為他一定是奇異公司從外界網羅的空降部隊，想借助「新血」來整頓這個行動遲緩、洋洋自得的企業恐龍。

但事實全然不是如此。

首先，威爾許完全是奇異自行培養的人才，當年他研究所剛畢業，還差一個月才滿二十五歲，就到奇異公司上班。這是他的第一份全職工作，在當上執行長之前，他在奇異公司已經連續工作了二十年。威爾許和之前每一任奇異執行長一樣，都是不折不扣的奇異自家人。

威爾許繼承的也不是一家管理不善的公司。恰好相反，威爾許的前任執行長瓊斯（Reginald Jones）退休時被譽為「美國最受推崇的企業領導人」。《美國新聞與世界報導》針對企業界人士做的調查發現瓊斯是「今天企業界最有影響力的人物」，而且還分別在一九七九和一九八〇年，兩度獲此榮銜。在《華爾街日報》和《財星》雜誌的類似調查中，瓊斯也都名列前茅，蓋洛普調查更封瓊斯為一九八〇年的「年度執行長」。就財務角度來看，例如獲利成長率、股東權益報酬率、銷貨報酬率、資產報酬率等，在瓊斯八年任期內，奇異公司的經營績效和威爾許擔任執行長的頭八年幾乎不分軒輊。

而且在奇異歷任執行長中，威爾許並非第一位推動變革或創新管理方式的領導人。在史沃普（Gerard Swope，一九二二到一九三九年擔任奇異執行長）任內，奇異公司戲劇化地跨入家用電器領域。史沃普也引進「開明管理」的新觀念，對員工、股東和顧客均衡負起責任。寇帝納（Ralph Cordiner）任內（一九五〇至一九六三年）則高喊「向前衝」的口號，廣泛進軍新舞台，服務的區隔市場數目增長了二十倍。寇帝納重組了奇異公司，推動分權式管理，實施目標管理制度（奇異是美國最早實施目標管理的企業之一），創立克羅頓威爾管理學院（Crotonville，奇異著名的主管訓練中心），並且撰寫了極具影響力的著作《專業經理人的新疆界》（*New Frontiers for Professional Managers*）。柏區（Fred Borch）任內（一九六四至一九七二年）是「創造力迸發的年代」，他大膽進行高風險計畫，投資噴射機引擎和電腦等領域。瓊斯（一九七三至一九八〇年）則帶頭改變企業和政府之間的關係。

的確，威爾許承襲了奇異歷任領導人長久以來的傳統，在經營管理上表現卓越。如果以股東權益報酬率作為財務績效的基本標竿，威爾許之前歷任執行長領導下的奇異公司平均經營績效和威爾許上任頭十年的經營績效其實相差無幾——威爾許的經營績效為二六・二九％，他之前歷任平均為二八・二九％。事實上，當我們用報酬率來為歷任奇異執行長排名時，威爾許的表現在七位執行長中只排名第五（不過每一位奇異執行長在位時期經營績效都超越競爭對手西屋公司）。當然，計算股東權益報酬率時並沒有將產業循環起伏、戰爭、經濟大蕭條等影響納入考慮。所以我們也根據歷任執行長在位時期奇異公司平均每年累計股票投資報酬率和大盤的表現及西屋的表現相比較，並為歷任執行長排名。結果威爾許和前任眾執行長比較後，分別排名第二和第五[10]。他展現了卓越的經營績效，但並非奇異史上最出色的表現（請參見附錄三的表A.9）。

當然這些絲毫不會減損威爾許傑出的成就，他仍然是美國企業史上最有效能的執行長之一。但很重要的是，在他之前的歷任執行長也同樣傑出。威爾許改變了奇異公司，但在他之前的歷任執行長也一樣；威爾許的表現勝過西屋公司的執行長，但在他之前的歷任執行長也一樣；威爾許備受同業推崇，是當代「管理大師」，但在他之前的歷任執行長也一樣；威爾許為奇異後來的繁榮奠定良好基礎，但在他之前的歷任執行長也一樣。我們非常敬佩威爾許創下的輝煌紀錄，但我們更敬佩奇異公司百年來世世代代都培養出卓越領導人的輝煌紀錄。

擁有像威爾許這樣的傑出執行長非常令人欽佩，但百年來奇異每一任執行長都如此傑出，而且都是從公司內部自行培養出來的人才，這是奇異公司之所以為高瞻遠矚公司的重要原因之一。

事實上，威爾許成為奇異執行長的整個選才過程正展現了奇異傳統最好的一面。威爾許一方面是推動奇異邁向未來的變革者，但另一方面也反映了奇異的傳統。長期擔任奇異顧問的提區和《財星》雜誌編輯薛曼在《奇異傳奇》⓫中如此描述：

> 將可敬的奇異公司交付威爾許的接班過程，正展現了奇異傳統文化中最好和最不可或缺的一面。他是（前執行長）瓊斯花了多年時間，從一群極有才幹的候選人中挑選出來的，其他候選人後來大都成為各大企業的領導人……瓊斯堅持透過辛苦而完整的漫長過程，仔細考量每一位合格候選人的條件，然後完全仰賴理性來挑選出最適合的接班人，結果成為企業史上接班規畫的最佳典範。

瓊斯踏出的第一步是在一九七四年擬訂了一份名為〈執行長接班藍圖〉的文件，七年後，威爾許成為執行長。瓊斯和奇異的高階主管人力規畫小組密切討論後，花了兩年時間，將可能的接班人選從最初的九十六人名單中，篩選出十二人，然後淘汰一半，最後剩下的六人全都是奇異自家人，威爾許也是其中之一。為了考驗和觀察這六位候選人，瓊斯分別指派他們擔任「部門主管」，直接向執行長辦公室報告。接下來三年，他逐步縮小範圍，讓候選人通過各種嚴苛的挑戰、面談、論述競賽和評估。過程中有個很重要的部分是「飛機面

---

❿ 原註：由於奇異公司在一九九〇年代初表現亮眼，而西屋公司卻日漸衰落，我們預期威爾許的此項排名會大幅上升。

⓫ 原註：有兩本書描述了威爾許的接班過程。一本是提區和薛曼的《奇異傳奇》，另外一本是史雷特（Robert Slater）寫的《新奇異》（*The New GE*）。本章從兩本書中都引用了部分內容作為背景資料。

試」，瓊斯問每位候選人：「如果你和我一起搭公司的飛機出差，而飛機墜毀了，我們兩個人都不幸喪命，你認為應該由誰來擔任奇異公司董事長最合適？」（瓊斯是從他的前輩柏區那裡學會這個方法。）最後威爾許在這場累人的持久戰中勝出，落居第二的候選人後來都成為吉悌電信（GTE）、樂柏美（Rubbermaid）、阿波羅電腦（Apollo Computer）和RCA等知名企業的總裁或執行長。有趣的是，奇異培養的人才擔任其他美國企業執行長的比例也比較高。

相形之下，西屋公司就經常因為高層的混亂和領導斷層而動盪不安。擔任過西屋執行長的主管人數幾乎是奇異的兩倍，有些執行長甚至上任不到兩年就下台。西屋執行長平均任期為八年，少於奇異的十四年。而且西屋公司不時從外面引進空降部隊，而不是拔擢內部培養的人才，奇異則厲行內部升遷制度。威斯汀豪斯在一九〇八年被踢出西屋公司，在公司重組階段，兩名外部人士（都是銀行家）取而代之。一九四六年，另外一位外部人士（又是一位銀行家）成為執行長。然後當西屋公司在一九九一和一九九二年創下十億美元的虧損紀錄後，又在一九九三年尋求外援，引進前百事可樂高階主管來經營西屋公司。

我們很希望能更深入說明西屋公司的內部接班流程，但我們發現無論外部刊物或公司內部出版品，對這方面都很少著墨。不過這點也很有趣。奇異公司非常重視領導人才延續的問題，因此無論公司本身或外界觀察家對此都有許多討論。西屋公司顯然不是那麼重視主管培育和接班計畫。

空降部隊與內部接班人

我們在本書中一直淡化領導力在高瞻遠矚公司中扮演的角色。然而如果因此就斷定領導人完全不重要，可就錯了。如果你以為隨便任何人都能當上高瞻遠矚公司的執行長，而且公司還能持續營運，表現出色，那未免太天真了。最高主管一定會對組織造成影響——而且在大多數情況下，都會帶來重大影響。問題是，他們所發揮的是不是正確的影響？他們在發揮影響力時，能否保存公司核心價值？

高瞻遠矚公司比對照公司更悉心培育、拔擢並審慎選擇內部培育的管理人才，視之為保存核心的關鍵步驟。從一八〇六到一九九二年期間，我們發現只有兩家高瞻遠矚公司（十一・一％）曾經引進外人來擔任執行長，相較之下，對照公司引進空降部隊的比例則高得多（七二・二％）。根據我們所蒐集到的資料，在一一三位高瞻遠矚公司執行長中，只有三・五％是直接從外界引進的人才，但對照公司的一百四十位執行長中卻有二二・一％為空降部隊。換句話說，高瞻遠矚公司拔擢內部人才擔任執行長的可能性高於對照公司（請參見表8.1及附錄三中的表A.8）。

> 也就是說，我們發現，在高瞻遠矚公司加起來總計一千七百年的歷史中，只有四位執行長是直接從外界引進的空降部隊。

簡而言之，高瞻遠矚公司之所以有別於對照公司，關鍵並不在於領導人的素質不同，真

表 8.1　1806-1992 年期間曾引進外人擔任執行長的公司

高瞻遠矚公司	對照公司
菲利普莫里斯	艾美絲百貨
迪士尼	寶羅斯
	大通銀行
	高露潔
	哥倫比亞
	通用汽車
	豪生
	建伍
	諾頓
	雷諾茲
	富國銀行
	西屋
	增你智

註：IBM 在 1993 年聘請外人葛斯納（Louis Gerstner）擔任執行長，當時我們已結束研究資料的蒐集。我們也沒有將波音公司的艾倫算作外人，因為在擔任執行長之前（他的任期長達 23 年），艾倫曾擔任波音公司律師 20 年及擔任董事 14 年，因此曾積極參與過波音公司許多重大的經營管理決策（例如公司重組、研發投資、財務結構和經營策略等）。感謝韓森（Morten Hansen）為本表格所做的背景分析。

正重要的是能否延續卓越的領導品質，因此公司的核心價值也得以保存。無論高瞻遠矚公司或對照公司在歷史上的不同時點，都不乏卓越的領導人。但高瞻遠矚公司有比較完善的主管培育計畫和接班計畫，這是造鐘的重要步驟。因此在十八組中，有十五組的高瞻遠矚公司比對照公司更能藉由內部培養的人才，延續卓越的領導品質（請參見附錄三的表A.8）。

你可以把這種情況想成持續的自我強化過程，也就是圖8.A的領導力延續環路。

缺乏以上要素的企業可能就會面臨領導斷層，以至於公司被迫引進空降部隊，結果逐漸偏離核心價值。領導斷層也

圖 8.A　領導力延續環路

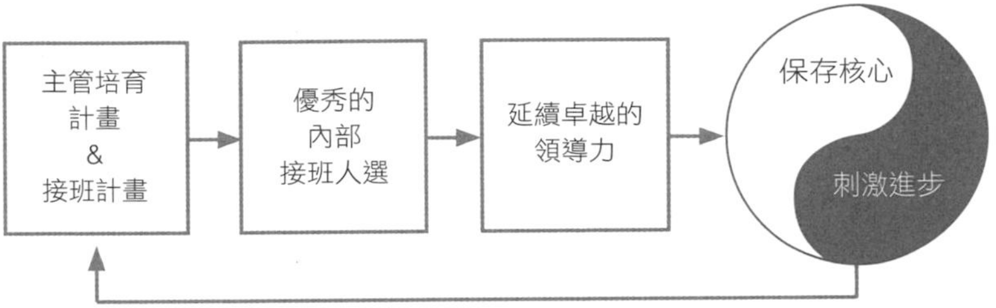

圖 8.B　領導斷層和救星症候群

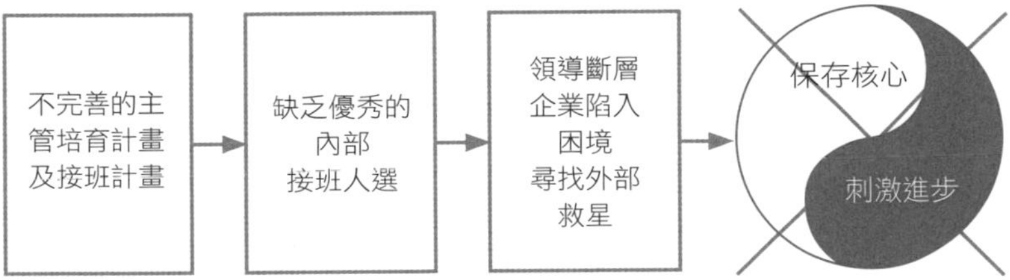

可能帶來混亂，阻礙進步。事實上，相對於高瞻遠矚公司的「領導力延續環路」，我們也在對照公司看到共同的型態，我們稱之為「領導斷層和救星症候群」（請參見圖8.B）。

請想一想高露潔vs.寶鹼，以及增你智vs.摩托羅拉的例子。

高露潔vs.寶鹼

直到二十世紀初，高露潔一直是一家非凡的公司。高露潔創立於一八〇六年，一百多年來一直穩定成長，和寶鹼的規模幾乎不相上下。在對照公司中，高露潔很早就擁有最強而有力的核心理念，席尼・高傑特（Sidney Colgate）提出的核心價值及恆久不變的生存目的更完整闡述了高露潔的核心理念。但是到了一九四〇年代，高露潔的規模卻不到寶鹼的一半，獲利能力更不到寶鹼的四分之一，而且之後四十年，始終大幅落後寶鹼。同時，高露潔也偏離了原本強而有力的核心理念，和寶鹼相形之下，高露潔變成一家自我形象模糊的公司。

怎麼會這樣呢？部分原因是不良的接班計畫導致領導斷層。高露潔最初四代執行長完全都是內部培養的人才（全都是高傑特家族成員），但到了二十世紀初期，高露潔的主管培育計畫和接班計畫都非常失敗，到了一九二〇年代末期，高露潔面臨找不到接班人的窘況，於是和帕摩里皮特（Palmolive-Peet）公司合併，「引進外人來經營管理」。一九三六年《財星》雜誌曾描述：

> 高傑特兄弟逐漸衰老。總裁吉伯特（Gilbert Colgate）已經七十歲，席尼也已六十六歲了，羅素（Russell Colgate）雖然只有五十五歲，但他並沒有肩負經營管理重任……席尼的兒子貝雅德（Bayard Colgate）……從耶魯大學畢業才六年，年紀還太輕。所以當皮爾斯（Charles Pearce）提議讓帕摩里皮特公司和高露潔合併時，高傑特兄弟聽進去了……（兩家公司合併後）他們就退休了。

兩家公司合併後，由皮爾斯出任執行長，事後證明這是一場災難。皮爾斯拚命追求擴張，一心一意要促使高露潔和標準品牌（Standard Brands）、賀喜（Hershey）、卡夫食品（Kraft）合併為龐大的企業集團。由於皮爾斯把心力放在擴大規模上，因此忽略了高露潔的核心事業和根本價值。他甚至把總公司從新澤西州的澤西市（八十一年來，高露潔一直把總部設在澤西市的肥皂工廠附近）遷到芝加哥。在皮爾斯當權的一九二八到一九三三年間，高露潔的平均銷貨報酬率下降了一半以上（從九％降到四％）。同一時期，儘管經歷了經濟大蕭條，寶鹼的銷貨報酬率還微幅上升（從十一．六％上升到十二％）。

皮爾斯嚴重違反了高露潔的核心理念，尤其是違背了公平對待零售商、顧客和員工的核心價值。他以嚴苛的條件和零售商討價還價，觸犯了眾怒：

藥房老闆尤其忿忿不平：他們早已習慣高露潔保守的交易方式，一點也不喜歡……皮爾斯的手法。由於高露潔的獲利主要仰賴衛浴用品……藥房背叛高露潔……成為致命打擊。

最後，根據《財星》雜誌的報導，高傑特家族終於從「冬眠中驚醒，對於皮爾斯所作所為似乎感到十分震驚」。三十六歲的貝雅德取代皮爾斯，擔任執行長，他把高露潔總部搬回澤西市，並試圖重振高露潔的核心價值，跨步前進。但在皮爾斯帶來的浩劫之後擔任執行長，對年輕的貝雅德而言特別不容易，因為他並沒有為執行長的角色預做周全的準備，也沒有經過悉心培育。貝雅德當了五年執行長後，就交棒給國際銷售經理利托（Edward Little）。高露潔這時早已落後寶鹼，再也無法趕上。皮爾斯離職後十年間，寶鹼的成長速度是高露潔的兩倍，獲利更是高露潔的四倍。

經歷了皮爾斯浩劫後，高露潔接下來的接班過程都安排得很糟糕。利托從一九三八到一九六〇年擔任高露潔執行長時，把經營公司完全當成個人秀，「當時的高露潔完全由利托一手掌控，說他『大權獨攬』並不為過。」《富比士》雜誌寫道。我們找不到任何證據顯示，利托曾想過如果沒有他的領導，高露潔會變成什麼樣子，我們也沒有發現高露潔擬訂了任何接班計畫。最後，利托終於在七十九高齡退休，高露潔只好電召負責海外業務的副總裁回來扮演解救眾生的「白武士」，帶領營運深陷泥沼的高露潔走出困境。

一九七九年，高露潔董事會迫使執行長佛斯特（David Foster）下台，高露潔又經歷了另一次混亂的高層權力交接。佛斯特和之前歷任執行長同樣「承襲了高露潔的傳統——一人獨攬大權，而且這種作風正對佛斯特的胃口」。事實上，佛斯特還刻意阻撓接班計畫，根據《財星》雜誌的報導：

> 最後，佛斯特想盡辦法縮減接班人的權力，甚至不讓他有表現機會……佛斯特設法讓董事會對接班問題保持沉默。當時高露潔有個不成文的規定，要求高階主管年滿六十歲即卸任。佛斯特當時五十五歲，他說他會遵守公司政策，但是當（他的接班人）受邀擔任（另外一家公司）總裁時，就答應接受那個職位，這就說明了一切。

高露潔再度因為領導階層的混亂局面而受創，業績也進一步下滑，在董事會趕走佛斯特後的十年間，高露潔不管銷售額或利潤都只有寶鹼的四分之一。當然高露潔之所以落後寶鹼，除了高層接班情勢混亂之外，還有其他原因，包括寶鹼投入更多心血在研發上，經濟規模也較大。但最重要的原因仍然是，高露潔先是在皮爾斯掌權的混亂期，錯失了迎頭趕上寶鹼的機會，後來幾次關鍵接班過程又不順利。

雖然寶鹼和高露潔在歷史上的相同時點，都同樣面臨挑戰，試圖擺脫家族企業的形象，但相形之下，寶鹼就不像高露潔這樣陷入接班困境。一九二〇年代，當高傑特兄弟還對培育接班人的問題毫不在意時，寶洛科特已經開始悉心培育杜普瑞作為未來的執行長，杜普瑞在一九〇九年就加入寶鹼。在寶洛科特嚴密觀察和悉心教導下，杜普瑞擔負的職務愈來愈重要，終於在一九二八年出任寶鹼營運長（正是高露潔「引進外人來經營管理」的同一年）。一九三〇年，杜普瑞開始擔任執行長，他是寶鹼史上第一位非家族成員的執行長，在長達十八年的任期中表現出色。然後他效法寶洛科特，確保在世代交替期間，寶鹼的基本價值仍得以延續。一九八一到一九八九年擔任寶鹼執行長的史梅爾描述：

> 杜普瑞在傳承寶鹼特質上，扮演關鍵角色。自從寶鹼在一八九〇年創立以來，在杜普瑞之前只有兩個人擔任過寶鹼執行長，杜普瑞與他們熟識，也從他們身上學到很多。而杜普瑞也與在他之後的四任執行長認識，並且協助指導他們。我就是那四個人之一，在寶鹼公司創立之後的百年間，總共只有七位執行長。

寶鹼了解持續培育管理人才的重要性，因為如此一來，任何階層都不會出現找不到接班人的問題，公司的核心價值也得以延續。《鄧氏評論》（*Dun's Review*）曾指出：「寶鹼的主管培育計畫十分完善且連貫，因此公司無論哪個階層或哪個職位，都人才濟濟。」寶鹼希望從公司基層到高層，所有管理職位上隨時都「有兩、三個人有資格更上一層樓」。杜普瑞的接班人麥克洛伊（Neil McElroy）解釋：「我們（培育）的未來管理人才將年復一年、無論景氣好壞，都持續下去。如果不這樣做，X年後就會出現領導斷層。而我們經不起領導斷層的衝擊。」

增你智vs.摩托羅拉

才幹出眾、但盛氣凌人的增你智創辦人麥當諾「司令」在一九五八年過世前，沒有培養任何接班人。麥當諾最親密的同事羅伯森（Hugh Robertson）繼任執行長，但他當時已經超過七十歲了。《財星》雜誌曾在一九六〇年的文章中評論：「增你智的動能主要來自……過去領導人的強人特質，而非未來領導人的驅策。」羅伯森在執行長位子上撐了兩年，然後就交棒給極端保守的公司律師萊特（Joseph Wright），而萊特讓增你智偏離了核心價值，不再執著於高品質。一九六八年，增你智由自家人卡普蘭（Sam Kaplan）繼任執行長，但卡普蘭卻在一九七〇年驟逝。再度面臨領導人真空的局面，增你智感到有需要到外面尋找救星。經過密集覓才後，增你智向福特汽車挖角，聘請聶文來擔任增你智執行長。

聶文任內表現平平，增你智繼續偏離公司創始時的核心價值。聶文在一九七九年辭職，迫使原本已退休的前董事長萊特在六十八歲高齡時復出，「努力讓公司再度站穩腳步。」萊特拔擢克魯曼（Revone Kluckman）為執行長，但他和卡普蘭一樣，上任兩年就突然過世，造成另一波領導危機。

相較之下，摩托羅拉完全沒有出現類似的混亂局面，是藉由領導傳承而保存核心價值的模範。摩托羅拉創辦人蓋爾文早在權力交接之前很多年，就開始培養兒子羅伯特·蓋爾文為接班人。羅伯特從一九四〇年還是高中生時，就開始在摩托羅拉公司打工，當時距離他當上總裁還有十六年，距離他擔任執行長有十九年。蓋爾文堅持讓兒子從基層做起，深入了解摩托羅拉的事業，所以羅伯特一開始只是小職員，沒有享受什麼特殊待遇。當年輕的羅伯特在清晨七點鐘到人事處報到，應徵暑期工作時，一位經理想直接帶他去見人事主管，不必和其他人一起排隊，但羅伯特拒絕了，他希望和其他摩托羅拉人一樣接受所有基層的歷練。

羅伯特在摩托羅拉從基層往上爬，在他父親過世前三年，終於開始和父親共同分擔總裁職責。「當時候到了，家父……宣布我們是兩位一體。其中一人負責處理某個問題時，另外一人就扮演輔助的角色。」蓋爾文的傳記作者在書中寫道，在老蓋爾文生命中最後幾年，兩代之間每天幾乎無時無刻不在進行經驗傳承。最後，當老蓋爾文在一九五九年過世後，兒子羅伯特幾乎立刻開始思考主管培育問題和下一代的接班計畫，當時距離他真正交棒的時間還有二十五年。

為了強化內部升遷和領導傳承的概念，小蓋爾文捨棄只任命一位執行長的傳統觀念，而偏好由經營團隊共組執行長辦公室。在他想像中，執行長的職位隨時都由多位團隊成員（通常是三位）共同分擔，而不是只有一位領導人。這樣做的部分原因是確保公司在任何時候都有自家培養的人才肩負領導重任。羅伯特．蓋爾文曾寫道：「我們私下對於接班次序都有清楚認知。（當我還是執行長辦公室的成員時）我們在那二十五年中，隨時都做好準備，因應意外的變動。」

摩托羅拉不只在執行長的層次推動這種「主管辦公室」的概念，在較低的管理階層也一樣（每個辦公室都有兩、三個成員），這是摩托羅拉公司培育主管和領導傳承的重要機制。羅伯特．蓋爾文很清楚這種做法在管理學界會引起爭議，更不用說必定非常難以管理了，但他認為這樣做的好處仍然遠勝於付出的代價，他在一九九一年寫道：

如果要在高層成功推動這種做法，候選人必須在事業發展的初期就曾經歷和適應過這樣的……角色，而且必須在事業單位的類似職位中獲得這樣的經驗基礎……這種做法有它的缺點。現任主管不喜歡這種做法……同一個辦公室可能會發布混淆的訊息……結果，有些辦公室成效不彰，部分成員離開了或只是坐冷板凳，但通常都行得通……整體而言，仍然是功大於過，這種做法能為接班問題提供充分資訊和最佳對策，絕對有助於篩選出經過考驗、能勝任執行長職位的儲備人才。

在摩托羅拉六十五年的歷史中，從來不曾像增你智那樣面臨領導斷層的危機。摩托羅拉不斷自我更新（從為施樂百維修收音機電池到製造積體電路，甚至衛星通訊系統），即使當公司意外損失了傑出的高階管理人才時，領導階層都不曾出現斷層，始終堅持核心理念，展現卓越的經營績效。例如，一九九三年，執行長辦公室的要角費雪（George Fisher）離開摩托羅拉，成為柯達公司執行長。在大多數的公司裡，如此傑出的高階主管毫無預警地離開，必然會引起混亂和管理斷層，增你智的執行長突然過世時就是如此。但在摩托羅拉可就不然。執行長辦公室的另外兩位成員——五十四歲的圖克（Gary Tooker）和四十三歲的克里斯多佛．蓋爾文（Christopher Galvin）立刻各就各位，扛起額外的責任。同時摩托羅拉也啟動內部流程，從訓練有素的儲備人才中，挑選出執行長辦公室的第三位成員。在一篇名為〈多謝關心，摩托羅拉會平安度過〉（Motorola Will Be Just Fine, Thanks）的文章中，《紐約時報》的結論是：「費雪先生何其有幸，可以安心跳槽，因為他深知幾乎沒有任何公司會比摩托羅拉更有能力承受如此驚人的意外。」

領導斷層與公司衰敗

在我們研究的案例中，並非只有西屋、高露潔和增你智這幾家公司曾陷入管理混亂和領導斷層的危機。我們發現許多對照公司都遭遇過類似的情況。

一九五〇年代的梅維爾公司就是如此。當時華德·梅維爾（Ward Melville）發現公司還沒有培養出適當接班人，但他很想趕快交棒，交給任何人都好，因為他「急著想退休」。於是，他決定把棒子交給一位生產經理，但這位經理還沒有做好接班的準備，甚至也不想接下這個棒子，結果梅維爾公司急遽走下坡。華德·梅維爾後來評論：「我很震驚當選錯人時，經營數字會惡化得這麼快。」於是，他花了一年時間，想網羅外人來擔任執行長，設法反敗為勝。幸好後來他明智地放棄了尋求外援的想法，轉而在公司內部自行培養一位很有潛力的年輕人才，多年後證明這個年輕人果然勝任愉快，足以擔當執行長的重任。

一九五〇年代末期，當公司創辦人唐納·道格拉斯交棒給尚未準備好的小道格拉斯（Donald Douglas, Jr.）時，道格拉斯飛機公司也面臨同樣狀況。「小道格拉斯根本不可能替代老道格拉斯，」一位傳記作者寫道，「他開始報復心目中的敵人（大半都是他父親重用的老臣）……然後用自己的班底取代經驗豐富的主管。」小道格拉斯將自己的親信安插到高位後，有才幹的經理人紛紛求去，而當時道格拉斯面對波音公司步步進逼，正是最需要這些人才的時候。一九六〇年代初期，道格拉斯公司盡一切努力，想要迎頭趕上波音公司，但徒勞無功，管理人才流失產生的惡果終於顯現。一九六六年，道格拉斯公司遭遇空前危機，小道格拉斯為了尋找生機，決定與麥克唐納飛機公司合併。

雷諾茲菸草公司在一九七〇年代也碰到同樣的問題，根據美國《商業週刊》的報導，當時公司董事史迪區（J. Paul Sticht，為費德瑞特百貨公司〔Federated Department Stores〕前總裁）「協助破壞了原定的接班計畫後，又設法讓自己當上總裁」。史迪區篡奪了公司經營權後，進行經營團隊大換血，幾乎全部引進外人。後來，在美國企業史上最著名的高階管理災難中，一九八五年雷諾茲收購了納貝斯克（Nabisco Brands），強森（Ross Johnson）成為執行長。幾年後，柯伯科拉維羅勃特公司（Kohlberg Kravis Roberts & Co.）以垃圾債券融資買下了雷諾茲納貝斯克公司，結束了強森時代，並且再度從外界引進空降部隊擔任執行長，伯瑞（Bryan Burroughs）和赫萊爾（John Helyar）在《門口的野蠻人》（*Barbarians at the Gate: The Fall of RJR Nabisco*）中清楚描述了這段經過。

同樣的事情也發生在艾美絲百貨公司，當初創辦人家族因為找不到能幹的接班人而引進外援，結果卻親眼看著心血結晶為外人一手摧毀。同樣的事情也發生在寶羅斯，當寶羅斯因為「在邁克唐諾獨裁統治時期沒有培養新的經理人」，而面臨「管理結構的明顯斷層」時，決定從班迪克斯公司（Bendix）引進外援布魯門索（W. Michael Blumenthal）。同樣的事情也發生在大通銀行、豪生、哥倫比亞公司。

兩家高瞻遠矚的明星公司迪士尼和ＩＢＭ，也碰過同樣的狀況。

華特．迪士尼並沒有為迪士尼公司培養出適當的接班人，因此一九七〇年代，當迪士尼經理人都驚惶失措地拚命自問「迪士尼該怎麼辦？」時，為了拯救公司，董事會在一九八四年引進空降部隊艾斯納和威爾斯（Frank Wells）。不過我們必須指出，迪士尼即使在引進外人時，都盡最大努力讓核心理念得以延續。主導獵才行動的華森（Ray Watson）之所以希望艾斯納擔任執行長，不是因為他在業界的紀錄十分輝煌，而是因為艾斯納了解、也欣賞迪士尼的價值觀。一位迪士尼人指出：「結果艾斯納變得比華特還更有華特的風格。」

迪士尼的例子說明了一個重點。如果你的組織認為必須從外部引進人才來擔任最高主管，那麼應該要尋找高度認同你們核心的人才。即使他們有不同的管理風格也沒關係，但他們必須發自內心認同你們的核心價值。

我們應該如何解釋ＩＢＭ在一九九三年所做的決定——從雷諾茲公司挖來毫無電腦公司經營經驗的葛斯納來擔任執行長，取代原本內部培養的人才？這個反常的現象似乎違反了我們在其他高瞻遠矚公司觀察到的原則？確實如此。在我們眼中，ＩＢＭ的決定簡直毫無道理，至少與我們所檢視的高瞻遠矚公司總計一千七百年的歷史不一致。

或許當時ＩＢＭ董事會的假設是，必須引進外人，才能推動戲劇化的變革。就這個假設，我們的回答很簡單：請看看威爾許的例子。這位「當代變革大師」在提拔他為執行長的奇異公司裡度過了他全部的職場生涯。ＩＢＭ擁有全球最完善的主管培育計畫，長期以來一直網羅到最傑出的人才，我們簡直無法相信ＩＢＭ內部會找不出一個和威爾許不相上下的改革者。的確，如果ＩＢＭ內部找不出十來個才幹足以和外人相抗衡的人才，我們才真的會感到萬分震驚。

正如同奇異、摩托羅拉、寶鹼、波音、諾斯壯、3M和惠普等公司的歷史一再顯示，高瞻遠矚公司絕對不需要為了推動變革和激發創意，而從外界引進空降部隊擔任最高主管。

ＩＢＭ的董事會和覓才委員會希望能推動戲劇化的變革和進步。有了葛斯納的襄助，他們或許能達成目標。但對ＩＢＭ而言，真正的問題是：葛斯納能否在推動巨大變革的同時，保存ＩＢＭ的核心理念？葛斯納對ＩＢＭ的貢獻，能否媲美艾斯納對迪士尼公司的貢獻？如果答案是肯定的，那麼ＩＢＭ或許仍能恢復原本的崇高地位，依然是全世界最高瞻遠矚的公司之一。

給企業家和經理人的忠告

簡單來說，我們從研究中得到的結論是，如果想要成為高瞻遠矚公司，並恆久保持卓越，很難借助從外部引進空降部隊來達到目的。同樣重要的是，從內部拔擢人才與推動重大變革之間毫無衝突。

如果你是大企業的執行長或董事，你可以直接應用在本章所學到的教訓。貴公司應該擬訂主管培育計畫和長程接班計畫，以確保能平穩地進行世代交替。千萬別忘了，美國的代表性企業迪士尼只不過因為華特．迪士尼疏忽了這個造鐘的重要步驟，結果令迪士尼陷入嚴重困境。絕對不要重蹈高露潔、增你智、梅維爾、艾美絲百貨、雷諾茲和寶羅斯等公司的覆轍。千萬不要掉進同樣的陷阱，以為唯有引進外人，才能推動變革和追求進步，結果可能摧毀了原本的核心價值。最重要的是在公司內部培育和拔擢能推動變革和進步、同時又能保存核心的人才。

如果你是經理人，仍然適用於本章的原則。如果你想在一龐大企業體中建立高瞻遠矚的部門或事業部，你也應該思考主管培育和接班計畫的問題。假如你不幸出車禍，誰能取代你的角色？你如何培育這些人？你要如何預先規畫，當你有機會高升時，你的職務才能井然有序地順利交接？（你也可以向高階主管請教，詢問他們採取了哪些步驟來確保平穩接班。）最後，如果你找到一家真的非常適合你的高瞻遠矚公司，或許值得待在這家公司好好開發自己的才能，而不要輕易跳槽。

那麼，小公司和創業家應該如何應用本章的內容呢？顯然小公司執行長的接班流程不會像奇異公司那樣，一開始有九十六個候選人需要篩選。儘管如此，中小企業仍然可以培育經理人，並且擬訂接班計畫。當蓋爾文開始悉心培育兒子為未來接班做準備時，摩托羅拉還是一家小公司。默克、寶鹼、嬌生、諾斯壯和萬豪等家族企業的接班過程也一樣。沃爾頓開始思考公司未來的經營管理問題時，沃爾瑪開設的分店還不到五十家。惠烈特和普克在一九五〇年代開始推行主管培育計畫和周延的接班計畫時，惠普只有五百名員工。

有趣的是，高瞻遠矚公司的早期建構者在位時間幾乎都很長（平均三十二．四年），幾乎沒有什麼公司在草創時期、規模還很小時就面臨接班問題。如果你的公司屬於中小企業，最好把目光放遠。只想憑著一個偉大構想而創立公司，然後快速成長，將獲利入袋為安，然後從外界引進專業經理人來接掌公司，或許無法產生下一家惠普、摩托羅拉、奇異或默克。

從建立高瞻遠矚公司的角度來看，問題不只是公司目前表現如何，關鍵問題在於，公司在下個世代、以及再下個世代、以及再下個世代，究竟會表現如何？個別領導人終究會走到生命的終點，但高瞻遠矚公司可以歷經數百年依然營運下去，超越任何領導人的任期，持續不斷地追求自己的目標，展現核心價值。

第九章

永遠不夠好

成功的企業幾乎都不可避免地變得志得意滿，
企業應在內部創造「不安機制」，
以對抗自滿的疾病。
要成為高瞻遠矚的公司並持久不墜，
必須能堅持努力不懈，
而且打從心底厭惡自命不凡、自我滿足的作風。

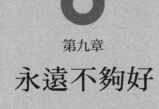

不要只是一心想勝過同輩或前輩，努力超越自己吧！

——美國作家威廉．福克納（William Faulkner）

別人總是對家父說：「哇，你真厲害，你的成績太出色了。現在可以休息了。」而他會回答：「喔，不行，一定要繼續努力，要做得更好。」

——萬豪董事長小麥瑞特，一九八七年

高瞻遠矚公司常問的關鍵問題不是：「我們目前表現如何？」或「我們怎麼樣才能有好的表現？」或「為了因應競爭，我們需要展現多高的績效？」對這些公司而言，關鍵問題乃是：「我們明天要怎麼樣才能做得比今天更好？」他們將這個問題融入日常工作和制度中，變成一種心態和行動模式。對高瞻遠矚公司而言，卓越的成果和績效並非最終目標，而是持續不斷自我改善和投資未來之後產生的附帶結果。在高瞻遠矚公司裡，沒有最後的終點，沒有「已經完成」這回事，更沒有哪一刻覺得此後將一帆風順，可以享受辛苦耕耘的果實。

我們學到的是，高瞻遠矚公司之所以能享有特殊地位，並不是因為他們具有高人一等的洞見或特殊的成功祕方，而是基於一個簡單的事實：他們嚴格要求自己。要成為高瞻遠矚的公司並持久不墜，必須能堅持高度的傳統紀律——努力不懈，而且打從心底厭惡自命不凡、自我滿足的作風。在省思成功的基本特質時，萬豪創辦人老麥瑞特指出：

世上最重要的事情莫過於紀律。沒有紀律，就沒有品格；而沒有堅忍的品格，就不會進步……逆境會創造成長的機會，因此我們通常都能達到努力的目標。如果我們碰到困難後，能克服困難，就愈能凸顯出堅忍的品格，而這些素質都有助於成功。

一九八〇年代，「持續改善」成為管理界流行的口號，但在許多高瞻遠矚公司裡，持續改善的觀念早已風行了幾十年，甚至有的公司已經推行這種做法百年以上。舉例來說，寶洛科特和鹼柏早在一八五〇年代就推行持續改善的概念！麥克奈特則於一九一〇年代在3M推動持續改善的做法；麥瑞特一九二七年開了第一家飲料攤後，就一直不斷自我改善；普克則從一九四〇年代起，就不斷提到「持續改善」這個詞。

我們的研究成果顯然也支持持續改善的觀念，但這裡所謂的「持續改善」，並非只是短期計畫或管理風潮而已，而是一種制度化的習慣、有紀律的生活方式，深植於組織層層架構中，藉由具體機制來刺激員工不滿足於現狀，並因而強化持續改善的動力。更重要的是，高瞻遠矚公司從更廣義的角度來應用持續改善的觀念，而不只是著重流程改善。因此，「持續改善」代表長期投資於未來；代表要投資於員工培育；代表要採用新構想和新科技。簡而言之，「持續改善」代表要盡一切努力，讓明天的公司比今天更強。

你的印象可能是：高瞻遠矚公司還真不好待。沒錯，你的確應該有這樣的感覺。

高瞻遠矚公司的目標不是尋求安逸。的確，高瞻遠矚公司特地設立強而有力的機制來製造不安，消除自滿，才能在外界要求前就刺激變革和改善。

高瞻遠矚公司就好像偉大的藝術家或發明家一樣，往往因為不滿足於現狀而成功。他們明白，一旦滿意現狀就會變得志得意滿，勢必導致衰敗。當然，問題就在於要如何避免自滿，當公司已經成功或成為業界龍頭後，仍然保持自我紀律？如何讓驅動人們精益求精、永不滿足、不斷追求改善的「內心那股熊熊烈火」恆久不滅？

建立「不安」機制

寶鹼公司的杜普瑞在思考這幾個問題後，很擔心寶鹼在二十世紀初期躍升為成功的知名企業後，可能變得心寬體胖、志得意滿。那麼他該怎麼辦呢？他可以到處對員工發表熱情動人的演講，說明保持紀律是多麼重要；也可以寫很多便條和小冊子，提醒員工自滿的危險；還可以和公司上上下下的經理人談話，灌輸他們不斷變革和自我改善的重要性。但杜普瑞深知，單單具備不斷改善的良好意圖還不夠，他需要更嚴厲的做法，需要建立能持續驅使內部不斷改善的機制。

因此，他同意行銷經理麥克洛伊在一九三一年提出的激進方案。依照麥克洛伊提出的品牌管理架構，每個寶鹼品牌將直接和其他寶鹼品牌競爭，就好像彼此分屬不同公司一樣。寶鹼已經擁有最優秀的人才、最好的產品和最厲害的行銷人員，那麼，何不讓寶鹼的最佳品牌和其他的寶鹼最佳品牌較勁呢？如果市場沒有提供充分的競爭，何不創造內部競爭制度，如此一來，任何寶鹼品牌都不可能安於既有的勝利果實。寶鹼從一九三〇年代初開始實施這種做法，強調內部競爭的品牌管理架構變成寶鹼刺激變革和自我改善的有力機制。由於這個制度太有效了，後來幾乎每一家美國消費性產品公司（包括高露潔）都以不同形式仿效寶鹼的做法，不過都比寶鹼晚了將近三十年。

重點並不在於成功的公司都必須創造內部競爭機制來保持活力，重點在於企業應該在內部創造出某種「不安」機制，以對抗自滿的疾病——所有成功的組織幾乎都不可避免地會染上這個毛病。內部競爭是其中一種機制，但並非唯一的機制，我們在高瞻遠矚公司中看到各種不同的機制。

一九五〇年代，默克藥廠採行的策略是，當產品的利潤變薄時，就刻意讓出市場，迫使公司為了繼續成長興旺，必須推出創新產品。摩托羅拉也採取類似於寶鹼的「不創新就滅亡」機制，不惜停產銷售量仍相當可觀的成熟產品，迫使自己推出新產品來填補缺口。摩托羅拉也曾針對電視機和汽車收音機產品，使出這個撒手鐧（董事長蓋爾文桌上一直擺著摩托羅拉美國工廠生產的最後一台汽車收音機，提醒自己，真正的目標乃是將摩托羅拉重建為「高科技先鋒」）。摩托羅拉透過「技術地圖」的機制來填補產品空缺，這是一套完整的工具，以競爭者在技術上的進展為標竿，並預估未來十年內市場將需要哪些科技。

奇異公司建立的內部不安機制是一種解決問題的流程。員工在小組會議中討論需要改善之處，並提出具體建議。主管不能參加討論，但必須在所有組員面前針對這些提案當場做決定，不能逃避、閃躲或拖延。

波音公司則藉由我們稱為「敵人之眼」的規畫程序，讓員工不要變得太安逸。波音公司會指派經理人為競爭對手發展出殲滅波音的策略。競爭對手可能會利用波音公司的哪些弱點？又會試圖扭轉哪些波音的優勢？哪些市場很容易會被攻破？波音又該如何回應？

表 9.1　沃爾瑪的「打敗昨日」帳簿

11 月					
	1984	1985	1986	1987	1988
第一週的星期一					
第一週的星期二					
第一週的星期三					
第一週的星期四					
第一週的星期五					
第一週的星期六					
第一週的星期日					
第一週					

沃爾瑪早在創立初期，就開始採用所謂的「打敗昨日」帳簿的機制（請參見表9.1）。帳簿的目的是每天追蹤銷售數字，並且和前一年同一天的數字相比較。沃爾瑪利用這些帳簿來刺激員工不斷提高標準。

諾斯壯則精心營造員工必須不斷改善的工作環境。諾斯壯的每小時銷售業績排行榜乃藉由員工之間的業績比較來衡量成功。因此沒有任何員工會認為一旦達到某個絕對標準，就能高枕無憂。諾斯壯也細心追蹤顧客的意見，而且以此作為員工敘薪和升遷的重要參考。布魯斯．諾斯壯解釋：

> 如果你真的聆聽顧客的心聲，就會發現，他們從來都不會滿意——他們會告訴你哪些地方做錯了，迫使你改進。志得意滿是我最煩惱的事情。我覺得媒體報導太多關於我們的服務，我們開始信以為真，以為我們真的比顧客行。這樣就完了。

惠普公司長久以來，也進行員工之間的評比。開集體評比會議時，每位經理人必須在其他經理人面前為屬下的成績辯護，而其他經理人也一心一意為屬下辯護，認為他們的屬下應該排名在前。討論會一直持續到所有經理人都同意從第一名到最後一名的排名為止。整個過程非常嚴苛、耗神而痛苦，因此任何員工幾乎都不可能在拿到好名次後就悠哉悠哉。

惠普還推行一個很有效的制度，叫「量入為出」政策（不積欠任何長期債務）。複雜的財務模型會顯示這是個毫無理性的政策，像惠普這樣的公司應該利用借貸來擴大公司價值。但是這些模型都沒有考慮到「量入為出」政策在內部造成的強大效應：強化紀律。由於惠普公司拒絕為追求成長而長期舉債，因此他們必須學習如何從內部籌措到充足的資金，達到平均每年超過二〇%的成長率（惠普每年還將銷售額的一〇%投資於研究發展）。這樣的機制或許稱不上理性，但卻培養出一批非常有紀律的總經理，非常擅長像資金不足的小公司般，以精簡的人力發揮高效率的營運績效。就像一位惠普副總裁所描述：

> 這個（量入為出的）理念塑造了強大的紀律。如果你想要創新，就必須自力更生。這個理念對全公司都帶來很大的影響，但卻很少人明白這點。

至於對照公司呢？沒有任何證據顯示對照公司設立了同樣的機制，也沒有在對照公司發展史上一再看到這種嚴苛的自我紀律。的確，我們發現有些對照公司刻意選擇較安逸的道路，有時會為了短期利益，不惜犧牲長期發展，而在高瞻遠矚公司裡，幾乎不曾聽過這樣的行為模式。

兼顧短期績效與長期成功

不妨設身處地為一九四六年的惠烈特和普克想一想。你有一家成立不到十年的小公司，當時適逢二次大戰末期，國防合約愈來愈少，眼看著營收數字下降了一半以上，現金枯竭的危機嚴重威脅公司的生存，在市場上又看不到任何商機足以立即解決這個問題。普克描述當時的處境：

> 我們都在慶祝戰爭結束了，但同時我們也明白將面臨嚴重的問題。一九四六年，我們的銷售額從一百五十萬美元驟減一半，我記得大家都很擔心到底還撐不撐得下去。

如果你面臨同樣的處境，你會怎麼辦呢？你認為他們會怎麼辦？

首先，惠普裁減了將近二〇%的員工。由於政府合約日益減少，他們必須縮減人力，以挽救公司。其次，他們誓言永遠不要變得過度依賴（雇用短期人力）的政府合約。

不過，惠烈特和普克並沒有就這樣算了。對於業績衰退四成的小公司而言，他們採取的步驟非常大膽而有遠見：由於當時所有國防部資助的機構都面臨困境，惠普公司決定善用這個事實，開始延攬戰時在國防研究單位工作的科學家和工程師到惠普上班。他們也決定留住惠普最優秀的高薪人才，不希望削減人力時會危害公司的長期發展。普克解釋：

> 即使我們的業績下降了，我們仍然決定雇用……這批出色的年輕工程師。我們在公司走

表 9.2　普克對經理人的談話

普克：放眼未來五十年	普克：放眼未來一年
「如果我們繼續堅持引導我們走過最初 50 年的原則，我們在未來 50 年一定能繼續成功。我很確定不只是我這樣想，比爾（惠烈特）也有同感，我們都非常、非常為你們的表現感到驕傲，我們預期你們在未來還會有更好的表現。」	「今天獲利應該和明天獲利同樣容易。如果只因為希望能提升長期獲利，而採取會削減短期利潤的行動，這類行動通常都不會成功，幾乎都是一廂情願的想法，總是無法達到最佳績效。」

下坡時網羅了李（Ralph Lee）、霍利（Bruce Wholey）、馮（Art Fong）和歐甫瑞克（Horace Overacker），是因為我們相信此時正是物色優秀技術人才的好時機。

這個決定最了不起的地方是，當時惠烈特和普克並不確定戰後企業的經營環境是好是壞，他們是否養得起這些人才。這是一場豪賭。事實上，惠普公司戰後確實經歷了一段辛苦的調適期，一直到一九五〇年才開始快速成長。但當惠普工程團隊開始大量推出創新又有利可圖的新產品時，惠普在一九四六年深具遠見的投資在往後二十年中獲得了豐厚的回報。

在惠普的成長過程中，惠烈特和普克經常強調，絕不要為了追求近利而妥協，以致犧牲了公司的根本原則和長期的健全發展。舉例來說，普克曾在一九七六年指出，只要他發現任何員工為了提升部門短期利潤，而違反惠普的道德規範，一律開革，無論是在任何情況下，也無論這樣做對公司目前的盈虧會造成任何影響，絕無例外。在普克看來，無論如何都必須維護惠普的長期聲譽。儘管如此，惠烈特和普克卻從來不以放眼未來為由，放鬆目前的壓力，怡然自得地安逸度日。表9.2為普克在一九七〇年代對惠普經理人的兩段談話，就是最好的證明。

持平而論，哈格帝（他在德州儀器公司的地位就等於普克在惠普的地位）也能以長遠的眼光引領公司前進。事實上，儘管德州儀器在一九四六年並不像惠普那樣面臨嚴重的財務危機，但哈格帝仍然聘請了不少來自研究實驗室的頂尖科學家。

不過哈格帝下台後，德州儀器卻沒能像惠普那樣設定艱難的自我挑戰目標，一方面在經營企業時放眼未來五十年的發展，但在當下仍展現極其卓越的年度績效。一九七〇年代，德州儀器採取了和惠普截然不同的做法，開始推出廉價的消費性產品，並且常常為了搶市場而不惜削價競爭，這通常犧牲了經銷商的利潤。一位經銷商曾在一九七九年指出：「德州儀器太急於壓低價格，以至於在消費者眼中，也連帶削弱了產品品質。」這樣的做法適得其反，結果德州儀器不但出現財務虧損，公司聲譽也因此受到影響。惠普始終兼顧短期與長期績效，德州儀器則一心一意在短期內擴大規模與快速成長，結果反而破壞了過去長期建立的良好基礎和卓越創新的產品聲譽，嚴重損害公司的前景。

惠普與德州儀器的對比，正說明了高瞻遠矚公司與對照公司的一個重要差別。在我們的研究中，高瞻遠矚公司比對照公司更習慣於為長期發展而投資、建設和管理。對高瞻遠矚公司而言，「長期」並不是指五年、十年而已，而是數十年（五十年還差不多）。不過，就短期而言，他們並不會因此就鬆懈下來。

高瞻遠矚公司的經理人不認為他們必須在短期績效或長期成功之間做選擇。他們的一切努力都是為了公司的長期發展，但同時他們仍然堅持必須達到極高的短期績效標準。

同樣的，在一家高瞻遠矚的公司中，安逸絕非目標。

投資於未來

在系統化地檢視研究樣本中的所有公司後，我們找到很多具體證據顯示：（在十五組公司中，有十三組的）高瞻遠矚公司比對照公司更著重於投資未來。

我們分析了從一九一五年以來的公司財務年報後發現，如果以投資額占年度銷售額的百分比作為指標，高瞻遠矚公司長久以來都比對照公司投入更多資金於物業、廠房及設備。同時，十五組公司中，也有十二組的高瞻遠矚公司每年將更高比例的盈餘投資於公司身上，分給股東的現金股利則較少⓬（請參見附錄三的表A.10）。

我們研究各公司歷史時發現，將研發支出獨立列在會計帳上的公司可說屈指可數。有些公司（例如沃爾瑪和萬豪）根本沒有符合傳統定義的研發支出。不過就我們掌握到資訊的幾家公司而言，（其中有八組的）高瞻遠矚公司在研究發展上的投資（研發支出占銷售額比例）高於對照公司。在製藥業，基礎研究可說是影響企業長期健全發展最重要的因素。而我們的高瞻遠矚公司研發支出占銷售額比例高出對照公司三〇％以上。舉例來說，從一九四〇年代起，默克藥廠投資於基礎研究的金額占銷售額比例就一直高於輝瑞藥廠，而且從一九六〇年

⓬ 原註：案例數目乃視能否取得長期一致的資訊而定，因此不同比較項目的案例數目不同。舉例來說，金融公司和娛樂公司與工業公司的會計項目不同。我們沒有把索尼／建伍包括在內。

代末期以來，默克藥廠的研發支出占銷售額比例也一直高於業界各家公司。默克藥廠在一九八〇年代能夠獨領風騷，這是重要因素。

高瞻遠矚公司也比對照公司更積極透過廣泛招募人才、員工訓練和專業教育計畫，來投資於人力資源。默克藥廠、3M、寶鹼、摩托羅拉、奇異、迪士尼、萬豪、IBM全都不吝於大筆投資於他們的「大學」或訓練中心，進行各種員工培訓計畫（對照公司也會投資於員工培訓，不過通常都較晚開始或重視程度不如高瞻遠矚公司）。例如，摩托羅拉的目標是每年每位員工要接受為期一週、共四十小時的訓練，並且要求每個事業部都必須將薪資總額的一．五％花在員工培訓上。默克藥廠的經理人都必須參加為期三天的訓練課程，學習人才招募和面談技巧。默克執行長魏吉羅很喜歡以下面的問題作為會議的開場白：「你們最近延攬到什麼人才？」基本上，我們注意到高瞻遠矚公司通常都比對照公司更用心設計徵才和面試流程，更廣泛招募人才，同時也要求經理人和專業人員投入更多時間於人才招募上。例如在惠普公司，事業部的新人通常都需經過至少八個部門資深人員的面試。

最後，高瞻遠矚公司比對照公司更早、也更積極投資於技術知識和新科技、新管理方式和創新的業界做法上。他們不會坐等外界要求才改變，他們通常比對照公司更早適應環境的變化。

奇異公司自創立以來，一直都比西屋公司更早接受新的管理方式，包括目標管理、分權式管理和充分授權等。事實上，奇異公司一直領先業界其他公司，推行新的管理方式。一九五六年，奇異公司分兩冊出版了《專業管理的經典論文》（*Some Classic Contributions to Professional Managing*），並將此書分送經理人。書中收錄的三十六篇論文代表了當代最重要

表 9.3　花旗銀行比大通銀行更早採取的做法

事業部獲利報表
績效獎金
主管培訓計畫
大學校園人才招募計畫
依業別（而非地域）來分組
全國性特許銀行
自動櫃員機
信用卡
零售業務分行
國外分行

的管理思維，奇異公司希望藉此在公司上下散播重要的管理觀念。

默克藥廠早在一九六五年就推行「零缺點」的全面品管流程，是最早採納這種做法的美國公司之一。默克也最早採納最新的財務分析方式——蒙地卡羅電腦模擬法（Monte Carlo computer simulations），因此能藉由長期分析，制定策略性決策。在關鍵的一九六〇到一九八五年間，菲利普莫里斯也比雷諾茲更早採用尖端生產技術。摩托羅拉承諾要採用重要的新科技，而增你智總是等到面臨市場壓力後，才被迫採用新科技。迪士尼一向不吝於投資新的電影科技，當競爭對手還滿懷疑慮地評估新科技可能的缺點時，迪士尼早已開始發揮新科技的功效。花旗銀行也總是比大通銀行更早投資於重要的新做法，有時候甚至提早二十年（請參見表9.3）。

對照公司不但動作較慢、也較膽怯。在好幾個案例中，經營團隊縮減對未來的投資，更糟糕的是，在公司發展的關鍵階段，經營者還拚命從公司身上搾取油水。例如一九七〇和一九八〇年代，當菲利普莫里斯孜孜不倦地努力坐上業界龍頭寶座（請參見第五章）時，雷諾茲的主管卻只把公司當成供應他們奢華享受的平台。他們購買大批噴射客機（當時被稱為「RJR空軍」），在機場蓋了昂貴的機棚（被稱為「企業機棚的泰姬瑪哈陵」），還建造豪華辦公室（被稱為「玻璃動物園」），以昂貴的古董家具和精緻藝術品來裝潢辦公室。（一位合作廠商說：「這是我合作過唯一一家沒有預算上限的公司。」）同時他們還贊助行銷價值不明顯的明星運動員和體育活動。當有人問道，這樣大筆花錢用意何在時，執行長強森（F. Ross Johnson）只簡單回答：「幾百萬美元就在時間的流沙中消逝罷了。」

麥道公司總是極度在意短期盈虧，甚至到了錙銖必較的地步，因此無法大膽躍向未來（包括對建造巨無霸客機一直遲疑不前）。到了一九七〇年代，麥道公司的保守作風已成為一再重複的型態。一九七八年，美國《商業週刊》為文指出，麥道公司的特色是「一毛不拔的濃厚習性」，描述麥道公司如何因為保守、短視、只重盈虧的作風，而決定不要發展新一代的噴射客機：「麥道公司的節儉和謹慎素來有名，他們把重心放在（舊機型）衍生的設計上……而不推動花費高昂的新機型開發計畫。」波音公司「迎向未來」的前瞻做法和麥道公司「一毛不拔的保守作風」恰好形成強烈對比，而且也充分反映在兩家公司超越半世紀的關鍵決策上。

幾十年來，高露潔公司一直忽視了在新產品開發、行銷計畫和工廠現代化方面的投資。以下內容摘自《富比士》雜誌和《財星》雜誌長期以來對高露潔公司的評論：

一九六六年：「必須有運作順暢的行銷機器，才能推出成功的新產品。經過利托長達二十二年的治理後（一九三八至一九六〇年），高露潔並沒有這樣的行銷機器。萊胥（George

H. Lesch）推出緊急計畫，想要在一夕之間創造出實驗投入三十年心血才達到的成果。」

一九六九年：「（高露潔）公司多年來都沒有推出任何重要的新產品，也沒有任何正在生產的新產品。事實上，從一九五六到一九六〇年，高露潔在美國的銷售量下降了。」

一九七九年：「佛斯特急於提高盈餘，所以大幅削減廣告預算，並且抑制研發支出。簡而言之，他等於向未來預支經費，寄望等明天經濟情況好轉後，他終能脫困。」

一九八二年：「高露潔目前是美國唯一沒有推出重要新產品的消費產品公司。」

一九八七年：「核心事業的獲利支撐了佛斯特的收購行動，但卻令財務吃緊，並且阻礙了新產品開發和工廠現代化的計畫。」

一九九一年：「開發突破性的產品必須投入鉅額成本。但馬克（Mark）是削減成本高手，他或許不願意和其他公司一樣付出必要的代價。高露潔只肯將年營收的二％撥作研發經費，而實驗的研發經費卻占年營收的三％。」

萬豪vs.豪生

一九六〇年代，豪生的老詹生突然退休，離開了一手創建的公司，把營運重擔交付給兒子小詹生。他的一位老同事說：「我從來沒看過這樣的事情，許多人都不想放掉一手創建的事業，而他卻就這樣走開，放手不管。」他留下的企業是美國最知名的企業之一，七百家餐廳和旅館遍布美國各地的公路周邊，全都有醒目的鮮橘色屋頂，在美國中部極受歡迎。萬豪的小麥瑞特當時表示，他希望父親交接給他的公司有朝一日能像豪生那麼成功。到了一九八五年，萬豪酒店不只和豪生同樣成功，而且已經遠遠超越了豪生。

究竟發生了什麼事？答案是：萬豪堅持自我紀律，努力不懈，持續改善，而豪生卻開始自滿。小詹生在一九七五年受訪時曾表示：「我們公司很被動，不會嘗試預先規畫未來。在我們這一行，你沒辦法看得太遠，也許只能看未來兩年。」豪生不願像萬豪那樣投資於因應特殊市場需求的旅館和餐廳，結果最後發現自己陷入困境，無路可走。萬豪即使在不景氣時，都積極為了未來發展而投資建設，豪生卻過於在意成本控制、效率和達成短期財務目標。萬豪努力改善服務品質，提高價值，豪生卻變成「價格過高、人力不足、菜色普通的酒店，受到一堆落伍構想的牽絆」。一位前豪生主管就評論道：「豪生總是有很多提升餐廳和旅館水準的構想，但卻從來不肯真的花錢改善。」一九七九年，豪生遭到帝國集團（Imperial Group）收購，但帝國集團六年後又以不到一半的價格將豪生賣掉，一位帝國集團的主管解釋原因：

利潤高是假象，因為他們忽略再投資的重要，拚命壓榨人力，不肯花錢翻新菜色或更新酒店，藉著不再投資而榨取利潤。

有一度，小詹生搬到紐約市洛克菲勒中心的高級大廈（棄其他經營團隊於波士頓而不顧），整天忙於在上流社會交際應酬。一位競爭對手指出：

每次我看到小詹生時，他總是告訴我他打算怎麼樣削減成本。我認為他花在自家餐廳的時間不夠多。如果他多花點時間在自己的餐廳吃飯，而不是動輒跑去21餐廳（紐約一家時髦的餐廳）用餐，他或許可以多領悟到一點東西。

而小麥瑞特則恰好相反，他過著簡樸的生活，恪遵所謂的「摩門教工作倫理」（每週工作七十小時），每年親自造訪兩百家萬豪分店，同時也期望其他高階主管和他一樣勤於巡視分店。

更重要的是，小麥瑞特將個人追求進步的驅動力傳遞給組織的每個層級。以下是我們這段期間在萬豪看到、但沒在豪生見到同樣的機制：

● 「賓客服務指標」是根據顧客意見卡和隨機抽樣的顧客調查所做的報告。經理人可以根據電腦報表追蹤自己的顧客服務指標，並據以調整改善。這份報告將影響經理人的紅利和升遷機會。

●為每位員工進行年度績效評估（從領時薪的員工到經理人都得接受評估）。

●根據服務、品質、乾淨程度和成本效益，頒發激勵獎金，範圍涵蓋各階層主管（一直到咖啡廳經理都包括在內）。

●利潤分享制度適用對象擴及全公司員工；員工最多可以將薪資的一〇％投入利潤分享信託基金，因此公司的進步會直接影響到員工福利。

●投資於大量面談應徵者，精挑細選，以招募到高素質人才。新開幕的萬豪酒店通常會為了一百個職缺面談一千多人。

●主管與員工培育計畫。早在一九七〇年代初期，萬豪酒店就已經將稅前盈餘的五％投入主管培育計畫。

●投資於一九七〇年完成的企業「學習中心」，擁有最先進的影音設備和電腦化教學科技。一九七一年《富比士》雜誌曾在報導中描述：「數百名萬豪經理人不斷湧進，參加充電課程，新進員工則來接受新人訓練的洗禮，學習如何做好準備工作和提供完善的服務。」

●「幽靈顧客」是假扮為顧客的督察人員。如果酒店提供的服務很棒，幽靈顧客會掏出一張名片，後面夾著十元美鈔；如果服務水準尚待改善，那麼服務人員拿到的卡片後面沒有十元美鈔，而且卡片上會寫著：「嗚！」拿到「嗚！」卡的人會再度被送去受訓。每位員工可以有三次改進的機會。

給企業家和經理人的建議

萬豪蒸蒸日上，而豪生卻每下愈況，這正好是絕佳的範例，足以說明本章想要提供的教訓。但我們原本大可挑選其他許多例子。我們可以描述艾美絲百貨如何遲遲未採取創新的零售方式，以至於落後沃爾瑪，同時又未能及早投資像條碼掃描之類的新技術，只因為至少要等到兩年後，投資才能回收。我們也可以描述諾頓如何拚命剝削各個事業部，以至於有些事業部的窗戶甚至幾個月都沒有洗，因為員工把每天都當成是最後一天上班。我們可以鉅細靡遺地描繪增你智如何忽略了在固態電子方面的投資（一九五〇年代，增你智是最後一家改用印刷電路板的電子公司），遲遲沒有跨入彩色電視機的領域，同時還為了提高利潤，削減研發經費，以至於損害了增你智在品質上的聲譽，而同一時期，摩托羅拉和日本廠商卻不斷改進。以此類推。

的確，自我改善的紀律是高瞻遠矚公司和對照公司之間最明顯的差異之一。就「不安機制」和「為未來投資」這兩項指標而言，我們發現在十八組案例中，有十六組的高瞻遠矚公司比對照公司更努力鞭策自己不斷改善（請參見附錄三表A.10）。

如果你的工作和建立及經營公司有關，奉勸你好好思考下列幾個問題：

- 你可以創造出什麼樣的「不安機制」來消除自滿的心態，從內部激發變革和改善，同時又能符合公司的核心理念？你要如何讓不安機制發揮強大的功效？
- 你要如何在投資未來的同時，又能展現卓越的短期績效？貴公司是否能比同業更早採用創新的方式和新科技？
●當公司走下坡時，你的因應之道為何？貴公司即使在處境艱困時，是否仍然能持續為了長期發展而厚植實力？
●貴公司員工是否了解「安逸」並非公司追求的目標——在高瞻遠矚公司裡，從來不會有安逸的日子可過？貴公司是否拒絕把表現不錯當做終極目標，而要以嚴謹的紀律，永不懈怠地力求明天要比今天更好？

在本章中，我們看到了好消息，也看到壞消息。好消息是，成為高瞻遠矚公司的其中一個關鍵要素非常簡單：努力不懈，致力於自我改善，同時持續為了未來發展而厚植實力，那麼你們的路將能走得很長遠。就這麼簡單明瞭，每個經理人都能輕易做到。壞消息是，要打造一家高瞻遠矚的公司必須非常、非常努力，耗費極大心力和成本於自我改善和未來發展上，沒有任何捷徑，也沒有偏方。如果你想要建立高瞻遠矚的公司，就必須願意長期辛苦耕耘，努力不懈。成功從來都不是最終的結果，這是豪生酒店從來不曾學到的教訓。

黑帶高手的寓言

想像一下，一位武術高手在辛苦獲得黑帶資格後，在頒發儀式中跪在師父面前。經過多年無休無止的訓練，他的武術造詣終於達到巔峰。
「在頒發黑帶給你之前，你還需要通過最後的考驗。」師父說。

「我準備好了。」徒弟回答，預期或許要再比劃一回合。

「你必須回答下面這個重要的問題：黑帶的真義是什麼？」

「是我旅程的終點，」徒弟說，「我辛勤苦練後應得的報酬。」

師父顯然不滿意這個答案，靜候徒弟還有沒有話要說。最後師父說：「你還沒有準備好，還不能成為黑帶高手。一年後再回來。」

一年後，徒弟又跪在師父面前。

師父又問：「黑帶的真義是什麼？」

「是卓越的象徵，武術的最高成就。」徒弟回答。

師父靜默了好幾分鐘，繼續等待，顯然他還是不滿意，最後他說：「你還是沒有準備好，一年後再回來。」

一年後，徒弟再度跪在師父面前。師父又問了一次：「黑帶的真義是什麼？」

「黑帶代表開始——黑帶開啟了一場永無休止的旅程，必須秉持紀律、努力不懈、不斷追求更高的標準。」徒弟說。

「沒錯，你已經準備好了，可以領取黑帶、開始努力了。」

第十章

高瞻遠矚的起點

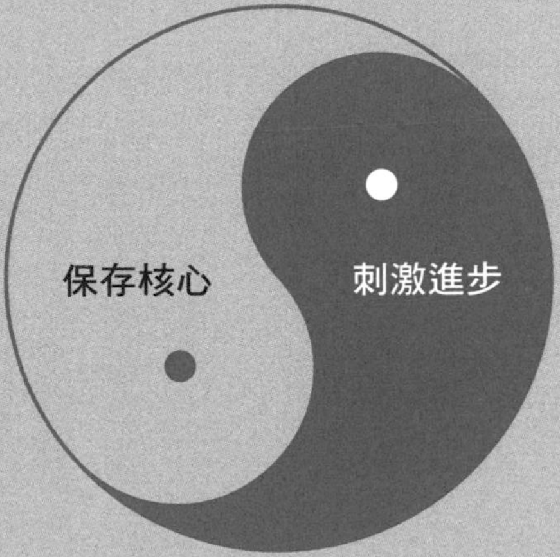

在惠普工作就好像置身於音樂室中，
十支喇叭前後左右相互呼應、彼此強化。
高瞻遠矚公司不會
單單仰賴任何一個方案、策略或領導人，
重要的是將所有一切融為一體。

這不是結束，甚至不是結束的開始，但或許是開始的結束。

——邱吉爾（Winston S. Churchill）

近數十年來，企業界很流行耗費無數的時間和金錢，來擬訂好聽的願景宣言、價值宣言、使命宣言、目的宣言、抱負宣言等等。這些宣言都很好，而且可能也很有用，卻不是高瞻遠矚公司的根本要務。企業不會單單因為有了「願景宣言」（或類似的東西），就成為高瞻遠矚的公司！如果你放下本書後，以為建立高瞻遠矚公司的重要步驟乃是擬訂這樣的宣言，那麼你完全弄錯了。宣言或許是很好的起步，但不過是起步而已。

高瞻遠矚公司的根本要素在於，能將核心理念和追求進步的驅動力轉化後，融入組織的各個部分，展現在目標、策略、戰術、政策、流程、文化措施、經營管理模式、辦公室設計、薪資制度、會計制度、職務設計等企業所做的每一件事情當中。高瞻遠矚公司創造出一個整體環境，讓浸淫其中的員工不斷接收到協調一致並彼此強化的訊息，因此員工幾乎不可能誤解公司的理念和抱負。

協調一致的力量

我們在前面幾章中，已經以不同的方式說明了這個觀點。但是由於這個觀點非常重要（的確，這可能是你讀完本書後吸收到的最重要觀點），因此我們要利用這短短的一章來說明貫穿全書的核心概念「協調一致」，為本書的發現做個總結。當我們說「協調一致」時，只是想表示公司所有的重要元素都能符合核心理念的內容和公司希望達到的進步（如果你喜歡的話，也可以稱之為「願景」），而且能協調一致地發揮功效（在我們看來，願景就是永續的核心理念加上預見未來將達到的進步）。請參考下面三個能達到協調一致境界的範例。

福特化口號為行動

我們之前談過，在福特公司一九八〇年代反敗為勝的過程中，福特高階主管擬訂的「使命、價值與指導方針」如何扮演關鍵角色。「使命、價值與指導方針」重視人和產品甚於獲利，並且強調品管、員工參與及顧客滿意的重要性。但福特汽車之所以能反敗為勝，並不是靠「使命、價值與指導方針」，至少不是單單靠「使命、價值與指導方針」宣言。如果福特當時沒有將「使命、價值與指導方針」轉化為實際的行動，讓公司的營運措施和策略都與「使命、價值與指導方針」協調一致，那麼福特就無法成功地反敗為勝，而本書也不會描述福特的故事了。

當時是福特有史以來第一次全面執行統計品質管制的方法，並且還指示生產經理，如果碰到零件不良或材料不佳的情況，不惜停掉生產線。但福特並非只在自家工廠推動這樣的做法，而是把追求品質的動力傳達給供應商，他們推動所謂的「Q1」計畫，根據品質評比和供應商是否推動統計品管，來篩選供應商，還為供應商舉辦訓練課程並提供實際協助，幫助他們達到「Q1」的標準，同時福特公司還持續增加不同的標準。

此外，福特也制定員工參與方案，讓生產線員工成為推動品質改善的要角，同時也設立參與式管理方案，指導經理人和督導人員如何協助推動員工參與，強調參與式管理的能力是主管升遷時的重要考量。為了讓公司內部訊息更加流通，員工對公司更有參與感，福特公司還特地投資設立衛星電視系統，來發布與福特相關的新聞和訊息，因此許多消息早在電視還未播出或報紙未刊出之時，福特的員工就已經知道了。為了強化員工參與和公司成功的關聯性，福特也和工會協商出利潤分享辦法，這是福特和聯合汽車工會（United Auto Workers）的合約中首度納入這類條款。由於一九八〇年代初期，福特公司和勞工的關係大幅改善，工會甚至在福特執行長卡德威爾（Philip Caldwell）退休時，頒給他榮譽會員的資格，這是聯合汽車工會有史以來第一次接納美國汽車公司的執行長為會員。

為了讓福特公司在「汽車」本業上重振雄風，福特設立了一個獨立部門，其膽大包天的目標是設計出一輛真正世界級的全新汽車，而且設計時要比以往（從T型車以來的任何時候）都更考慮到顧客需求。在福特支持下，後來眾所周知的金牛貂計畫（Taurus/Sable）得到三十二億五千萬美元的預算，是福特有史以來最大的一筆預算，而且福特早在新車進入量產之前多年，就廣泛蒐集生產線工人對設計的意見。為了強調顧客意見和滿意度的重要，福特的高階主管還親自參加焦點團體的討論，直接聽取顧客的意見。福特公司並廣泛推動「品質、承諾、績效」追蹤計畫，蒐集顧客對於經銷商服務品質的意見，同時設立總裁獎來表揚顧客滿意度最高的經銷商。

福特公司用數百種大大小小不同方式，將「使命、價值與指導方針」融入日常措施中，轉化為實際行動。這才是在背後推動福特反敗為勝的真正力量。你能想像如果福特公司發表了「使命、價值與指導方針」後，卻沒能將口號化為實際行動時，會遭到什麼樣的冷嘲熱諷嗎？無論工人、顧客、股東都會抱著懷疑的態度，而福特或許就無法反敗為勝了。

媲美哈佛、麻省理工的「默克校區」

一九二〇年代末期，喬治・默克提出了默克藥廠願景的核心骨幹。他希望默克藥廠能秉持正派經營、對社會有貢獻、對顧客和員工善盡職責、追求品質與卓越的核心理念，透過創新醫藥科技而造福人類，成為世界一流的企業。默克藥廠並非將獲利當成主要目標，耀眼的利潤是成功達成上述任務後自然產生的結果。他在一九三三年為默克研究實驗室舉行揭幕儀式時表示：

> 我們相信，能以耐心和毅力持久進行的研究工作，終將為工商業注入新生命。我們相信在這個新的實驗室中，藉由我們提供的新工具，將能促進科學發展，增進知識，使人類免於病痛……我們發誓將盡一切力量，使本企業不負我們對它的信念。請盡情綻放你們的光芒，因此所有追求真理的人、致力於讓世界變得更美好的人、在社會經濟的黑暗時期高舉科學與知識火炬的人，都將獲得新的勇氣，感到備受支持和鼓舞。

默克動人的宣示當然令人感佩，尤其是他早在六十年前「願景宣言」還沒有蔚為風尚時，就說出這番話，更是高瞻遠矚。但是儘管他的話語和感情都發人深省，扣人心弦，單單如此，卻無法令默克藥廠成為高瞻遠矚的公司。默克藥廠之所以卓然超群，是因為它能始終如一地奉行核心理念，追求默克希望的進步。

舉例來說，默克藥廠並非單單建立起標準的研發實驗室就算了，而是進一步設定膽大包天的目標：立志建立「能夠與大學和研究機構相提並論」的卓越研究能力。事實上，默克刻意將研究實驗室設計得很像大學實驗室，並且營造一種學術氣氛，因此大家很快就開始稱之為「默克校區」。而且默克藥廠並沒有將研究成果封鎖起來，反而鼓勵默克的研究人員將成果發表在科學期刊上，因此吸引了許多頂尖科學家加入。默克也鼓勵研究人員和學術機構或其他（不具競爭性的）業界研究機構合作，這種不尋常的做法更提升了默克的研究品質。默克藥廠從學術界延攬知名的科學家來擔任董事，並設計雙軌升遷制度，因此不願升任主管的科學家不會在薪資報酬方面受到虧待。默克甚至在招募人才的宣傳資料上列出公司研究人員在期刊上發表的研究成果，就好像學術機構會列出教授發表的論文一樣。一位科學家表示：「默克藥廠就好像哈佛、麻省理工學院或任何聲譽卓著的研究機構一樣，你必須非常渴望在你的領域從事科學研究。」

為了進一步鼓勵科學探索和實驗，默克賦予研究科學家「最大的空間來進行研究，最大的自由度來追上最富潛力的新科技，無論這些研究和企業實質報酬是多麼不相干」。和大多數美國公司不同的是，在產品明顯進入開發階段之前，默克嚴禁行銷部門插手干預純粹的科學研究過程。執行長魏吉羅指出：

我們讓研究單位完全掌控基礎研究，在產品開始進行人體實驗之前，不讓行銷部門插手。我們不希望關於「市場潛力」的種種考慮，阻礙了可能帶來重大突破的基礎科學研究和實驗。

六十年來，默克藥廠一直遵從類似的做法，儘管很多時候，他們的做法違背了傳統的企業教條。默克在過程中增添了許多雖打破傳統、卻十分符合默克理念的做法。比方說，默克不願意把預算當做規畫或控制研發計畫的手段。默克建立新產品開發小組後，不會提撥預算給每個小組，小組召集人必須說服不同領域的科學家加入小組，並且將他們手上的資源投入研究計畫。這種做法塑造出「適者生存」的選擇機制，最好的計畫將能吸引到最充裕的資源，而不好的計畫則自然遭到淘汰。

和其他多角化發展的競爭對手不同的是，默克採取了一種突破傳統的策略，成為最不多角化發展的製藥公司，把所有賭注全押在研發突破性的新藥上。默克恪遵嚴格的自我要求，除非新產品能大幅超越競爭對手，否則絕不推出上市。這是非常高風險的策略，如果沒有辦法持續推出好產品，公司將無藥可賣。

事實上，默克藥廠在發展過程中，曾經設立許多膽大包天的目標，但這些目標都與默克的核心理念完全契合。

一九三〇年代初期：默克藥廠膽大包天的目標是建立「能夠與大學和研究機構相提並論」的卓越研究能力。

一九五〇年代初期：膽大包天的目標是轉型為完全整合的製藥公司，以充分參與醫藥界的戲劇性轉變；因此大膽收購製藥業巨人沙東藥廠（Sharp & Dohme），獲得完善的經銷通路和行銷網絡。

一九七〇年代末期：膽大包天的目標是「讓默克在一九八〇年代成為全球一流的卓越藥

廠」。

一九八〇年代末期：膽大包天的目標是成為第一家針對每一種疾病都進行尖端研究的藥廠。

一九九〇年代初期：膽大包天的目標是「重新定義製藥業典範」，以六十億美元收購美可保健公司（Medco），與顧客產生更直接的連結。

默克藥廠長期以來，一直秉持核心理念，履行企業責任。許多公司都喜歡暢談企業的社會責任和機會均等之類的崇高理想，但是有多少公司能像默克這樣，早在一九四四年就率先捐款給黑人大學聯合基金會（United Negro College Fund）？有多少公司能像默克這樣，早在一九六〇年代就領先業界，成立少數族群事務處？有多少公司能在一九七〇年代，就要求所有高階主管在年度目標中納入平權措施，並且將實施平權措施的績效與紅利、股票選擇權和考績掛鉤？有多少公司能因為「積極招募、開發與拔擢女性及少數族群人才」，而獲得全美婦女會（National Organization for Women）的肯定？有多少公司能被《黑人企業》（*Black Enterprise*）和《職業婦女》（*Working Mother*）等雜誌選為全美最適合女性和少數族群工作的環境？有多少大型企業能任用女性擔任財務長？有多少公司能在二次大戰結束後，在無利可圖的情況下將鏈黴素引進日本，以防止日本社會爆發嚴重的肺結核疫情？有多少公司會決定開發治療河盲症的藥物，並免費提供藥物給患者？有多少公司會明確設定膽大包天的環保目標：「在一九九五年之前，減少九〇%的毒素排放」？

的確，和絕大多數公司比起來，默克藥廠更能始終如一地將企業的社會良知轉化為實際做法。

默克並非只憑空期望員工會不斷進步和追求卓越，而是致力於追求進步和卓越。應徵到默克上班的過程就好像申請研究所一樣嚴謹。默克通常會要求應徵者附上推薦函，說明他們具備了什麼樣的條件，簡直像一流大學招生過程一樣嚴格。

默克投入極大心力於員工招募、培育及留住人才。公司評估主管的重要指標之一，就是主管招募和留住頂尖人才的能力。一九八〇年代，默克就已是業界員工流動率最低的公司之一（美國企業平均二〇％，而默克只有五％）。

最後，默克藥廠年復一年，日復一日，不斷透過股東報告、人才招募資料、員工手冊、公司內部出版品、歷史錄影帶、主管演說、新人訓練、提供雜誌和期刊的文章，以及不計其數的內部刊物和通訊，強化核心理念。當我們要求默克寄一些能夠描述默克價值和目的的文件給我們時，他們提供了八十五種資料，有的資料年代久遠，可溯及二十世紀初。一九九一年，默克舉行了盛大的百週年慶，發表了許多書籍、文章、演說、錄影帶、歷史分析，全都強調公司的傳統和價值。在默克上班的人簡直不可能不受到這些核心理念的影響；默克的理念可說早已滲透到公司的所有事務中，而且已經這麼做長達百年之久。正如掌管默克科學與技術政策的史特奇歐（Jeffrey L. Sturchio）所說：

> 到默克工作之前，我曾在另一家美國大企業上班，兩家公司的基本差異乃在於言與行的對比上。另外那家公司也高談價值和願景等等，但說一套、做一套，言行之間有很大落差。而默克說的話與做的事完全一致，沒有落差。

傳達「惠普風範」的無數小故事

惠烈特和普克希望打造惠普公司為企業模範，以進步的人事制度、創新的文化和創業精神，以及產品在技術上有卓越貢獻而聞名於世。普克寫道：「我們的主要任務是設計、開發和製造出最好的（電子設備），以促進科學發展，增進人類福祉。」惠普的主管特曼（Fred Terman）則以「模範社會機構」來形容惠普公司的抱負。後來，惠烈特更進一步將惠普的指導原則濃縮為所謂的「四個必須」：

惠普必須在能獲利的情況下成長；惠普必須透過技術上的貢獻而獲利；惠普必須肯定並尊重員工的個別價值，並且容許員工分享公司成功的果實；惠普必須在社會上善盡企業公民的責任。

這些全都是很好的原則，但如果不能化為實際行動，那麼惠烈特和普克的願景就毫無價值。可是惠普公司和默克藥廠一樣，他們之所以卓然超群，不是因為核心價值和抱負特別偉大，而是因為他們能一以貫之地將核心理念融入公司的實際營運中。

舉例來說，惠普長久以來，一直以各種具體做法，展現對員工的尊重。一九四〇年代，惠普推出「生產紅利制」（也就是利潤分享制），讓清潔工和執行長以同樣的比例分紅，而且還為所有員工設計了急難醫療保險計畫。這在當時簡直是聞所未聞的做法，尤其當時惠普還是小公司，顯得更加難得。

當惠普在一九五〇年代上市時，公司上上下下所有到職半年以上的員工都自然擁有股票選擇權。後來，惠普又很快推出員工股票認購計畫，由公司補助二五％的款項。為了減少裁員的可能，惠普放棄了大型國防合約（儘管有利可圖），以免陷入不斷「雇人又解雇」的做法。惠普要求事業部在對外招募人才之前先對內求才，為所有員工提供更穩固的就業保障。當全公司營運都走下坡時，惠普通常都要求所有員工每隔一週的週五休假，並且削減一〇％的薪水，而不是裁掉一〇％的員工。惠普是全美率先為所有階層的員工推出彈性工作時間、並且以大規模員工意見調查來了解員工需求的公司之一，惠普也是最早推出門戶開放政策的公司之一，員工如果有任何不滿，可以一路上訴到最高主管的層級，而不會遭到懲罰。為了鼓勵內部溝通和不拘形式的交流，抑制官僚作風，惠普推動開放式辦公室，任何層級的主管都不能擁有「有門的」私人辦公室，這種做法在一九五〇年代非常罕見。難怪惠普公司的員工一直沒有成立工會，一位惠普人指出：

好幾次都有人試圖組織工會，卻都徒勞無功。惠普的員工覺得自己和管理階層早已融為一體，公司甚至會在咖啡時間，邀請在寒風中示威抗議的工人進來分享熱咖啡和甜甜圈，你說在這樣的公司裡，工會還能有什麼作為呢？

同樣的，惠普採取許多行動來強調技術貢獻的重要性，營造瀰漫創業精神的工作環境。早在一九五〇年代，惠普就盡量從聲譽卓著的工程名校網羅成績前一〇％的應屆畢業生，而不是從業界延攬經驗較豐富、但才華沒那麼出眾的工程師（三十年後，美國工程名校畢業生依然嚮往進入惠普工作）。惠普和3M一樣，採取的策略是讓成長的主要動力來自於每年推出更好的新產品，而不是跟隨著產品生命週期自然起伏，努力提高老舊產品的單位產量。一九六三年，惠普的年度銷售額中，有一半以上來自前五年新推出的產品。到了一九九〇年，更進步到有一半以上的銷售額來自前三年新推出的產品。而且這些新產品並非隨便推出，無論市場潛力有多大，所有與同業雷同或模仿的產品一律遭到惠普淘汰出局。惠烈特解釋：「如果你有機會旁聽我們的主管會議，你就會發現很多構想遭到否決，是因為大家覺得推出這樣的產品到市場上，在技術上並沒有充分的貢獻。」由於惠普為自己設定了嚴苛的標準，因此直到他們想清楚新產品如何在技術上有所貢獻之前，一直避免跨入量大的暢銷產品市場，例如製造IBM相容個人電腦。以下為一九八四年，一位資深實驗室主管和年輕產品經理之間的討論：

產品經理：「我們必須現在就推出IBM相容個人電腦，這是市場大勢所趨，這裡會有很大的需求量，這是顧客需要的產品。」

實驗室主管：「但我們在技術上能有什麼貢獻呢？除非我們想到法子，讓我們的IBM相容電腦在技術上擁有明顯的優勢，否則我們不能這樣做，無論市場多大都不行。」

產品經理：「但萬一那不是顧客想要的產品呢？萬一他們只想在電腦上用軟體，根本不在乎什麼技術上的貢獻呢？萬一我們現在不趕快採取行動，市場的大門就要關起來了呢？」

實驗室主管：「那麼我們就不應該跨進這門生意，我們不是這樣的公司，我們就是不該進攻不重視技術貢獻的市場。這完全不是惠普公司存在的目的。」

結果實驗室主管贏得最後勝利，這是惠普一向的作風。惠烈特表示：「儘管行銷人員也非常重要，但是在界定產品時，他們必須退居次要地位。」多年來，惠普一直避免受市場干預，而寧可聽取工程師的意見，也就是所謂的「鄰座同事症候群」（Next Bench Syndrome）⓭策略，即由工程師自行解決技術問題，並藉此找到對技術或市場有所貢獻的商機。惠普在一九五〇和一九六〇年代將產品清單命名為「對測試設備領域的貢獻」，這個有趣的細節正充分顯露出惠普的想法。公司通常會大張旗鼓地表揚發明新產品的工程師，而不是銷售產品的人。升遷制度也反映出惠普公司強烈的工程導向；惠普公司的事業部總經理有九成以上擁有技術學位。

為了提倡創業精神，惠普很早就採取的管理方式是：「提供明確的目標，讓員工擁有很大的自由度來達成目標，最後還要讓個人貢獻受到組織上下一致的肯定，因此激勵員工奮發圖強。」當惠普在一九五〇年代急速擴張時，他們將這種管理方式擴及分權式的組織結構中，當時惠普成立了許多自主管理的事業部，這些彷彿小公司的事業部自行控制研發、生產和行銷策略，在制定營運決策時也擁有極大的自由度（當然，仍然要符合惠普的核心理念）。

每當要跨入新領域時，惠普通常都會成立新事業部，同時放任新事業部自行決定應該採取什麼方式跨入新市場。根據惠烈特的說法：

⓭編註：「鄰座同事症候群」是指每當惠普的工程師萌生任何新構想時，往往會先聽取鄰座工程師的意見，一起討論解決技術問題。因此惠普推出的產品往往是能吸引工程師的產品，而非針對一般社會大眾的需求。

我們只告訴他們：「這是我們想要跨入的新領域，現在就交由你們來決定究竟要進攻哪項特殊產品。」我們假定他們會用最先進的現有科技來設計產品。

為了進一步加強創業精神，惠普將事業部分散在好幾個州，而不是全集中在總公司附近。他們設立研發基金來獎勵創新，最能創新的部門獲得最多資源（雖然惠普設立了中央實驗室──「惠普實驗室」，但仍將大部分的研發預算分配給各事業部）。工廠唯有（靠自行籌募的資金）研發出創新產品並推出上市後，才能名正言順地提升到事業部的地位。和其他公司不同的是，惠普鼓勵海外事業部發展研發能力，而不是只充當銷售中心。

此外，無論當前流行的管理理論或思潮怎麼說，惠普往往有所不為，而惠普不做的事情和惠普做了什麼事同樣重要。比方說，還記得由於惠烈特和普克認為借貸將腐蝕公司紀律，因此惠普拒絕舉債（即使這是「不理性」的做法）嗎？此外，惠普一直避免讓創投公司之類的外部投資者參與公司經營，因為「他們可能會迫使公司成長太快，而如果公司成長太快，就可能喪失核心價值」，這種做法也和大多數高科技公司大不相同。惠普還禁止人事部門涉入人事問題，這和大多數公司的做法更是南轅北轍：

照顧自己的部屬是每位主管最重要的職責……我們絕不期望人事部門為經理人處理人事問題，要成為好主管，就必須接受這份責無旁貸的任務，好好處理人事問題。

一九七〇年代，當「學習曲線和市場占有率」理論席捲美國企業界，成為流行的公司策略時，惠普的做法正是絕佳的範例，足以顯示惠普如何遵循自己的願景，而沒有盲目跟隨時髦的管理思潮。當時經過知名管理顧問公司大肆宣揚和一流商學院課程鼓吹，「學習曲線和市占率」理論為數以千計的企業主管採用，成為流行的管理工具。許多公司經理人都根據這個理論（市占率愈大，則成本愈低，利潤愈高）而展開削價競爭，搶占市場。幾乎有十年之久，這個理論成為企業策略思考的主流觀點。但在惠普則不然，惠普公司明確拒絕遵從學習曲線的理論，自行建立與眾不同的標準：「如果產品還不夠好，沒有辦法在上市的第一年就展現出色的獲利能力，那麼這就不是有顯著技術優勢的產品，惠普公司不應該製造這樣的產品。」普克在一九七四年告訴惠普的經理人：「如果我聽到任何人談論他們的市占率有多高，或他們正在用什麼方法提高市占率，我一定會讓他們的人事資料留下汙點。」

最後，惠普（和福特、默克一樣）花費極大心力讓員工持續浸淫在所謂的「惠普風範」中。一九五〇年代，惠烈特和普克率領所有的惠普經理人遠離辦公室，參加「索諾瑪大會」（Sonoma Conferences）。他們在會議中將惠普的理念和抱負形諸文字，寫成文件，「有點類似美國憲法，這份文件表達了基本理念，但又容許不同時代的詮釋和修正。」不久以後，惠普就開始推行嚴格的內部升遷政策，廣泛面談員工，強調員工「融入和適應」惠普風範的能力，並且規畫訓練課程，灌輸第一線督導人員正確的觀念。「我們很早就體認到，灌輸第一線經理人公司核心理念非常重要……因為對大多數人而言，他們就代表公司。」普克解釋。

我們在一百多份公司紀錄中（無論是公司內部談話、對外演講、書面資料或個人談話紀錄的文件中），都看到惠普經理人明確談到惠普的價值與目的。事實上，數十年來，惠普員工不斷討論和實踐這些理念。多年來，我們也反覆聽過幾十個「惠烈特和普克的小故事」，這些故事充分傳達了惠普風範的精髓。例如，惠烈特有一次在週末時發現公司的儲藏室被鎖起來了，於是他拿了一把破壞鉗剪斷鎖鏈，把碎片留在經理人的桌上，附上一張小紙條，說明將儲藏室上鎖不符合惠普尊重員工的理念。無論這些故事是真是假，都說明了惠普的經營階層不斷努力讓惠普風範融入員工的生活方式。長期擔任惠普實驗室總經理的奧利佛（Barney Oliver）描述惠普崛起的經過時，指出：

當我在一九五二年剛到惠普上班時，立即就明顯感覺到惠普的將近四百名員工幾乎都對公司有一種超乎尋常的熱情和忠誠，並且非常以公司為傲……正如一位員工所說：「我感覺好像是惠烈特和普克在為我工作，而不是我在為他們工作。」今天令許多訪客深感訝異的是，惠普在成長為大公司之後，仍然保留了這樣的精神。在員工人數超出一萬七千人的大公司中還看得到這樣的精神，實在十分難得，卻不足為奇，因為深一層思考，早期所經歷的一切就彷彿管理教育的過程……早期員工大多數變成惠烈特和普克的分身，延伸他們的人格與傳播他們的理念，當這些員工擔任生產線領班、督導人員或事業部主管時，他們就會將這些理念和技巧付諸實行……我們全都相信（這些理念），而且也實踐這些理念。這些理念早已融入我們的生活方式之中。

給企業家和經理人的一堂課

如果你們和一九五〇年代的惠烈特和普克一樣，願意花費心力討論公司的理念，那麼我們要為你們喝采。我們鼓勵你們就好像一九三〇年代的喬治・默克一樣，為公司設定遠大的抱負。我們希望你們好像福特公司一樣，想要把公司的願景訴諸文字，記錄下來。但千萬不要忘了，單單靠這些步驟，並不能打造出高瞻遠矚的公司。你永遠無法達到協調一致的最終境界，永遠無法獲致最後的成功，因為你必須持續不斷地努力，永無止境。以下是一些指導原則：

一、描繪出調和的完整圖像

這些關於福特、默克和惠普鉅細靡遺的描述，可能已經快讓你受不了了。而這正是重點所在！

> 高瞻遠矚公司不會仰賴任何一個方案、策略、戰術、機制、文化模式、象徵性的姿態或執行長的演講來保存核心和刺激進步，重要的是將所有的一切融為一體！

重要的是能長時間整合所有的一切，並使之協調一致。必須靠無數的訊號和行動，持續加強核心理念和刺激進步，才能打造出高瞻遠矚的公司。如果單獨檢視一個個小細節，就會發現每個關於福特、默克和惠普的事實都微不足道，當然不可能因此成就高瞻遠矚公司。但是當數百個細節加起來時，卻形成了一幅協調一致的整體圖像。

如果你得出的結論是，可以單獨實踐本書的任何一章，藉此打造出高瞻遠矚的公司，那麼就大錯特錯了。單靠核心理念無法畢其功，單單追求進步也無法奏效，單靠膽大包天的目標也辦不到，只靠自主營運和創業精神也不夠，單靠自行培育主管、教派般的文化或不滿於現狀，也都無法打造高瞻遠矚的公司。

高瞻遠矚公司就好像偉大的藝術品。想想看米開朗基羅在西斯汀禮拜堂（Sistin Chapel）圓頂所創作的創世紀壁畫，以及他的大衛雕像；想想看歷久不衰的文學傑作，例如《頑童流浪記》（*Huckleberry Finn*）或《罪與罰》（*Crime and Punishment*）；想想看貝多芬的第九號交響曲或莎士比亞的《亨利五世》（*Henry V*）；想想看美麗的建築物，例如萊特（Frank Lloyd Wright）或范德羅（Ludwig Mies van der Rohe）的設計。你沒有辦法單單指出是哪一項特質讓整件作品綻放光芒，因為是所有的一切，是所有的片段融為一體後而創造出的整體效果，才能造就恆久卓越的偉大藝術品。而且不只是那些較大的片段很重要，小小的細節也非常重要，像是詞語的轉折、在適當的時刻改變節奏、在邊間完美地裝一扇窗或將雕像眼睛刻劃出細膩的表情。正如同偉大的建築師范德羅所言：「上帝存在於細節之中。」

二、千萬別輕忽微不足道的小事

員工每天並非都在「宏觀願景」中工作，而是忙著處理公司和生意上的種種繁瑣細節。我們並不是說宏觀的圖像不重要，但要打動人心、傳達出強而有力的訊息，往往還是得靠微不足道的小事。所謂的小事，包括像諾斯壯給業務員的名片傳達的訊息是：「我們希望你成為銷售專家。」或在沃爾瑪，連最基層的員工都會收到一份完整的部門財務報告，這傳達的訊息是：「你是公司的重要夥伴，我們希望你把你的部門當成自己的事業來經營。」或像摩托羅拉董事長會坐下來聆聽品質改善報告（總是最優先的議題），卻在財務報告時離開，所傳達的訊息是：「改善品質是我們的聖戰，而不是只要賺錢就好。」或嬌生公司容許事業部把自己的標誌放在產品上，而不放公司標誌，所傳達的訊息是：「我們希望你們抱著自主管理的心態、創業的精神來經營事業部。」或菲利普莫里斯每個月發薪水的時候，同時贈送員工一盒香菸，傳達的訊息是：「無論衛生署怎麼說，我們都以我們的產品為榮。」諸如此類的小事。

社會認知研究顯示，員工會接收到工作環境中散發的所有大大小小的訊息，這些訊息成為他們行為舉止的重要依據。人們通常都會注意小事，他們記得的故事不見得是偉大英雄的事蹟，而是像剪斷儲藏室鎖鏈之類的小事。員工都希望相信公司的願景，但仍然會密切注意公司在小地方是否言行不一，讓他們感嘆：「啊哈！看吧，我就知道公司只是虛晃一招罷了，他們並不是真的相信自己說的話。」

三、集中力量，而不要亂槍打鳥

高瞻遠矚公司並非隨隨便便就推出一套機制或流程，他們推出的制度都會彼此強化，群集之後發揮強大的威力，展現綜效和連結的力量。請注意福特公司集中力量後發揮的綜效：依據參與式管理的能力而制定的升遷標準強化了參與式管理訓練課程的功效，因此強化了員工參與的程度，於是進一步強化了統計品管方法的成效。請注意默克藥廠集中力量後發揮的綜效：雙軌升遷制加強了「默克校區」的吸引力，再加上默克容許科學家對外發表研究成果，以及與外界科學家合作，都有助於默克網羅到頂尖科學家。請注意，每個在惠普上班的人都不可能忽視以下訊息：經理人最好善待部屬，或每個事業部的獲利來源最好都出自技術上的貢獻。在惠普工作就好像置身於裝設了十支喇叭的音樂室中，十支喇叭相互呼應、彼此強化，從地板、天花板、前後左右，傳送出一致的訊息。

四、即使逆流而上，仍要堅持走自己的路

還記得默克和惠普當初如何為了忠於自我，而採取了違反傳統的做法。所謂「協調一致」，表示最重要的是聽從自己內心的指引，而不是受到外界種種標準、做法、傳統、趨勢、時尚和流行口號的左右。我們並不是叫你不顧現實，恰好相反，但你們在因應現實時，應該遵從自己的理念和志向。如果做對了，你們特殊的做法和策略很可能讓競爭對手、媒體、企管教授和其他人全跌破眼鏡，儘管這些做法對你們公司而言，其實再合理不過了。

舉例來說，一九七〇年代，嬌生公司決定將新企業總部直接設立在新澤西州衰頹不振的新布朗士威市時，並非基於最佳的商業考量（因為並不是），而是因為這樣最符合嬌生的信條。波音公司自行訂定的飛機設計安全標準遠高於競爭對手的標準，不是因為市場要求他們這樣做，而是因為波音公司的理念如此要求。3M沒有聽從傳統智慧——正在成長的小公司應該專注在單一領域發展，因為聚焦式的發展策略並不適合3M人想要打造的創新公司。學習曲線／市占率模式或許在一九七〇年代風行企業界，但對惠普而言卻毫無意義。

重點並不是高瞻遠矚公司都能採用「好」的措施，而其他公司卻採用「壞」的措施，不能硬要區分「好壞」，因為對惠普而言的好措施，硬套到默克、3M、萬豪或寶鹼身上，可能就變成壞的做法。

真正該問的問題並非：「這是好的做法嗎？」而是「我們適不適合採用這種做法——這樣的做法是否符合我們的核心理念和志向？」

五、消除言行不一、相互矛盾的做法

如果你環顧四周，在公司裡四處逛逛，你可能會至少看到十來個不符合公司核心理念或阻礙進步的事情，在不知不覺間悄悄滋長的「不當」做法。你們的獎勵制度會不會獎勵不符合核心價值的行為？組織結構是否阻礙進步？目標和策略是否令公司愈來愈偏離根本目的？公司政策是否阻撓變革和改善？辦公室和建築物的設計會不會抑制進步？

要達到協調一致，並非單單增加幾個新步驟就算了，這是一個無休無止的過程，需要不斷找出偏離核心理念或阻礙進步之處，並堅持加以改正。如果整個辦公大樓的設計阻礙進步，那麼就要修改設計，否則就搬離這棟大樓；如果策略不符合核心理念，那麼就要修改策略；如果組織結構抑制進步，那麼就要改變組織結構；如果獎勵制度會鼓勵不符合核心理念的行為，那麼就要修改獎勵制度。千萬要記住，高瞻遠矚公司唯一的金科玉律就是核心理念，其他的一切都可以改變或放棄。

六、練好基本功，但勇於試驗創新

要成為高瞻遠矚的公司，企業必須擁有自己的核心理念，努力不懈地追求進步。而且還必須有設計完善的組織，以保存核心，並刺激進步，讓組織的所有關鍵要素能協調一致地運作。以上都是成為高瞻遠矚公司的共同條件，百年前的高瞻遠矚公司因為這些條件而卓然超群，今天的高瞻遠矚公司也因此而卓然超群，而具備這些條件的高瞻遠矚公司在二十一世紀仍將繼續卓然超群。如果我們在百年後改寫本書，我們會發現最持久不墜而且成功的公司仍然是基於同樣的要素而領先群倫。

然而毋庸置疑，高瞻遠矚公司用來保存核心和刺激進步的特殊方式卻會不時修正和改善。無論是膽大包天的目標、教派般的文化、透過實驗的演化、內部升遷制度和持續自我改善等，都是已經證實有效的保存核心與刺激進步的方式，但不是唯一的方式。未來的企業將發明新的方法來補強這些已通過時間考驗的方式。未來的高瞻遠矚公司今天已經開始試驗更新更好的方法，他們無疑已經開始做一些競爭者可能覺得不尋常或奇怪的事情，但這些做法有朝一日將成為企業界通行的做法。

這正是你應該開始在貴公司做的事情——如果你希望貴公司也能躋身高瞻遠矚公司之列的話。無論你是創業家、經理人、執行長、董事或顧問都沒有關係，你應該努力用各種方法來保存你們所珍視的核心理念，能引導和鼓舞公司上上下下所有員工的理念，同時還應該發明新的機制，讓員工不滿於現狀，以刺激改變、改善、創新和進步，簡單地說，就是能感染員工進步精神的機制。如果你可以想到本書中沒有寫到的保存核心的新方式，那麼一定要盡一切力量將之付諸實施。如果你能發明有用的新機制來刺激進步，就不妨試試看。一方面採用已證明有效的方法，另一方面也創造新的方式，兩者並行，不可偏廢。

並非結束，而是起步

我們已經盡最大的努力找到真正卓越的公司歷久不衰的基本要素，同時也盡力闡述了我們的發現。我們在本書中提供了大量的細節和證據，我們並沒有期待各位能記住每一頁中的每一個小細節。但當你闔上這本書時，希望你能牢牢記住四個重要概念，這四個概念將在未來的管理生涯中引導你的思考方向：

一、當造鐘的人（建築師），而不要只是報時。
二、兼容並蓄。
三、保存核心／刺激進步。
四、協調一致，始終如一。

我們覺得好像《綠野仙蹤》（*The Wizard of Oz*）裡的桃樂絲，在經歷了尋找魔法師的漫長旅程後，拉開帷幕，卻發現魔法師根本就不是魔法師，只不過是凡夫俗子。我們和桃樂絲一樣，發現打造高瞻遠矚公司的人不見得比一般人更加才華洋溢、魅力十足，或更有創意、思慮更周密，或更善於想出偉大的構想，簡而言之，更像魔法師。其實世上每一位企業執行長、經理人或創業家都能在概念上理解他們的做法。打造高瞻遠矚公司的人經營事業的方式通常都很單純，甚至可以說過度單純。然而單純並不代表容易做到。

我們認為這一點饒富深意。表示無論你是誰，你都可以對打造高瞻遠矚公司有重要的貢獻。你不需要等待偉大的魅力型領導人下山，不必期待靈光閃現的剎那所迸發的「偉大創意」，不必接受這種喪氣的觀點：「面對現實吧，我們的執行長根本不是魅力十足、高瞻遠矚的領導人，沒希望了。」千萬不要輕信打造高瞻遠矚公司的過程神祕難解，只有其他人才辦得到。

因此，這也表示從今天開始，你的人生可能變得更加辛苦，因為你應該幫助周遭同事了解本書提供的教訓，同時接受這個嚇人的事實：你可能和其他人同樣有資格協助組織達到高瞻遠矚的境界。這也表示你可以從現在開始應用從本書學到的教訓。最後，或許也最重要的是，你必須對公司持續懷抱深深的敬意，企業也是獨立的社會機構，就好像卓越的大學或政府體制般需要我們的關注。因為透過人類組織的力量，一群人為了共同的目標而通力合作，才得以完成世界上許多一流的傑作。

所以這不算是結束，甚至也不是結束的開端。但我們希望這雖是開始的結束，卻是打造高瞻遠矚公司這個極具挑戰性、但又切實可行的任務的起步。

第十一章
建立願景

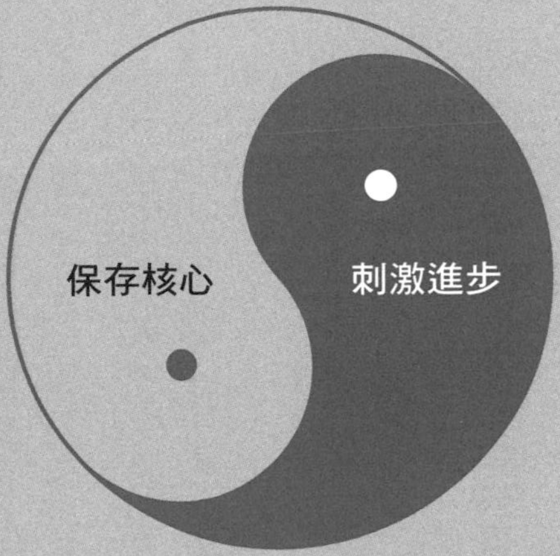

好的願景包含兩個要素：
核心理念及展望的未來。
追求願景表示必須在組織上和策略上協調一致，
以保存核心並刺激進步，
才能實現願景，化理想為現實。

「我們不會停止探索
而我們的一切探索，終究會
回到最初的起點
如初來乍到般重新認識這個地方。」

——艾略特（T. S. Elliot），《四首四重奏》（*Four Quartets*）

今天，「願景」已經成為最過度濫用、卻也最不被理解的辭彙。聽到「願景」時，會引發各式各樣的想像。我們會想到傑出的成就，我們會想到能將大家凝聚在一起的根深柢固的價值觀；我們會想到激勵人心的大膽目標；我們會想到恆久不變的東西——組織存在的意義；我們會想到能深深觸動我們內心，激發我們最大潛力的事情；我們會想到自己的抱負和夢想。因此問題在於，大家都知道願景很重要，但究竟願景是什麼？

在新增的這一章中，我們將提出一個概念架構來定義願景，更嚴謹地探討及釐清圍繞著這個時髦詞彙的模糊概念，並具體說明如何在組織中清晰地傳達一致的願景。我們的架構乃奠基於長達六年的高瞻遠矚公司研究計畫（本書因而誕生），而且由於我們一直在全球各地輔導各種不同型態和規模的組織，在和許多務實幹練的主管共事的經驗中，這個概念架構也不斷接受測試和修正。我們將在本章中完整說明這個架構。其中有些重要概念和前面幾章談過的研究發現重複，因此本章某些部分或許顯得有些多餘，但我們希望讀者在單獨閱讀本章時，也能有效吸收其中的概念。此外，本章不只引用高瞻遠矚公司為例，同時還舉了其他我們輔導過或研究過的企業為例，提供了實際的指南，說明該如何應用這些概念。

在此要再度強調《基業長青》的關鍵發現，能恆久卓越的長青企業有別於其他企業的基本特色是，他們一方面悉心保存核心理念，另一方面又刺激進步，改變其他無關乎核心理念的一切。換句話說，他們能區分（應該恆久不變的）核心價值／核心目的和（應該隨著外在環境的變動而改變的）營運措施和商業策略。對真正卓越的企業而言，變動是不變的常數，但並非唯一常數。他們知道如何區分什麼是恆久不變的，什麼容許改變；什麼是神聖不可侵犯的，什麼不是。一旦釐清了哪些部分是恆久不變的，他們就更能在其他部分刺激變革和進步。運用本章的架構來釐清願景將有助於在組織中推行「保存核心／刺激進步」的概念。

好的願景包含兩個要素：核心理念及展望的未來。請注意這兩個要素直接呼應「保存核心／刺激進步」的動態。好的願景乃是奠基於這兩個互補的力量之間的交互作用：「我們的信念和存在的根本原因」（核心理念）是恆久不變的，要達到「我們熱切期盼能成為、能達

圖 11.A　願景的概念架構

到、能創造」的境界，則需要有重大的變革和進步（展望的未來）。

追求願景表示必須在組織上和策略上協調一致，以保存核心並刺激進步，朝向憧憬的未來邁進。組織必須言行合一，理念與做法協調一致，才能實現願景，化理想為現實。

核心理念

正如我們在第三章的描述，核心理念定義了組織恆久不變的特質——是經歷時間考驗仍然始終如一的組織自我概念，超越了產品／市場生命週期、技術突破、管理風潮和個別領導人的影響。事實上，高瞻遠矚公司的建構者對組織最持久而重要的貢獻就是核心理念。

惠普創辦人普克一九九六年過世後，他的多年老友和事業夥伴惠烈特曾表示：「就公司而言，他留下的最重要遺產就是大家稱為『惠普風範』的倫理規範。」這些核心理念自從惠普在一九三八年創立後就成為公司的重要指南，涵蓋的觀念包括：把高度尊重個人當做信條，致力於達到人人負擔得起的產品品質和可靠性，履行對社區的責任（普克將價值四十三億美元的惠普股票遺贈給慈善基金會），以及認為公司之所以存在，是為了在技術上有所貢獻，以造福人類。像普克、索尼的井深大、默克的喬治·默克、3M的麥克奈特和摩托羅拉的蓋爾文等企業創辦人都體悟到，了解自己遠比公司發展方向更重要，因為公司發展方向必然會隨著周遭世界的變動而改變。領導人會過世，產品會過時，市場會改變，科技不斷推陳出新，流行的管理思潮可能只是曇花一現，但卓越公司的核心理念將持久扮演組織的指路明燈和啟迪人心的力量。

隨著公司成長、權力下放、多角化、向全球擴張及內部多元發展，核心理念提供了企業凝聚內部的力量。企業核心理念就好像猶太教義一樣，幾世紀以來，猶太教義讓離鄉背井、流散海外的猶太人之間有一股強大的凝聚力。或也可以把企業核心理念看成美國《獨立宣言》中不證自明的真理，或科學界恆久不變的理想和原則，能讓來自各國的科學家團結在一起，為了促進人類知識的共同目的而努力。

任何有效的願景都必須具體實現組織的核心理念，而核心理念包含了兩個獨特的要素：核心價值與核心目的。

核心價值

核心價值是組織恆久不變的根本信念，是對組織成員有其根本價值和重要性、無需外界認同的指導方針。

迪士尼並非因為市場要求，而重視想像力和標榜有益身心。迪士尼的核心價值乃源自內部自發的信念。寶洛科特和鹼柏灌輸員工追求卓越的觀念，並非只視之為追求成功的「策略」，而是追求卓越乃一百五十年來寶鹼人近乎宗教般虔誠信奉的核心價值。諾斯壯處處以顧客為尊的作風早從一九〇一年就開始萌芽，而直到八十年後，顧客服務方案才在企業界蔚為風尚。尊重個人是惠烈特和普克發自內心的信仰，而不是在書上讀到或聽某個管理大師提到的觀念。嬌生公司執行長拉森表示：「信條中具體呈現的核心價值或許是我們的一大優勢，但我們卻不是因此才擁有這些核心價值。我們之所以擁有這些核心價值，是因為這些價值說明了我們的主張和信念，即使在某些情況下，它變成我們在競爭上的弱點，我們仍然會堅持這些核心價值。」

重點在於，持久不墜的卓越公司會為自己決定哪些價值是他們堅守的核心價值，不受現實環境、競爭條件或管理思潮的影響。顯然世界上沒有一套放諸四海皆準的核心價值，企業不一定需要以顧客服務為核心價值（索尼就不是如此），或以尊重個人為核心價值（迪士尼就不是如此），或以品質為核心價值（沃爾瑪就不是如此），或以反映市場需求為核心價值（惠普就不是如此），或以團隊合作為核心價值（諾斯壯就不是如此）。（當然，這些公司或許仍然會依據這些價值而制定做法和策略。）

我們要再次強調，重點不在於組織的核心價值為何，重點在於組織確實擁有核心價值。

在釐清核心價值時，必須非常誠實地面對自我，找出組織真正的核心價值。如果你們列出了五、六個核心價值，那麼很可能你們並沒有真正深入核心，找到根本價值，或你們把（恆久不變的）核心價值和（應該容許改變的）營運措施、經營策略、文化模式混為一談。別忘了，這些策略必須經得起時間的考驗。草擬出一份核心價值清單之後，不妨針對上面的每一項自問：「如果外在情勢改變，我們會因為堅持這些核心價值而受到懲罰，我們還會繼續堅持下去嗎？」如果你們沒辦法坦然回答「會」，那麼這就不是你們的核心價值。

比方說，我們輔導的一家高科技公司很猶豫是否該把「品質」列為核心價值，執行長問：「假如十年後，市場根本不在乎品質，只在於速度和馬力，我們仍然想把品質列為核心價值嗎？」經營團隊的成員面面相覷，最後說：「老實說，不想。」於是，他們在核心價值清單上刪除品質這項，對他們現階段而言，品質仍然非常重要，他們也繼續推動品質改善計畫，以刺激進步，但品質不是他們的核心價值。請記住，高瞻遠矚公司的策略會隨著市場環境的變動而改變，但核心價值始終維持不變。同樣一群主管接著又舉棋不定，不知是否該把「領先的創新科技」列為核心價值。執行長拋出同樣的問題：「無論周遭世界怎麼改變，我們是不是仍然想把領先的創新科技當做我們的核心價值？」這次大家都異口同聲地說：「是！我們一直想開發技術領先的創新產品，這是我們存在的目的，這件事對我們而言真的很重要，而且無論周遭環境怎麼改變，仍然很重要。如果現有的市場不重視技術創新，那麼我們就另外尋找重視技術創新的市場。」於是「領先的創新科技」就列在核心價值清單上，而且永遠是他們的核心價值。

企業不應該為了因應市場變動，而改變核心價值；應該在必要的時候改變市場，以忠於自己的核心價值。

究竟誰應該參與釐清和闡述核心價值的過程，會因企業的規模、歷史、地理分布而異，但在許多情況下，我們都會提議由「火星任務小組」來擔當重任。做法如下：假設有人要求你們到另外一個星球去重建組織，新組織必須具備你們組織最好的特質，但太空船只有五到七個座位，那麼你會派誰去呢？你派去的人應該對你們的核心價值有深刻理解，深受同事信任，而且有高人一等的才幹。我們通常都要求共同討論核心價值的人提名五到七位同事，來擔任火星任務小組的成員，而他們總是能選出最具影響力和公信力的一組人來闡述核心價值，而這組人也總是表現得非常出色，因為他們自己就是奉行核心價值的榜樣，是公司「遺傳密碼」的最佳範本（也可以將「火星任務小組」的做法有效運用在闡述核心目的上）。

我們碰到的組織幾乎都能找出一組共同的核心價值，即使是員工來自四面八方、文化差異很大的跨國企業也同樣辦得到。關鍵在於要先從個人的價值觀談起。參與釐清和闡述核心價值的員工必須先自問：自己對工作所抱持的核心價值為何？（這些價值是你的根本價值，無論能否獲得獎勵，你都會堅守這些核心價值。）如果需要向你的孩子或家人描述你對工作所抱持的核心價值：當他們踏入社會、開始上班時，你希望他們也能堅守的基本價值，你會怎麼說？如果你明天早上醒來時，手上有一筆錢可以讓你退休，下半輩子不必工作，你還會繼續信奉這些核心價值嗎？你能夠預見這些核心價值在百年後仍然和今天一樣重要嗎，即使在某些時候，堅守這些核心價值可能不利於競爭？如果你明天將跨入另外一個領域，建立新的組織，無論你轉到哪個行業，你會希望為新組織建立什麼核心價值？最後三個問題尤其重要，因為應該恆久不變的核心價值和應該不斷改變的做法和策略之間的關鍵差異就在於此。

核心目的

核心目的是核心理念的第二個要素，也是組織存在的根本原因。我們在舊版《基業長青》中，並沒有充分說明核心目的和核心價值的差異，以及核心目的的重要性。如果被迫在核心目的和核心價值兩者擇一，我們會選擇核心目的，因為對引領組織方向和啟迪人心而言，核心目的比核心價值更重要，要釐清核心目的也更困難。

有效的核心目的並非只是描述組織的產品或目標顧客而已，而必須反映出公司從事的工作有何重要性，因此能點燃理想主義的熱情。核心目的必須能掌握組織的根本精神和意義（請參見表11.1的核心目的範例）說明組織之所以存在的更深層原因，這個原因遠遠超乎賺錢的動機。普克在一九六〇年在一次演講中做了極佳的闡述，他說：「許多人都誤以為公司之所以存在，只是為了賺錢而已。儘管獲利是公司存在的重要成果，但我們必須更深入找到我們之所以存在的真正原因。」

表 11.1　核心目的範例

3M	以創新方式解決無法解決的問題
嘉吉	改善全世界的生活水準
房利美	持續推動住宅所有權平民化，鞏固社會結構
惠普	在技術上有所貢獻，以促進人類進步和增進福祉
以色列	為全球猶太人提供安身立命之處
遺箭公司	成為社會改變的模範和工具
太平洋劇院	提供能讓市民活躍其中並提升社區生活的場地
玫琳凱	提供婦女不受限的機會
麥肯錫	協助領導企業和政府更成功
默克	維護人類生命，改善人類生活
耐吉	體驗參與競爭、贏得勝利、擊敗對手的感動
索尼	為了造福大眾而促進科技進步和應用，並從中體會純然的喜悅
健康照護公司	協助精神障礙人士充分實現潛能
沃爾瑪	讓平民百姓有機會買到有錢人買的東西
迪士尼	為人們帶來歡樂

不應該把目的（應該延續一百年）和具體目標或商業策略（百年內應該會改變很多次）混為一談。你或許會達到目標或完成策略，但無法實現目的；因為核心目的就好像在地平線上指引方向的星星，你會永遠不斷地追尋，卻始終無法達到目的。然而目的本身並不會改變，只會激發改變。正因為永遠無法真正實現目的，因此組織必須持續不斷地激發改變和進步，更努力達到目的。

在釐清目的時，有些公司犯的錯誤是只描述了現有產品線或區隔市場，我們不認為以下敘述的是有效的目的：「我們存在的目的是履行政府特許合約，藉由將房貸債權證券化，參與房屋抵押貸款次級市場。」更有效的目的宣言是房利美主管的描述：

「持續推動住宅所有權平民化，鞏固社會結構。」就我們所知，房屋抵押貸款次級市場可能在百年內就會消失，但無論世界如何改變，透過持續推動住宅所有權平民化，以鞏固社會結構，卻將是持續不變的目的。在這個目的引導和鼓舞下，房利美在一九九〇年代初期推出一連串大膽措施，包括推出新制度，五年內將房貸抵押保險成本降低四〇％，不惜以五十億美元的試驗性保險措施為後盾，消除貸款流程中的歧視，更提出大膽目標：要在二〇〇〇年之前，為一向是無殼蝸牛的一千萬戶少數族群、移民和低收入家庭，提供一兆美元房貸。

同樣的，3M並沒有將公司核心目的定義為黏著劑和研磨劑，而是要永不懈怠地設法以創新方式解決無法解決的問題，這個目的引領3M不斷跨入新領域。麥肯錫的目的並非從事管理顧問工作，而是協助企業和政府更加成功，因此除了企管顧問之外，在百年內他們也可能會採取其他不同方式。惠普存在的目的並非製造電子檢驗和測量設備，而是在技術上有所貢獻，以改善人類的生活；數十年來，這個目的引領惠普從最初製造電子儀器跨入其他領域。你能想像如果迪士尼最初設想的公司目的只是製作卡通，而不是為人們帶來歡樂，會怎麼樣嗎？或許就不會有迪士尼樂園、未來世界或安那罕巨鴨冰上曲棍球隊了！

五個「為什麼」

我們輔導的一家製藥公司曾經想將公司目的描繪為：「為人類療法製造藥品。」我們問他們：「這個目的一百年後是否還適用？」一位經理人指出，公司很可能在傳統藥物之外，發現或發明改善人類療法的新方式。另一位經理人指出，未來數十年內，公司很可能發明動物療法的解決方案。第三位主管指出：「我在這裡工作並非只是想製造藥物，我在這裡工作是為了能對療法做出重大改善，能超越其他人的成就，留下標記，否則何必這麼辛苦呢？」最後，他們找到的目的為：「我們存在的目的是為醫療帶來重大改善。」這個目的在未來數百年都能持續引導和鼓舞這家藥廠。

有一個很有效的方法可以釐清目標：「五個為什麼」。首先是形容式的敘述：「我們製造甲產品」或「我們提供乙服務」，然後連問五次：「為什麼這很重要？」在回答了幾次「為什麼」的問題後，你會發現在追根究柢之下，組織的根本目的漸漸浮現。

我們在輔導一家市場研究公司時，用這個方法令有關目的的討論更深入、也更豐富。高階主管團隊先自行討論了幾個小時，產生了以下的組織目的宣言：「提供市面上最好的市場研究。」我們問：「為什麼提供目前最好的市場研究資料很重要？」他們討論一番後，提出的答案反映他們對組織目的有了更深入的理解：「提供市面上最好的市場研究資料，協助客戶更了解他們的市場。」再進一步討論後，小組成員領悟到他們的自我價值並非來自於銷售市場調查資料，而是來自於對顧客的成功有所貢獻。經過一連串自我質問後，這家公司終於釐清他們的存在目的：「協助顧客了解市場，以對顧客的成功有所貢獻。」釐清目的後，這家公司現在制定產品決策時，考量的不是：「賣不賣得出去？」而是「能不能對顧客的成功有所貢獻？」

「五個為什麼」可以幫助一些從事「普通」行業的公司以更有意義的方式描繪自己的工作。比方說，一家砂石和柏油公司一開始可能只會說：「我們製造砂石和柏油產品。」追問幾個「為什麼」之後，他們得到的結論可能是：砂石和柏油之所以重要，是因為基礎建設的品質與安全和使用經驗息息相關。在坑坑窪窪的路面上開車不但不舒服，而且很危險；波音七四七客機絕對無法安全降落在粗糙不平的跑道上；以不合標準的建材造的建築物很不牢固，地震來臨時很容易震垮。經過這樣的省思後，組織目的可能變成：「藉著提升人造結構的品質而改善人類生活。」加州的花崗岩建材公司正因為時時以這樣的組織目的為念，而獲得美國國家品質獎，這對小型採石業者而言，非常不容易，而且花崗岩公司也是我們所見過各行各業的公司中最令人振奮、不斷進步的公司。

本章所討論的公司，沒有一家的核心目的是「擴大股東財富」。核心目的最重要的功能是引導公司、鼓舞人心。「擴大股東財富」完全無法讓公司每一位員工深受鼓舞，而且也沒能發揮什麼引導作用。對於還沒想清楚組織真正目的為何的公司而言，「擴大股東財富」是典型的「現成」組織目的。只是替代品，而且是很糟糕的替代品。如果你傾聽卓越公司的員工談論他們的成就，你幾乎不太會聽到每股純益之類的字眼。摩托羅拉人會談到品質上的改善，以及他們所創造的產品如何影響世界；惠普人會自豪地談到他們的產品為市場帶來什麼技術上的貢獻；諾斯壯人會談到卓越的顧客服務，以及明星業務員的出色表現；當波音的工程師談到波音如何推出革命性的七七七巨無霸客機時，她不是說，「我全心投入這個計畫，是因為這個計畫可以增加三毛七的每股純益。」

如果想超越擴大股東財富的目標，達到更崇高的目的，其中一個方法是玩「隨機企業連續殺手」遊戲。遊戲是這樣玩的：假定你可以賣掉公司，任何人只要出的價錢被公司內外人士都認定為很好的價碼（樂觀推估公司未來的現金流量後），就可以買下公司。進一步假定買家保證買下公司後將繼續雇用既有員工，也不會減薪，但不能保證員工仍然能在原先的產業工作。最後，假定買家計畫在收購公司後「殺掉」這家公司，終止公司的產品或服務，關閉所有營運設施，品牌名稱也束諸高閣等等。這家公司會徹徹底底、完完全全地從地球上消失，不復存在。你會把公司賣給他嗎？為什麼會或為什麼不會？如果公司不再存在，會有什麼損失？無論現在或未來，為什麼這家公司能繼續存在，是非常重要的事？我們發現這個遊戲非常有效，能幫助冥頑不靈、只重財務績效的企業主管反思組織存在的更深層意義。

另外一個方法是詢問火星任務小組的每一位成員：如果你明天早上醒來時，銀行裡已有足夠的積蓄，永遠不需要再去上班，什麼樣的組織才會令你無論如何都還想繼續上班？什麼樣更有意義的目的才會激勵你繼續為這家公司奉獻寶貴的創造力？

進入二十一世紀，企業將更需要員工全力以赴，貢獻所有的創造力和才幹。但是，員工為什麼要對公司這麼盡心盡力呢？

杜拉克曾經指出，最盡心盡力的優秀人才往往是志工，因為他們在人生中有機會做些與眾不同的事情。今天社會的流動愈來愈劇烈，大眾不太信任企業的所作所為，新事業在經濟中所占比重則愈來愈高，企業需要比過去更清楚自己的目的，才能把工作變得更有意義，從而吸引、留住和激勵優秀的人才。

關於核心理念的幾個重點

很重要的一點是：不要「創造」或「設定」核心理念，而要「發現」核心理念。核心理念並非來自於對外在環境的觀察，而是來自於向內看。核心理念必須是真實的，你無法捏造出核心理念，也無法「推論出」核心理念。不要問：「我們應該抱持什麼核心價值？」而要問：「我們實際上奉行的是什麼核心價值？」組織成員必須發自內心熱情擁抱核心價值和目的，否則就不能稱之為「核心」。你認為組織「應該」擁有、卻無法坦然宣稱組織確實奉行的價值，就不應該納入真正的核心價值之中。否則就會在組織上下引發質疑（「他們到底在騙誰啊？我們都知道那根本不是我們的核心價值！」）。像這樣的嚮往和熱望更適合作為你們展望的未來（我們隨後就會討論）或當做策略的一部分，但絕不是核心理念（曾經一度為組織所奉行、但時間一久就逐漸被淡忘的理念，仍可納入核心理念中，只要你們能向組織坦承，還需要很大的努力，才能真的讓這些理念起死回生）。

核心理念所扮演的角色是引導和鼓舞，而不是區隔。不同的兩家公司絕對可能擁有相同的核心價值和目的。許多公司的核心目的可能都是：「在技術上有所貢獻。」但是能像惠普這樣熱情實踐理念的公司卻寥寥無幾；許多公司可能都以「維護人類生命和改善人類生活」為目的，但是不見得能像默克的信念這樣根深柢固、堅定不移；許多公司都可能以「英雄般的顧客服務」為核心價值，但沒有幾家公司能像諾斯壯這樣創造出強烈的教派般文化；許多公司都可能以「創新」為核心價值，但是沒有幾家公司能像3M這樣發展協調一致的有效機制來刺激創新。

我們要再度重申，**造就高瞻遠矚公司的並非核心理念的內容，真正令高瞻遠矚公司有別於其他公司的是真實的核心理念，以及能否堅持紀律、始終如一地實踐理念。**換句話說，能有多協調一致。你之所以卓然超群，原因不在於你的信念為何，而是因為你相信某個目的或價值，那是你根深柢固的信念，因此你長期保存這個信念，而且能協調一致地實踐信念。

核心理念只需要對組織內部而言很有意義，能啟迪人心就夠了，並不需要鼓舞外界人士。因為你只需要藉由核心價值與目的來激勵組織內部成員長期奉獻心力於追求組織的成功。相較之下，核心理念對於外界人士的影響比較沒那麼重要，也不應該成為釐清核心理念的決定性因素。因此核心理念在區分誰是組織內部成員及誰是外界人士上，扮演了重要角色。清晰的企業理念能吸引志同道合的人才加入，同時也排除理念不合的人。

我們不能硬要把新的核心價值和目的加諸於別人身上，員工必須原本就已和你們志同道合，才能奉行企業理念。企業主管常喜歡問：「怎麼樣才能讓員工認同我們的核心理念？」辦不到！你們的任務應該是找到原本就比較志同道合的人才，吸引他們加入，然後設法留住人才，而且道不同不相為謀，應該讓不認同組織核心理念的人另謀高就。的確，釐清核心理念之後，有些人會因為認清自己與企業核心理念不合，而選擇離開，這是自然而正面的結果。當然，在高度認同核心理念的文化中，仍然可以（而且也應該）保持多樣性。只不過因為大家志同道合，並不表示每個人言談舉止和思考方式都一致。

千萬不要把核心理念和「核心理念宣言」混為一談。企業可能有堅定的核心理念，但沒有對理念發表正式的陳述。比方說，就我們所知，耐吉公司並沒有任何正式的宣言來闡述核心目的。然而根據觀察，耐吉公司有一個強而有力的核心目的，而且全公司都以宗教般的狂熱擁抱這個目的：體驗參與競爭、贏得勝利、擊敗對手的感動。耐吉園區看起來更像是禮讚競爭精神的聖殿，而不是企業辦公室：牆壁上滿是耐吉英雄的巨幅照片，耐吉「名人巷」兩旁掛著耐吉明星運動員的銅匾，運動員的雕像則排列在環繞耐吉園區的跑道兩旁，所有的建築物都以頂尖運動員的名字來命名，例如奧運馬拉松賽跑冠軍貝諾特（Joan Benoit）、籃球超級明星喬丹（Michael Jordan）、網球明星麥肯諾（John McEnroe）。不會受到競爭精神感召的員工通常都沒有辦法在這樣的文化中存活太久。甚至連公司名稱（耐吉是希臘勝利女神的名字）都反映了競爭意識。因此，雖然耐吉從未正式說明核心目的，但它顯然有一個強而有力的核心目的。

所以，釐清核心價值與目的並不是在玩文字遊戲。每個組織在經歷一段長時間後，都會出現各種對核心理念的陳述。我們在惠普公司的歷史檔案中發現，普克從一九五六到一九七二年間草擬了六、七種不同的「惠普風範」版本，每個版本都說明相同的原則，但隨著時間和環境的不同，描述的字眼會有些差異。同樣的，索尼公司在歷史上曾多次以不同方式闡述核心理念，井深大在公司成立時描述索尼理念的兩個關鍵要素為：「我們將欣然面對技術困難，不計數量多寡，專注於開發對社會有用的高度精密科技產品；我們重視員工的能力、績效和品格，讓每個員工都能充分發揮他們的才能。」我們在四十年後的〈索尼先驅精神〉中又看到同樣的理念：「索尼是先驅，從來不打算跟隨他人。索尼希望透過不斷進步，服務全世界，永遠追尋探索未知……索尼的原則是尊重個人，鼓勵個人發揮能力……同時不斷努力激發個人最大的潛能，因為這是索尼得以蓬勃發展的重要力量。」同樣的核心價值，只是以不同的文字來描述。

因此，各位應該把心力放在掌握正確的內容——核心價值和目的的精義，而不是拚命雕琢文字，試圖擬出一份能銘刻在石頭上的完美宣言。重點不在於擬出一份完美宣言，而在於深刻理解組織的核心價值和目的，而這些核心理念可以用許多種不同方式來表達。事實上，一旦釐清核心理念，我們建議每位經理人可以用自己的方式描述核心價值和目的，並且和其他同事分享。

最後，**千萬不要把「核心理念」和「核心競爭力」混為一談**。兩者的差別在於：「核心競爭力」是有關組織能力的策略性概念（你們的專長為何），而核心理念則關乎你們的信念和存在的意義。企業的「核心競爭力」通常都根植於核心理念，也應該和核心理念協調一致，但卻不等同於核心理念。舉例來說，能把東西做得輕薄短小是索尼的核心競爭力，他們可以把這項專長策略性地應用到廣泛的產品和市場上，但把東西做得輕薄短小不是索尼的核心理念。或許未來開發輕薄短小的產品不再是新力的策略，但如果索尼要恆久卓越，那麼他們仍須秉持〈索尼先驅精神〉中陳述的核心價值和追尋同樣的根本目的——為了造福大眾而促進科技進步。對索尼這樣的高瞻遠矚公司而言，核心競爭力在數十年內可能會改變，但核心理念則恆久不變。

一旦釐清核心理念，你們就可以自由改變其他非屬核心理念的一切。從此以後，如果有任何人表示某件事情不應該改變，因為「這是我們的文化」或「我們一向都這樣做」或提出其他任何抗拒改變的藉口，只需提醒他們這個簡單的原則：只要不是核心理念，就容許改變。或更激進的原則：既然不是核心理念，就把改掉它吧！當然釐清核心理念只是起步而已，接下來還需決定你想要刺激什麼樣的進步，這也是我們接下來要討論的第二個要素。

展望的未來

願景架構中的第二個要素——「展望的未來」包含兩個部分：「膽大包天的目標」，以及生動描繪公司達到膽大包天目標後的景象。我們選擇用「展望的未來」這個詞時，充分明白這樣做有其弔詭。一方面，這樣的形容可以傳達出一種鮮活的真實感，幾乎可以看到它、摸到它、感覺它；另一方面又描繪出還未實現的未來，代表夢想、希望和憧憬。

願景層次的膽大包天目標

雖然組織同時在不同層次都有很多膽大包天的目標，但願景層次的膽大包天目標型態卻很不一樣，目標必須適用於整個組織，而且必須經過十年到三十年的努力才能達成（請參見第五章對膽大包天目標的說明）。要設定十到三十年後達到的膽大包天目標，必須超越目前對組織能力和環境趨勢的種種思考。的確，設定這樣的目標會迫使管理階層高瞻遠矚，放眼未來，而不能只停留在策略或戰術的層次。膽大包天的目標不應該是篤定能達成的目標，或許只有五〇到七〇%的成功率，但組織必須相信「我們無論如何一定辦得到」。必須投入超乎尋常的努力，也許還要再加上一點點運氣，才能達成目標。

我們建議在設定願景層次的膽大包天目標時，不妨思考以下四個項目：目標、共同敵人、榜樣或內部轉變。

可以設定質化或量化的目標為膽大包天的目標，例如：

- 在二〇〇〇年之前，成為營收一千兩百五十億美元的公司。（沃爾瑪，一九九〇年）
- 讓汽車變成平民化的產品。（福特，一九〇〇年代初期）
- 成為一家因為改變日本產品在世界各地品質低劣的形象而聞名於世的公司。（索尼，一九五〇年代初期）
- 成為有史以來最強大、服務最好、最無遠弗屆的世界金融機構。（花旗銀行的前身城

市銀行，一九一五年）

●稱霸商用客機市場，引領全世界進入噴射機時代。（波音，一九五〇年）

膽大包天目標也可以把焦點放在打敗共同敵人，也就是小蝦米對抗大鯨魚，例如：

●打敗雷諾茲公司，成為全球第一的菸草公司。（菲利普莫里斯，一九五〇年代）

●打垮愛迪達。（耐吉，一九六〇年代）

●我們要打垮、擊潰、痛宰山葉。（本田，一九七〇年代）

效法典範的膽大包天目標對於前景看好的新組織尤其有效，例如：

●成為自行車業的耐吉。（吉羅運動設計公司〔Giro Sport Design〕，一九八六年）

●在二十年內成為和今天的惠普一樣備受推崇的公司。（渥特金斯強生公司〔Watkins Johnson〕，一九九六年）

●成為美國西岸的哈佛。（史丹佛大學，一九四〇年代）

對老舊的大型組織而言，推動內部轉變的膽大包天目標則比較有效，例如：

●在我們所服務的每個市場上，取得數一數二的領導地位，並且推動變革，讓奇異變得像小公司一樣靈活敏捷。（奇異，一九八〇年代）

●讓公司從國防包商轉型為全世界最卓越的多角化高科技公司。（洛克威爾，一九九五年）

●本事業部將從不受重視的內部產品供應商轉型為全公司最受尊敬、最令人振奮而引人矚目的事業部。（一家電腦公司的零件供應部門，一九八九年）

生動的描繪

「展望的未來」的第二個要素——是生動描繪達到膽大包天目標後的景象，就好像將對願景的描述從文字轉換為圖像一樣，讓聽到的人可以在腦海中預見十年、三十年後膽大包天目標達成後的具體景象，這種做法非常重要。

比方說，還記得福特如何生動描繪讓汽車變得更大眾化的目標：「要為平民大眾生產汽車……把價格壓低到一般薪水階層都買得起，可以和家人一起在寬廣的空間中享受乘車的樂趣……到那時候，每個人都買得起汽車，而且每個人都能擁有汽車。馬路上將再也見不到馬匹，大家慢慢對汽車習以為常……而且我們將以不錯的薪資提供許多就業機會。」

在上述的電腦公司零件供應部門的例子裡，總經理生動描繪了他們的目標：「我們將會備受同儕尊敬與推崇……其他產品部門會對我們的解決方案趨之若鶩，藉由我們在技術上的貢獻而推出許多在市場上非常暢銷的產品……我們將覺得非常自豪……公司裡最有潛力的新人都希望來我們的部門工作……大家都主動表示熱愛工作……自動自發地努力工作……無論員工或顧客都覺得我們的部門對於他們的生活有正面的貢獻。」

在生動的描繪中很重要的是傳達出熱情和令人信服的力量。有些經理人很不習慣表達自己對於夢想所懷抱的熱情，但有熱情才能吸引和鼓舞其他人。當邱吉爾在一九四〇年形容英國追求的膽大包天目標時，他很清楚這點。他當時不是簡單地說：「我們要打敗希特勒。」

而是這麼說的：

希特勒很清楚，除非他能徹底擊垮這個島上的英國人，否則就會吃敗仗。如果我們能勇敢站起來對抗他，或許整個歐洲都能重獲自由，全世界的生靈都可以快樂生活在陽光普照的大地上。但是如果我們失敗了，整個世界，包括美國在內，我們所熟悉所關懷的一切，都將墮入新黑暗時代的無底深淵……所以，讓我們勇敢地承擔起應盡的責任，告訴自己，如果大英帝國和盟國能延續數千年，大家還是會說：「這曾經是他們最美好的時刻。」

展望未來的幾個重點

許多經理人往往將「核心理念」與「展望的未來」混為一談，千萬不要如此。尤其是許多人往往分不清核心目的和膽大包天的目標，把兩者混在一起使用。核心目的是組織存在的根本原因，就好像你不斷追尋、卻始終摸不到的星星；永遠指引組織的方向和啟迪人心。膽大包天的目標則好像你要攀登的高山一樣，是一個具體、有特定期限、而且可以達到的目標。釐清「核心理念」是發現的過程，描繪「展望的未來」則是創造的過程。

我們發現企業主管往往覺得要想出振奮人心的膽大包天目標非常困難，他們只想透過「分析」規畫邁向未來之路。因此，我們發現對某些主管而言，先生動地描繪展望的未來，再倒推出膽大包天的目標，反而比較容易。如果採取這種方式，需要先問下列問題：「如果未來二十年仍坐在這裡，我們想看到什麼景象？這家公司會變成什麼樣子？在這裡上班感覺如何？公司屆時會達到什麼成就？如果有人要為知名財經雜誌寫文章描繪公司二十年後的未來，這篇文章會怎麼說？」

我們所輔導的一家生物科技公司在展望未來時碰到困難。一位高階主管說：「每次我們想到了可以適用整個公司的目標，結果都太普通了，一點也不令人振奮，都是像『成為全世界最先進的生物科技公司』之類的陳腔濫調。」當我們要求他們描繪出公司二十年後的景象時，他們的形容都是如「登上美國《商業週刊》封面報導，成為企業成功的典範……名列《財星》雜誌最受推崇的十家公司……最優秀的理工科和商學院畢業生都希望來這裡上班……飛機上的旅客會和鄰座乘客熱情討論我們的產品、連續二十年公司獲利都成長、公司的創業文化從內部孕育了六、七個新事業部、管理大師把我們公司當做卓越管理的範例……」以此類推。他們由此設定的膽大包天目標是：成為生物科技公司中第一家像默克和嬌生般受尊敬的公司。

分析展望的未來究竟正確與否，其實毫無意義。你要做的是創造未來，而非預測未來，所以根本沒有正確答案。貝多芬是否創造了「正確的」〈第九號交響曲〉？莎士比亞是否創作了「正確的」哈姆雷特？我們沒辦法回答這些問題，因為這些問題根本毫無意義。重要的問題是：「這樣的未來能否令我們熱血沸騰，大受鼓舞？是否成為驅使我們奮力向前的動力？」企業展望的未來必須真的能激勵組織內部的員工，否則這就不是膽大包天的目標。

但是萬一失敗了，未能實現展望的未來，那該怎麼辦呢？

我們發現高瞻遠矚公司都展現卓越的能力，總是能設法實現最膽大包天的目標。菲利普莫里斯確實從第六名急起直追，擊敗雷諾茲，成為龍頭老大；福特的確把汽車變成大眾化的產品；波音的確稱霸商用客機市場；花旗銀行的確成為全世界最無遠弗屆的銀行；而且顯然即使沒有沃爾頓的領導，沃爾瑪依然可以達到一千兩百五十億美元的目標。相反的，對照公司往往無法實現膽大包天的目標。差別並不在於設定比較容易達成的目標，因為高瞻遠矚公司的目標往往比對照公司的目標更加雄心勃勃。差別也不在於領導人是否魅力十足，因為高瞻遠矚公司往往在缺乏明星領導人的情況下達成膽大包天的目標；差別更不在於策略，因為高瞻遠矚公司往往透過「多方嘗試，然後保留行得通的做法」來達成目標，而沒有一套完整的策略性規畫。他們成功的主因是，以建構組織作為創造未來的主要手段。

最後，在思考展望的未來時，要小心「抵達終點症候群」，一旦達成膽大包天的目標，組織很容易變得洋洋自得，並因此停滯不前，沒有設定新的膽大包天目標。美國航太總署在成功完成登月任務之後，就罹患了這種自滿症候群；既然已經成功登上月球，還能如何再創高峰呢？蘋果電腦在發明了科技門外漢也能使用的電腦之後，也罹患了這種「抵達終點症候群」。許多新公司在股票成功上市，不必再擔心生存問題後，往往展現同樣的症狀。唯有在公司尚未達成目標時，展望的未來才能成為一股助力。在我們輔導企業的過程中，經常聽到執行長表示：「在這裡上班不像過去那麼有趣，我們好像失去了原本的動力。」通常這表示公司已經攀登了一座高峰，但還未選定下一座要征服的高峰。

完整的圖像

為了進一步說明願景架構，我們用表11.2和表11.3當做範例，展示如何把完整願景裡面包含的所有要素整合在一起：這兩個例子分別是默克在一九三〇年代從化學公司轉型為製藥公司時的願景，以及當索尼公司在一九五〇年代還是一家剛創立的小公司時的願景。

許多企業主管反覆推敲「使命宣言」和「願景宣言」的內容。不幸的是，這些宣言結果都把一堆價值、目標、目的、哲學、信念、抱負、規範、策略、措施和描述混在一起，顯得雜亂無章。更糟糕的是，這些宣言很少與我們在研究中發現的高瞻遠矚公司根本特質做緊密的連結——保存核心／刺激進步。別忘了，這才是高瞻遠矚公司之所以持久不墜的引擎，願景只不過提供了實踐這個動態的指引罷了。了解這點之後，不妨應用本章的概念，重新改寫你們的願景或使命，讓它成為建構高瞻遠矚公司的指南。如果你做對了，至少十年內都應該不必再釐清願景，可以著手進行最重要的工作：達到協調一致。

要達到協調一致，有兩個關鍵步驟：第一，發展出協調一致的保存核心和刺激進步的新做法；第二，消除不一致的做法，也就是會讓公司偏離核心理念和阻礙公司邁向展望的未來的做法。

第一個步驟是創造性的流程，需要發明新機制、新流程、新策略，以具體實踐核心價值和目的，並刺激組織進步，邁向展望的未來。舉例來說，我們在第七章描述3M如何設立不同機制來保存創新的核心理念和內部的創業精神。

第二個步驟是分析的流程，需要嚴謹地分析組織的流程、結構和策略，找出有哪些不一致的做法會助長違反核心理念的行為或阻礙進步。我們輔導的大多數企業經理人都不懂得如何去除不協調一致的狀況。如果你說公司的核心理念是團隊合作，薪酬制度卻獎勵個人表現，那麼你們就必須改革薪酬制度。如果你們說公司的核心理念是創新，卻把提升市場占有

表 11.2　完整願景範例 1：1930 年代的默克

核心理念	
核心價值	● 企業的社會責任 ● 全面追求卓越 ● 以科學為基礎的創新 ● 誠信正直 ● 追求利潤，但利潤必須來自能造福人類的產品
目的	維護人類生命，改善人類生活
展望的未來	
膽大包天的目標	讓公司從化學公司轉型為全世界最傑出的製藥公司，研究能力足以與著名學府相匹敵。
生動的描繪	藉由我們提供的新工具，促進科學發展，增進知識，使人類免於病痛……我們發誓將盡一切力量，使本企業不負我們對它的信念。請盡情綻放你們的光芒──因此所有追求真理的人、致力於讓世界變得更美好的人、在社會經濟的黑暗時期高舉科學與知識火炬的人，都將獲得新的勇氣，感到備受支持和鼓舞。

表 11.3　完整願景範例 2：1950 年代的索尼

核心理念	
核心價值	● 提升日本文化與國家地位 ● 當開路先鋒──不追隨他人的腳步，化不可能為可能 ● 尊重員工，鼓勵每個人發揮才能和創造力
目的	體驗科技創新的純然喜悅，應用創新科技造福大眾。
展望的未來	
膽大包天的目標	成為一家因為改變日本產品在世界各地品質低劣的形象而聞名於世的公司。
生動的描繪	我們將創造出能風行全世界的產品……我們將會是第一家踏入美國市場並直接配銷產品的公司……我們將透過創新而成功……五十年後，我們的品牌將會像其他品牌一樣聞名於世……表示我們的創新和品質足以和其他最創新的公司媲美……到時候「日本製造」代表的將是優良產品，而不是廉價的劣質品。

率當成重要的策略目標，那麼你們就必須改變策略。如果你們想鼓勵員工多方嘗試，同時保留行得通的做法，那麼你們就不能再懲罰無心之過。要記住，這是一個永無止境的過程，任何時候只要組織出現矛盾的做法，你們就必須立刻將它革除。不妨把這種不協調一致的情況想成癌細胞，最好在它擴散前，先割除腫瘤。

如果你們特地遠離辦公室，另找地方討論願景。那麼你們回來的時候，手上至少應該有六、七個消除公司內部矛盾做法的具體改革措施，來促進協調一致。怎麼樣才能讓公司更能保存核心，刺激進步？還有你應該革除哪些會阻礙進步，偏離核心的做法？如果你做對了，你應該只花一小部分時間來釐清和闡述願景，而拿大半的時間在組織內部整合出協調一致的做法。

沒錯，停下腳步，思考願景很重要。但更重要的是，你必須在組織內部整合出一致的腳步來保存核心和刺激進步，以邁向你們所展望的未來，而不是單單寫下願景宣言就算了。別忘了，單單是擁有願景宣言的組織，和成為真正高瞻遠矚的公司之間，還有極大的差距。當組織內部能達到協調一致時，連外星來的訪客在造訪你們辦公室之後，都不需要閱讀你們的願景宣言，就可以說出你們的願景。而這就是造鐘者最重要的工作。

＊本章最初刊登於一九九六年九月／十月號《哈佛商業評論》（Harvard Business Review）。

後記

你可能也想知道的問題

不是企業執行長，書中發現對個人有什麼用？

年歲已高、又不能高瞻遠矚的大企業還有救嗎？

如果高瞻遠矚公司逐漸失去原有地位，能有什麼建議？

哪一種人根本無法建立高瞻遠矚的公司？

書中的發現也適用於非營利組織嗎？

書中的研究會不在二十一世紀就過時了？

在舉辦研討會，發表演說和擔任企業顧問時，經常有人問一些和我們的研究結果及主要概念相關的問題。以下是其中常見的問題及我們簡短的回答：

問題一：我不是企業執行長，這些發現對我有什麼用？

有很多用處。

首先，你可以在工作領域中小規模地應用這些發現。無論身在組織任何階層，你都可以「造鐘」，因為造鐘不只是一種經營方式，同時也是一種心態。

但你並非英雄主義地憑直覺跳下去解決問題，而是先問：「我們應該採取什麼樣的流程來解決這個問題？」任何人無論職位高低，都能以堅強的理念為核心，建立教派般的文化。當然在某個程度上，你們仍會受限於整個組織的理念，但依然有可能辦到。如果整體而言，貴公司並沒有清晰的核心理念，那麼你們就更有理由（也能更自由地）在自己的層級建立核心理念！只不過因為公司沒有強烈的核心理念，並不表示你的部門就不能有自己的想法。

有一位電腦公司的生產經理曾經告訴我：「我厭倦了老是要等待高層採取行動，所以我們就自己著手進行。我們現在有一套獨特的價值觀，可以作為經營管理的依歸。我的屬下因此更明白工作的意義，在公司內部建立起強烈的自我認同，面談新人時，我們也觀察他們是否適合加入這個團隊。我們都認為我們的部門很特別，甚至還設計了自己的外套和帽子。」

同樣的，無論你位階高低，都可以刺激進步。我們曾經看到膽大包天的目標在企業中層發揮特別好的效果。一家大公司的房地產營運主管要求屬下每個員工和經理人每年設立一個膽大包天的目標，同時也為整個部門訂定一個膽大包天的目標。你絕對可以塑造出一種團體文化，鼓勵屬下多方嘗試，然後保留有效的做法。何不效法3M，在你的部門設立十五%的規則？何不在被迫改變和進步之前，先自己發明不滿足的機制，以刺激變革和進步？

一位大企業經理人所掌管的部門負責供應零件給企業內其他事業部，他向這些企業內部的客戶表示：「從現在開始，我們不會要求你們非得依公司政策向我們購買零件不可。如果你們能夠從外部供應商那裡買到更好的零件，而且他們能更快交貨，提供更好的服務和更高的品質，那麼也就沒關係。知道你們可以找到其他供貨來源會逼迫我們更進步。」

另外一個可以採行的重要步驟是教育周遭的人，告訴他們這個研究的重要發現，幫助他們了解建立組織比開發下一個偉大的產品更重要；幫助他們了解保存核心與刺激進步的觀念；告訴他們組織的哪些部分會互相扞格，以及協調一致是多麼重要；幫助他們拒絕非此即彼的二分法思考方式。例如我們認識的一位中階主管就經常在會議中用下列方法打破僵局：「嘿，我想我們又陷入了『非此即彼』的二分法了，大家一起想辦法魚與熊掌兼得吧！」

你可以把高瞻遠矚公司當成很有公信力的證據。比方說，如果高階主管拒絕釐清公司的核心價值或目的，認為這些東西太過「軟性」，或「新時代」風格太強烈，那麼你可以援引惠普、3M、寶鹼、索尼及本書的其他公司為例，指出他們幾十年來都這麼做。這些公司的長期紀錄說明了一切，再頑固的主管都很難強辯。的確，你可以用這些極具公信力的公司為例，要求高階主管重視這件事。哪個主管不希望公司能躋身高瞻遠矚公司之列呢？

問題二：年歲已高、又不能高瞻遠矚的大企業還有救嗎？

還有希望，不過當然整個改造工程要比從頭建立起高瞻遠矚公司艱鉅許多。

首先，為了符合核心理念，必須改變或放棄許多根深柢固的流程和做法。公司歷史愈久，規模愈大，這種不協調的情形就愈根深柢固。

然而我們還是看到很多正面範例。即使在我們的研究中，已看到一家高瞻遠矚公司——福特公司在偏離核心理念幾十年後，又回歸最初的理念，並且驚人地將許多流程和做法調和到趨於一致。菲利普莫里斯直到一九四〇年代末期將近百歲生日時，才開始展現出許多高瞻遠矚公司的特質。此外，我們也看到我們輔導的一些公司有驚人的進步。例如，有一家大銀行幾年前開始實施《基業長青》中提出的原則，首度釐清核心理念，並且開始長期致力於保存核心和刺激進步。一位執行副總裁解釋：「我一輩子都在這家公司上班，已經不再抱任何希望了。但一旦我們開始釐清價值觀，並且改變組織，以符合核心理念，員工釋放出來的能量十分驚人。公司上上下下所有員工都覺得工作比過去更有意義。既然我們現在了解什麼是公司恆久不變的核心理念，我們也就能更安心地改變其他的一切，打破阻礙公司發展的種種金科玉律。就好像喚醒沉睡的巨人般。我們還沒能達到高瞻遠矚公司的水準，但已經進步很多了。」

成為高瞻遠矚公司是持續不斷的過程，而非靜止的狀態。任何公司在任何時刻都可能在這個動態過程中不斷進步，變得更高瞻遠矚（即使還有很多地方尚待努力）。我要再度重申，這是個長期的過程。能努力不懈，持續朝著正確方向前進的公司才能贏得最後的勝利。我們的發現並沒有提出任何快速治標的藥方，或時髦的管理新觀念，或是每個人都可以琅琅上口的新口號或新方案。

不！要成為高瞻遠矚的公司，唯有長期致力於建立組織的持久過程，以保存核心，刺激進步。

問題三：如果高瞻遠矚公司（例如IBM）逐漸失去原有地位，你對他們有什麼建議？

IBM是很好的例子，因為毋庸置疑，IBM曾是全世界最有遠見的公司長達七十年。在邁向高瞻遠矚公司的過程中，企業可能進步，也可能退步。一朝成為高瞻遠矚公司，並不代表永遠都是高瞻遠矚公司！高瞻遠矚公司就好像民主政權一樣，必須時時保持警惕！

像IBM這樣的公司應該要從本身的歷史學到教訓。過去數十年來，IBM一直很珍惜並悉心維護自己的核心價值（稱為「三個基本信念」）[14]，同時IBM也是全球最上進的企業之一。IBM致力於實現最膽大包天的目標，包括不惜以公司成敗為賭注，決定開發IBM三六〇電腦，並且幾乎淘汰掉所有產品線。確實膽識過人！然而到了一九八〇年代，IBM變得保守起來，拚命保護既有的電腦主機產品，沒能記取歷史的教訓。

如果我們和IBM的高階主管坐下來討論，我們會挑戰他們，要求他們設定和當年開發三六〇電腦一樣膽大包天的目標；我們會挑戰IBM，看他們能不能像當年開發IBM三六〇電腦一樣，再度淘汰自己的產品線，將公司的命運全押在膽大包天目標的成敗上；我們也會挑戰他們，能不能像當年開發IBM三六〇電腦一樣，相信IBM人終將克服困難，完成不可能的任務。IBM的員工都很出色，毫無疑問，他們會勇於承擔這個任務。

我們也會挑戰IBM的主管，看他們能否重新省思IBM的三個基本信念，就好像一九

[14] 編註：「三個基本信念」包括尊重個人、提供客戶最好的服務，以及堅持追求卓越的精神。

七〇年代的嬌生公司回歸公司信條一樣。我們會建議他們邀請一百位高階經理人和一千個隨機挑選的IBM員工來參加大會，重新宣示要服膺基本信念，並在一張巨大的文件上親自簽名。我們也會建議他們複製這份巨大的簽名文件後，在全世界每一個IBM據點都放一份副本。我們建議他們要求每一位員工都親自以簽名形式，重申對三個基本信念的承諾。

最後，我們會挑戰他們，看他們能否設立保存核心並刺激進步的調整過程，要求他們至少找出五十個不符合三個基本信念的項目。然後我們會挑戰他們，要求他們不只改變這些不一致的做法，而且要完全剷除這樣的做法。

我們相信IBM有深厚的根柢，一定能重振聲威，依舊是全世界最高瞻遠矚的公司之一。如果IBM能重拾高瞻遠矚公司的基本要素，我們相信它必能重新站穩腳步，未來七十年都屹立不搖。另一方面，如果IBM不能記取教訓，那麼我們相信，即使IBM可能在短期內反彈，但就長遠而言，仍然會持續走下坡。

我們為所有正日趨沒落的高瞻遠矚公司提供的指引都一樣，儘管細部做法可能各不相同。我們會要求他們從自己過去的歷史中學習教訓，我們會要求他們重新釐清核心理念，並再度許下承諾，換句話說，要回歸根本。同時，我們也會要求他們採取戲劇性的大膽行動，跨步向前。最重要的是，我們會要求他們展開嚴苛的行動，重新為組織整合出一致的步調，以保存核心，刺激進步。

問題四：有沒有哪一種人根本無法建立高瞻遠矚的公司？

真正做不到的人可說寥寥無幾。唯有不願意長期堅持到底、安於享受既有的榮耀、沒有核心理念，以及不在乎自己離開後公司能否健全發展的人，才辦不到。如果你只想創業後很快讓公司成長壯大，賺很多錢，大撈一筆之後就退休，那麼你不適合建立高瞻遠矚的公司。如果你沒有一股追求進步的驅動力，沒有那種發自內心的自我鞭策力量，督促自己無休無止地改善和進步，那麼你不適合建立高瞻遠矚的公司。如果你對於不是只以賺錢為目的、強調價值觀和目的感的公司毫無興趣，那麼你不適合建立高瞻遠矚的公司。如果你不在乎能否為公司建立強健體質，因此公司不僅在你領導下欣欣向榮，而且即使你卸任數十年後依然屹立不搖，那麼你也不適合建立高瞻遠矚的公司。除了上述四種情況，我們不認為建立高瞻遠矚公司需要其他任何先決條件。

問題五：你們的發現也適用於非營利組織嗎？

是的。我們的發現適用於任何型態的組織。我們都在非營利組織上班（史丹佛大學），發現書中的原則都適用於非營利組織，我們也看到企業界主管將我們的發現應用在非營利組織中。有一家高瞻遠矚公司的執行長直接將這些觀念應用在他的教會，另外一位企業主管則將這些觀念引進他擔任董事的醫院。我們甚至認為美國的開國元勛其實也運用了高瞻遠矚公司的觀念（關於非營利組織應該如何應用這些原則，請參考《從A到A⁺的社會》一書）。

問題六：你們的著作和其他管理著作的觀點一致嗎，比方說《追求卓越》？

過去二十年來，《追求卓越》一直被視為最出色的企管著作之一，而且也當之無愧。每個人都應該讀一讀這本書。我們發現畢德士和華特曼的著作和我們的書之間有許多相通之處，但也有幾個關鍵差異，其中一個差異在於研究方法：和他們的研究計畫不同的是，我們檢視了企業的完整歷史，並且直接和對照公司相比較。另外一個關鍵差異在於，我們將所有的發現整合到一個觀念架構之中，而保存核心和刺激進步則貫穿了我們觀察到的所有一切。

我們發現《追求卓越》的八大要素中，有部分要素在我們的研究中獲得充分支持，尤其是以下要素：價值導向、獨立自主與創業精神、重視行動、寬嚴並濟。但我們也發現，我們的研究成果和其中有些要素並不那麼相互呼應，尤其是：固守根本和接近顧客。

不過，如果你把「固守根本」解釋為堅持核心理念的話，那麼沒錯，高瞻遠矚公司確實能固守核心。只要不違反核心理念，任何創新的嘗試都是天經地義，3M、摩托羅拉之類的公司展翅高飛、大展鴻圖。至於「接近顧客」，我們發現有好幾家高瞻遠矚公司的技術導向都勝過顧客導向，我腦中立刻浮現的公司包括索尼、惠普和默克。並不是說這幾家公司不重視顧客或提供的服務不好，事實恰好相反。但如果顧客需求會令他們偏離核心理念，那麼這三家公司就寧可不理會顧客需求，惠普當年就因為如此而忽略了顧客要求廉價的IBM相容電腦或袖珍型電子計算機的聲浪。的確應該接近顧客，但前提是絕不可犧牲了核心理念。

我們也發現，本書有許多觀點和杜拉克的理論相互呼應。事實上，我們一向非常敬佩杜拉克的真知灼見。只要閱讀他的經典著作：《企業的概念》、《彼得・杜拉克的管理聖經》（*The Practice of Management*）和《成效管理》（*Managing for Results*），你就會驚嘆他的觀念是多麼超前於今天的管理思潮。事實上，我們做研究的時候，發現許多公司都深受杜拉克的著作所影響：惠普、奇異、寶鹼、默克、摩托羅拉和福特只是其中部分的例子。

最後，本書的觀點和其他企管著作也有許多相通之處，例如夏恩（Edgar Schein）的

《組織文化與領導》（*Organizational Culture and Leadership*），以及柯特（John Kotter）和海斯凱特（James Heskett）的《企業文化與表現》（*Corporate Culture and Performance*）。夏恩在書中談到了文化「混種」，由內部培育、但能帶動文化改變（而不至於喪失核心價值）的經理人。我們談到自家培育經理人的那章正好與夏恩的觀點相呼應，尤其是有關威爾許在奇異推動變革的討論。柯特和海斯凱特則探討強而有力的文化與組織績效之間的關係，和我們在高績效組織中發現的教派般的文化，也不謀而合。

問題七：你們研究的是過去的歷史，會不會擔心你們的發現或許在二十一世紀就過時了？

不會。我們認為這些原則到了二十一世紀會更加適用，而且從研究中整理出來的基本觀念（造鐘、兼容並蓄、保存核心／刺激進步和協調一致），在長遠的未來，都將是很重要的觀念。

就以造鐘為例。專注於塑造組織特質，而不是一心想產生偉大的創意或成為魅力十足的領導人，在未來將變得更重要。由於科技日新月異，變化愈來愈快，加上全球競爭日益激烈，產品生命週期愈來愈短，任何構想都無法像過去一樣長壽。無論多麼偉大的創意都將以前所未見的速度迅速過時。

至於魅力型領導人的模式，我們認為這正好和整個世界的走向背道而馳。回顧二十世紀的歷史軌跡，幾乎整個世界都走上民主的道路。民主是一種程序，民主的精髓在於避免過度依賴單一領導人，而要把焦點放在民主程序上。即使像邱吉爾這樣的領導人（或許是二十世紀最偉大的領袖），在二次大戰結束後都不得不黯然下台。希特勒、史達林、墨索里尼或東條英機全都是魅力十足的領導人，但都不明白他們的重要性基本上仍不及他們所創建的體制或組織。即使你不贊同我將企業演化比喻為民主進程，但不可否認，偉大的魅力型領袖無論在目前、在二十一世紀或一千年後仍然有一個無法磨滅的根本缺陷，所有的領導人終將難逃一死。為了超越這個無法改變的事實，企業的首要之務是專注於打造組織特質。

我們提出的重要基本觀念：保存核心/刺激進步，在二十一世紀將變得愈來愈重要。請回顧一下商業組織的發展趨勢：愈來愈扁平、更強調分權式管理、地理分布愈來愈廣、個人擁有更大的自主權、知識工作者愈來愈多等。相較於以往，企業更無法採用傳統的控制方式（官僚層級、制度、預算等）來凝聚內部，今天甚至連到辦公室上班，都變得不是那麼必要，因為新科技容許人們遠距工作。公司愈來愈仰賴理念來凝聚員工向心力。希望有歸屬感，認同自己能引以為傲的事物，依然是人類的基本需求；人們也依然仰賴價值觀和目的感的指引，找到工作和生活的意義；此外，與他人建立關係，分享共同的信念和抱負，也是人類的基本需求。今天的企業員工比以往要求更高的營運自主權，而且也要求所歸屬的組織追求某種意義。

放眼世界的大趨勢：愈來愈走向片段化、區隔化、混沌、不可預測、更提倡創業精神等。唯有擅長刺激進步的公司才能屹立不搖。企業必須不斷自我更新（或許透過膽大包天的目標來達成），才能持續營造吸引人的工作環境。追求卓越的企業必須在外界要求改變和改善前，就無休無止地迫使自己不斷改變和改善。在變幻莫測的環境中，企業如果能仿效適應性高的物種演化的過程（多方嘗試、保留行得通的做法），將有較高的生存機會，其他企業則很可能慘遭淘汰。

我們認為二十一世紀的高瞻遠矚公司必須更狂熱地執著於核心理念，同時也必須更積極的賦予員工營運自主權。未來的企業必須比過去更能擁抱保存核心／刺激進步、陰陽互濟的動態。

在應用我們的發現時，企業必須大膽發揮想像力。我們刻意避免寫下「十大步驟」式的教戰手冊，因為那樣無論對讀者或我們的研究都會造成傷害。的確，高瞻遠矚公司絕對不會像看食譜煮菜般，遵從別人的成功祕方，就好像米開朗基羅不會買著色簿來塗鴉一樣。打造高瞻遠矚公司是設計的問題，而偉大的設計師在設計時根據的乃是一般性的通則，而不是機械化的教條。任何特定的做法和步驟終將過時，但能適應不同環境的原則性概念將能長久作為指路明燈，直到下個世紀仍影響深遠。我們不認為默克、寶鹼、摩托羅拉、3M等公司成功的根本要素百年後會和今天有何不同。形式必然會改變，但根本要素則恆久不變。

附錄

「高瞻遠矚公司」研究資料

附錄一：關於研究的幾個問題

附錄二：高瞻遠矚公司和對照公司的創業根基

附錄三：其他資料

附錄一

關於研究的幾個問題

對於失敗的高瞻遠矚公司，你們有何看法？

我們並沒有針對具備了高瞻遠矚公司特質、卻不幸失敗的公司做研究。所以，有沒有可能具備這些特質的公司失敗的機率甚至還高於不具備這些特質的公司呢？

打個比方好了，假如我們研究兩群登山者的登山技巧：分別是能成功攀登聖母峰的「高瞻遠矚的登山者」，以及未能成功攻頂的「對照組登山者」。假定我們找出了兩群登山者的主要差異（例如他們可能理念、訓練方式不同或對冒險的態度不同），「高瞻遠矚的登山者」絕對有可能比「對照組登山者」更容易在喪命。但由於我們只研究存活下來的登山者，因此在研究中無法掌握到這部分的真相。所以，雖然我們可以針對如何成為高瞻遠矚的登山者提供良好的指引，但我們的引導確實有可能反而提高了登山者喪命的機率。

同樣的，假定具備高瞻遠矚特質的公司破產機率高達七五％（但仍有二五％的企業存活下來，成為頂尖的卓越企業），而具備對照公司特質的企業只有五〇％的失敗率（存活下來的另外五〇％公司卻沒能成為頂尖企業）。在這樣的情況下，或許有些經理人寧可就此作罷，不要成為高瞻遠矚的公司，但卻有較高的生存機會。

對於這樣的顧慮，我們有兩個回應：第一，有些登山者確實在攻頂途中喪命，但唯有不計風險、盡最大努力攻頂的人，才能真正攀上巔峰。我們無法否認，有些具備高瞻遠矚公司特質的企業確實半途就遭淘汰出局，但那又怎麼樣呢？本書並非單純的企業求生手冊，我們不認為單純求生是非常有趣的研究主題，我們感興趣的是企業如何躋身卓然超群的頂尖企業之列，而我們承認，可能必須歷經艱險，才能到達目的地。

但是——這是我們的第二個回應——我們相信（雖然無法證實），高瞻遠矚的特質說不定不但提高了卓越的機率，同時也增加了企業存活的可能性。我們在此要再度回頭檢視歷史。我們描繪的不是曇花一現的公司，而是面臨無數變化依然屹立不搖、歷經數十寒暑仍舊欣欣向榮的公司。如果具備高瞻遠矚的特質真的有很高的風險，那麼為什麼這些長壽的公司都沒有受到影響，在他們漫長的企業發展史中，並沒有行至半途就夭折？

「高瞻遠矚」是否不過是「成功」的另一種說法？

我們承認，當我們選擇以企業執行長為調查對象時，等於暗自假定這些公司都很成功，在財務上展現了卓越績效。畢竟，企業執行長絕不可能將不賺錢的公司說成高瞻遠矚的公司。因此就引發了一個「雞生蛋，蛋生雞」的問題：我們是不是只不過把「高瞻遠矚」的帽子套在成功的公司頭上？

不是的。因為許多財務績效耀眼的公司並沒有出現在我們的高瞻遠矚公司榜上。我們在研究中針對之前十年來的《財星》五百大企業經營績效，做了徹底分析，結果顯示在這段期間，並非只有高瞻遠矚公司如此成功。事實上，如果檢視一九七八到一九八八年的《財星》

五百大製造業和《財星》五百大服務業排行榜，列出投資人報酬率最高的十八家企業，這份名單和我們的高瞻遠矚公司名單可是大不相同。

1978-1988 年《財星》企業排行榜投資人報酬率最高的 18 家公司

1. Hasbro（孩之寶）
2. The Limited
3. Wal-Mart（沃爾瑪）*
4. Affiliated
5. Tele-Communications
6. Giant Food
7. Toys "R" Us（玩具反斗城）
8. Marion Laboratories
9. State Street Boston Corp
10. Berkshire Hathaway
11. DCNY
12. Macmillan
13. Cooper Tire & Rubber
14. Tyson Foods
15. Philips Industries
16. MCI Communications
17. Dillard Department Stores
18. Food Lion

*為高瞻遠矚公司

證據顯示，在我們調查的企業執行長眼中，高瞻遠矚公司不只是高獲利而已（否則這兩份名單應該高度重疊）。當然，如果檢視一九二六到一九九〇年的經營績效，我們名單上的高瞻遠矚公司表現確實超越其他企業，這表示在企業執行長心目中，如果「高瞻遠矚」代表在財務上的成功，那麼他們考量的是非常長期的成功，這倒也符合我們對高瞻遠矚公司的描繪：能長期屹立不搖的卓越企業。

透過執行長調查選出來的公司一定正確嗎？

民意調查原本就不是完美無瑕的調查方式（即使調查對象是思慮周密、知識淵博的一流企業執行長），我們在調查中盡力避免偏見，但卻無法完全消除偏見。比方說，在調查期間在媒體大幅曝光、有許多正面報導的企業很可能在調查中會獲得較高票數。例如在我們調查前的幾個月內，媒體密集出現關於美國運通的報導，有的報導甚至直接形容他們「高瞻遠矚」，因此或許影響了一些執行長的回應，提高了美國運通的票數。當我們拿美國運通和其他公司相比較時，發現美國運通具備的高瞻遠矚公司特質確實比較少。

我們也承認，依賴調查結果不啻預先假定高瞻遠矚公司都是眾所周知、備受推崇的公司，因此等於過於偏好大型上市公司（請注意，名單上所有公司都是美國上市公司），但說不定有些高瞻遠矚公司（說不定比我們名單上的公司還高瞻遠矚的公司）寧可維持小公司的發展型態，而不願上市？例如，比恩郵購公司和一九九二年美國品質獎得主花崗岩公司都具備了許多高瞻遠矚公司的特質，但始終未上市，而且都非常低調。

雖然我們也承認有上述問題，但我們仍然相信執行長調查儘管不完美，卻是現有方式中最好的一種。由於我們事先不曉得高瞻遠矚公司的特質是什麼（我們的研究目的就是找出這些特質），我們無法設計出科學化的篩選機制。更重要的是，透過這個調查，我們有了一大批眼光敏銳的評審，而且他們不會和我們有相同的偏見。

另外一個相關問題是，曾經有人問道，我們的調查是否不過是重新擬了一份《財星》雜誌的美國「聲望最高企業」名單，而不是「高瞻遠矚公司」的名單？

絕非如此。我們徹底分析了一九八三到一九九〇年的《財星》雜誌「聲望最高企業」，雖然頗多高瞻遠矚公司的名字出現在《財星》的名單上，但我們並未發現一一對應的關係。一九八九年，在兩份名單上都出現的高瞻遠矚公司在《財星》雜誌榜上均名列前三〇％，但是和《財星》榜上的前十八家聲望最高的公司沒有一一對應的關係（只有兩家對照公司出現在《財星》雜誌的名單上）。當然，可以想見，高瞻遠矚公司必然備受推崇，聲望很高，但我們的名單卻絕非只是反芻《財星》雜誌「聲望最高的企業」名單。

關聯性vs.因果關係

我們在這份特殊樣本中找出了高瞻遠矚公司之所以有別於對照公司的特質，我們因此能宣稱這些差異和高瞻遠矚公司有關聯性，但我們卻不能宣稱兩者之間有因果關係，因為我們無法證明這些特質一定能導致所有公司都持久成功不墜，也無法確定我們所研究的公司已經找到經營事業的最佳方式，說不定有許多沒人研究過的未上市公司，甚至比我們名單上的公司還能長期屹立不搖、恆久卓越，然而他們的特質大不相同。我們無法宣稱已經找到了因果關係。我們不可能在企業營運的現實世界裡，進行嚴密控制的實驗，因此也就沒辦法百分之百確定其中的因果關係。由於我們比較分析了高瞻遠矚公司和對照公司，因此比起未做比較分析之前，我們更有信心我們找到的是長青企業屹立不搖的原因，而不只是一組隨機的相關變數，但仍然不是百分之百確定。

不過我們希望強調的是，許多高瞻遠矚公司早在成為成功的頂尖企業之前，就具備了我們所發現的基本特質。的確，由於這些特質通常在企業達到巔峰前就已出現，因此我們更有信心，我們的發現不只是隨機的關聯而已。

當高瞻遠矚公司陷入困境時

無庸置疑，我們所研究的高瞻遠矚公司在一九九〇年代初期，大多數是業界翹楚，儘管如此，有幾家公司仍然深陷泥沼。本研究的效度是否因此就大打折扣呢？我們不這麼認為，原因有二：

首先，千萬別忘了，所有的高瞻遠矚公司（即使那些在一九九〇年代非常成功的公司）在漫長歷史中，都曾經跌跌撞撞，鼻青眼腫。高瞻遠矚公司並非永遠對失敗免疫或不會遭逢困境，但他們都能以堅忍不拔的毅力，長期展現卓越的績效。

就以ＩＢＭ為例，無論ＩＢＭ在一九九〇年代碰到什麼問題，過去七十年來，經歷了兩次世界大戰、經濟大蕭條和電腦的發明，ＩＢＭ交出了漂亮的長期績效。在這七十年間，商業機器產業界沒有一家公司能與ＩＢＭ匹敵，即使在ＩＢＭ最黯淡的時刻，美國財經媒體仍然稱之為「國家寶藏」。ＩＢＭ能獲致這樣的地位並非偶然，我們相信企業可以從ＩＢＭ的歷史中得到很多教訓（無論從ＩＢＭ的成功或ＩＢＭ如何因應困境）。而ＩＢＭ又要如何向自己的過去學習呢？ＩＢＭ應該怎麼做才能重振昔日雄風？

第二，還記得嗎，我們在研究中不斷拿一家公司來和另外一家公司比較。所以儘管沒有一家公司是完美的（所有的公司都各有缺陷），但有些公司能在長期發展後，獲致卓然超群的獨特地位。舉例來說，當寶羅斯日漸沒落，喪失了原本的獨特地位時，沒有一家媒體為文報導「國家寶藏」的終結。為什麼無論是在美國人心中的份量或在世界經濟扮演的角色，ＩＢＭ都享有至高無上的地位，而寶羅斯卻始終無法達到類似的境界？無論這些高瞻遠矚公司有什麼缺點，他們在漫長歷史中的卓越表現，仍然超越了一般公司及我們精心挑選出來的對照公司。我們可以從這些比較分析中學到很多東西。

大企業vs.小公司

我們的研究是否獨厚大企業？這種說法也對，也不對。

沒錯，我們的名單中只包含大企業，但名單上的每一家大企業都曾一度是小公司。我們不但檢視這些公司成長為大企業之後的表現，同時也探討他們仍是小公司時的作風，因此我們希望從中獲得的洞見能同時適用於大企業和小公司。別忘了我們也調查了中小企業執行長的意見（名列《企業》雜誌五百大和一百大的公司）；即使小公司執行長都希望從成長壯大的公司身上學到一些東西。

資訊不均等

每一家公司歷史資訊的質與量都不同。例如像惠普和默克這樣的公司會開放歷史檔案供我們搜尋，還提供我們幾大箱的第一手資料。大多數公司（甚至包括對照公司）都十分合作，儘管他們所提供的資訊品質不一。不過仍然有少數幾家公司拒絕合作，因此我們只好完全仰賴二手資訊來做分析。更糟糕的是，二手資訊的數量與品質也各不相同。例如我們找不到任何一本專門描繪諾斯壯的書籍，但是卻找到成堆關於福特、IBM、迪士尼和奇異公司的書。我們盡了最大的努力搜尋關於每一家公司的所有可能資料，而除了一家公司（建伍）之外，針對每一家公司我們都找到具體的資料。沒有任何資訊是完美的，不過鑑於我們蒐集到如此龐大的資訊，我們有信心即使有了完美的資訊，也不會改變我們的發現，或許頂多會強化我們的發現而已。

偏頗的美國觀點

我們只調查了美國的企業執行長，而且也只分析了一組美國以外的公司（索尼 vs. 建伍）。我們相信，造就高瞻遠矚公司的根本要素是可以跨越文化和國界的，但我們也猜測這些要素在不同的文化環境中，將展現不同的風味。我們承認這點，並歡迎未來有人能進一步針對高瞻遠矚公司的跨文化差異進行研究。

附錄二

高瞻遠矚公司和對照公司的創業根基

3M

創立時間：一九〇二年

創辦人：五位明尼蘇達投資人：兩位鐵路經營者、一位醫生、一位肉商及一位律師

創業地點：明尼蘇達州水晶灣（Crystal Bay）

創業概念：開採並經營礦場，提煉金剛砂作為研磨劑，並外銷給砂輪製造商。

最初成果：賣出一噸原料後，採礦事業即告失敗，公司靠投資人的個人資金苟延殘喘，新投資人歐德偉（Louise Ordway）拯救了公司，協助3M在一九〇五年轉型生產砂紙。3M剛創立的十一年，一直付不出總裁歐伯（Edgar Ober）的薪水。

諾頓

創立時間：一八八五年

創辦人：七位來自不同行業的投資人

創業地點：麻州沃西斯特（Worcestor）

創業概念：看好工具機業對砂輪的需求日增，向諾頓（Frank Norton）買下砂輪公司。

最初成果：早期即成長快速，非常成功，開始營運的十五年間，每年均能穩定分派股利，只有一年除外，在這段期間，資本額成長十五倍。到了一九〇〇年，諾頓已成為業界龍頭老大。

美國運通

創立時間：一八五〇年

創辦人：威爾斯（Henry Wells）、法爾戈（William Fargo）和巴特費爾（John Butterfield）

創業地點：紐約市

創業概念：為了消除快捷貨運業中三家公司（威爾斯公司、法爾戈公司和巴特費爾瓦森公司）之間的「無謂競爭」，三家公司同意合併為一家獨占性的公司。

最初成果：立刻獲利，並快速成長（在近乎壟斷的情況下倒是不足為奇）。

*若未註明創辦人創業時年齡，則為不詳。

富國銀行

創立時間：一八五二年

創辦人：威爾斯和法爾戈

創業地點：加州舊金山市

創業概念：因淘金熱而成長快速的加州市場提供包裹快遞和金融服務。

最初成果：在一八五五年加州銀行業大淘汰中是少數倖存的公司，並且之後在市場上占據重要地位，幾乎沒有什麼競爭對手。在一八五五到一八六六年間快速擴張。

波音

創立時間：一九一五年

創辦人：波音（三十五歲）

創業地點：華盛頓州西雅圖市

創業概念：根據公司設立的條文：「從事一般製造業……製造物品、器具和各種商品，尤其是飛機和航空工具……經營飛行學校，以及航空客運和貨運事業。」威廉．波音踏入這行之前是個木材商。

最初成果：波音的第一架飛機 B&W 沒能通過美國海軍測試，於是波音將第二種機型 Model C 賣了五十架給海軍，但卻沒能續約。因此波音公司在一九一九至一九二〇年間業績持續下滑，一九二〇年波音公司虧損了三十萬美元，靠威廉．波音借錢給公司，以及製造家具和快艇，才勉強存活下來。

道格拉斯

創立時間：一九二〇年

創辦人：道格拉斯（二十八歲）

創業地點：加州洛杉磯市

創業概念：為第一次橫越美國的不著陸飛行設計和製造飛機 Cloudster。道格拉斯公司在一九二一年重組為新公司，轉移 Cloudster 的技術，為美國海軍設計製造實驗性的魚雷轟炸機。

最初成果：成功拿到美國海軍的大筆合約，製造十八架魚雷轟炸機，後來又持續拿到美國政府和挪威政府的合約。道格拉斯公司草創時期就非常成功，剛創立的頭四年，每年平均成長率高達二八四％。

花旗銀行

創立時間：一八一二年

創辦人：奧斯古（Samuel Osgood）

創業地點：紐約市

創業概念：基本上是由股東組成的信用合作社，商人藉此為自己的投資計畫取得融資。

最初成果：將近七十年之久，一直沒有一致的策略，並保持私人銀行的經營型態，直到一八九〇年代在史迪曼的領導下，才開始邁開腳步，成為全國性的銀行。

大通銀行

創立時間：曼哈頓銀行（Bank of Manhattan）為一七九九年；大通銀行（Chase Bank）為一八七七年

創辦人：伯爾（Aaron Burr）創立曼哈頓銀行；湯普森（John Thompson）創立大通銀行

創業地點：紐約市

創業概念：創辦銀行。

最初成果：曼哈頓銀行從一八〇八年開始，業績就蒸蒸日上；大通銀行則直到一九一一年才打開知名度。

補充說明：大通銀行和曼哈頓銀行在一九五五年合併。

福特汽車

創立時間：一九〇三年

創辦人：亨利．福特（四十歲）和莫康森（Alex Malcomson）

創業地點：密西根州底特律市

創業概念：借助亨利．福特的機械專長來製造汽車，尤其是立式活塞技術。是一九〇〇到一九〇八年間美國五百零二家汽車製造公司之一。

最初成果：第一輛汽車A型車很成功，在公司營運第一年，每個月可賣出六百輛。一九〇八年推出T型車之前，共推出五種車型（A、B、C、F、K），掀起汽車業革命，將福特公司推上第一名。

補充說明：雖然亨利．福特最初並非特別為了生產T型車而創辦公司，但顯然他在一九〇三年就思考過生產線的量產製程概念。

通用汽車

創立時間：一九〇八年

創辦人：杜蘭（William Durant）

創業地點：密西根州底特律市

創業概念：收購小型車廠，組成汽車公司，策略是為不同品味和收入的顧客提供不同款式的車，藉由分攤財務及其他資源而獲利。

最初成果：杜蘭在一九〇八到一九一〇年間收購了十七家公司，包括奧斯摩比、凱迪拉克、龐迪亞克等，再加上原本的別克汽車。一九一八年又收購了雪佛蘭。雖然成長力道強勁，卻屢傳財務危機，導致杜蘭在一九二〇年下台。

補充說明：從一九二一到一九二七年，在史隆領導下，通用汽車迎頭趕上福特，成為美國最大的汽車製造商。

奇異

創立時間：一八九二年

創辦人：愛迪生（Thomas Edison，四十五歲）、湯姆生（Elihu Thomson，三十九歲）和柯芬（Charles Coffin，四十八歲）

創業地點：紐約市

創業概念：合併愛迪生通用電氣公司（Edison General Electric Company，為了將愛迪生在電力和照明方面的研究商品化，而在一八七八年創立）和湯姆生休斯頓電氣公司（Thomson-Houston Electric Company，一八八三年創立的事業集團）。

最初成果：第一年非常成功（七個月營收三百萬美元），一八九三年因全國性經濟大蕭條造成財務吃緊，現金短缺。經濟復甦後，在接下來二十年穩定成長，部分原因是轉換到交流電系統。

西屋

創立時間：一八八六年

創辦人：威斯汀豪斯（三十九歲）

創業地點：賓州匹茲堡

創業概念：開發交流電技術及中央電力系統的概念（後來證明，交流電系統優於愛迪生的直流電系統），並進一步商品化，後來交流電成為全世界通用的主要電力系統。

最初成果：優越的技術概念帶來早期成功，讓西屋成為業界排名第二的公司，讓威斯汀豪斯有充裕的資金支持公司最初二十年的成長，而不會喪失對公司的控制權。

補充說明：一九〇七年在美國經濟大恐慌期間陷入財務困境，導致銀行在一九一〇年將威斯汀豪斯逐出西屋公司。

惠普

創立時間：一九三七年

創辦人：惠烈特（二十六歲）和普克（二十六歲）

創業地點：加州帕拉奧圖

創業概念：最初只是在廣泛的「無線電、電子和電機工程領域」碰運氣。初期產品包括焊接設備、減肥震動器、馬桶自動沖水器、保齡球犯規檢測器、無線電傳送器、空調設備、望遠鏡計時器、醫療設備及示波器等。

最初成果：頭一年靠工程合約和撙節開支（在車庫中營運），才得以存活。一九三九年賣掉一些聲音示波器。創業第一年僅五千一百美元的銷售額和一千三百美元的利潤。一九四〇年搬離車庫，一九四一年公司有十七名員工。二次大戰期間，員工人數激增至一百四十四人，戰後又縮減了二〇%人力。一九四八年的銷售額為兩百一十萬美元。

德州儀器

創立時間：一九三〇年

創辦人：卡爾徹（J. Clarence Karcher）和麥克德摩（Eugene McDermott，三十一歲）

創業地點：新澤西州紐華克

創業概念：剛創立時叫地球物理服務公司，是「第一家針對可能的油藏進行地震反射測量的獨立公司，其德州實驗室並自行開發及生產這類測量儀器」。一九三四年，地球物理服務公司搬到德州達拉斯，以鞏固在油藏探勘業的地位。一九五一年改名為德州儀器公司。

最初成果：很快就成為地質探勘業的龍頭老大。一九三〇年代初期和中期逐漸成長壯大，但一九四〇年代初期，試圖直接跨入油藏探勘生意時慘遭滑鐵盧。後來因為將地震科技運用於軍事訊號搜尋，而挽救了公司。在二次大戰期間重整旗鼓。

IBM

創立時間：一九一一年（合併前的兩家公司創於一八九〇年）

創辦人：佛林特（Charles Flint）

創業地點：紐約市

創業概念：將兩家小公司合併為製造磅秤、打卡鐘和列表機的小型集團，取名為「計算機列表記錄公司」。

最初成果：最初三年低迷不振，董事會當時認真考慮清算資產，停止營業。一九一四年，老華生上任後逐步改善ＩＢＭ體質。到了一九三〇年，ＩＢＭ已經成為列表機業的領導企業。

補充說明：一九二五年改名為ＩＢＭ。

寶羅斯

創立時間：一八九二年

創辦人：寶羅斯和鮑爾

創業地點：密蘇里州聖路易市

創業概念：寶羅斯發明了史上第一部記錄和加法機，並成立公司American Amirthmometer Company來銷售產品。

最初成果：產品上市後非常成功，公司順利成長。寶羅斯透過推出新產品和收購，鞏固在業界的地位。一九一四年，寶羅斯有九十項產品；到了一九二〇年，已被視為「辦公室設備界的棟梁」。

補充說明：寶羅斯因為他的發明獲得富蘭克林研究院的約翰史考特獎章；一八九八年因肺結核過世，為了紀念他，公司在一九〇五年更名為「寶羅斯加法機公司」（Burroughs Adding Machine Company）。

嬌生

創立時間：一八八六年

創辦人：羅伯特．強生（四十一歲）和兩個弟弟詹姆斯（James Johnson）及梅德（E. Mead Johnson）

創業地點：新澤西州新布朗士威

創業概念：製造醫療用品，特別專精於外科殺菌藥物和包紮用品及醫療藥膏，第一本產品目錄厚達三十二頁，「上面滿滿列著各種藥品」。

最初成果：一八八六年，公司初創時只有十四名員工；到了一八八八年，已經有一百二十五名員工；到了一八九四年，員工人數已成長到四百人。不斷推出各種新產品、加強品牌形象，再加上醫院興起，都是嬌生早期成功的原因。

必治妥

創立時間：一八八七年

創辦人：必治妥（二十歲出頭）和梅爾斯（二十歲出頭）

創業地點：紐約州克林頓

創業概念：必治妥和梅爾斯花了五千美元買下這家「叫克林頓製造公司的失敗藥廠」，之前兩人和製藥業毫無淵源。

最初成果：早期經營非常辛苦。一八八九年只有九名員工；剛開始營運的十二年間都未獲利。直到一九〇三年推出熱門新產品（通便劑 Sal Hepatica 及最早的殺菌牙膏 Ipana），才開始快速成長。

萬豪

創立時間：一九二七年

創辦人：威勒・麥瑞特（二十六歲）和愛麗・麥瑞特（Allie Marriott，二十二歲）

創業地點：華盛頓特區

創業概念：剛創業時，只是一家有九個座位的沙士汽水攤。為了多做些生意而增加了熱食（主要是墨西哥食物），將餐廳取名熱食店（Hot Shoppe）。

最初成果：麥瑞特的店每天營業十六小時，第一年就非常賺錢，收入一萬六千美元。到了一九二九年已有三家分店，二十四小時營業。一九三一年，麥瑞特開始在巴爾的摩設分店，到了一九四〇年，他們已經擁有十八家熱食店。

豪生

創立時間：一九二五年

創辦人：詹生（二十七歲）

創業地點：麻州沃拉斯頓

創業概念：收購了一家汽水攤，採用媽媽的配方自製冰淇淋販賣，在新英格蘭地區大受歡迎。

最初成果：六個月內，需求就超越了產能。到一九二八年，他們的冰淇淋銷售額已高達二十四萬美元。一九三三年，詹生將公司擴張為著名的路旁餐廳，一九四〇年已擁有一百二十五家分店。

默克

創立時間：一八九一年

創辦人：默克（二十三歲）

創業地點：紐約市

創業概念：為德國默克化學公司在美國的銷售分公司。追本溯源的話，要回溯到一六六八年默克家族在德國達姆斯達特開設的藥房。

最初成果：從母公司進口化學品，穩定地創造銷售佳績（一八九七年已達百萬美元）；公司創立十年後才開始自行製造化學品。大約在一九〇三年，開始在新澤西州的新工廠生產碘化物和其他基本藥品。一九一〇年的營收為三百萬美元。

輝瑞

創立時間：一八四九年

創辦人：輝瑞（二十五歲）和厄哈特（Charles Erhart，二十八歲）

創業地點：紐約州布魯克林

創業概念：製造當時美國沒有生產的高品質化學品，由於沒有關稅負擔，因此較進口化學品占優勢。最初的產品為蛔蟲藥山道年（Santonin）。

最初成果：山道年非常暢銷，輝瑞得以持續擴張。一八五五年，開始生產碘化物，到了一八六〇年已有五條產品線。一八五七年，在曼哈頓市區設立辦公室，而到了一八八八年，輝瑞已買下七十二塊土地，以因應擴張的需要。

摩托羅拉

創立時間：一九二八年

創辦人：蓋爾文（三十三歲）

創業地點：伊利諾州芝加哥

創業概念：生產收音機整流器，包括為施樂百百貨公司的顧客修理尚在保固期限內的整流器。蓋爾文「知道整流器的市場不會維持太久」，所以很早就開始尋找其他市場。

最初成果：最初從事整流器製造與維修生意時，只能勉強生存，一九二九年底幾乎破產。在一九三〇年想到汽車收音機的點子，雖然那年仍然賠錢，但一九三一年開始獲利，而且此後穩定成長。

增你智

創立時間：一九二三年

創辦人：麥當諾（三十七歲）

創業地點：伊利諾州芝加哥

創業概念：一九二〇年美國開始出現商業廣播，收音機因此缺貨，麥當諾看準這個市場，開始銷售收音機。一九二三年取得獨家授權，開始銷售芝加哥收音機實驗室的收音機。一九二四年推出全世界第一台手提收音機。

最初成果：早期的創新推動銷售業績成長（一九二四年推出第一台手提收音機；一九二六年推出第一台採用交流電電源插座的家用收音機；一九二七年推出第一台按鈕式選台的收音機）。但因資產管理鬆散，終於在一九二〇年代中引發流動性和信用的問題。

諾斯壯

創立時間：一九〇一年

創辦人：諾斯壯（三十歲）和瓦林（Carl Wallin）

創業地點：華盛頓州西雅圖

創業概念：根據諾斯壯的說法：「我仍然不確定自己想做什麼……開始找找看有什麼小生意可做。瓦林先生是個鞋匠，他開了一家修鞋店……我經常去瓦林先生的店裡，有一天，他建議我和他合夥開一家鞋店。」

最初成果：很早就開始獲利，最初十五年換了三個地方開店，一直維持一家店的規模，直到一九二三年才開了第一家分店。

補充說明：一九二八年，諾斯壯把公司股份賣給兩個兒子（艾佛特和艾爾莫）。

梅維爾

創立時間：一八九二年

創辦人：梅維爾

創業地點：紐約市

創業概念：巡迴銷售鞋類的批發商梅維爾由於「鞋店老闆拿了一批貨後沒付款就逃之夭夭」而獲得三家鞋店。

最初成果：很早就開始獲利。在一八九五年開始有發展連鎖店的想法。到了一九二三年，已經擁有三十一家零售店；到了一九三五年，增加為五百七十一家分店。早在一九三〇年代初期，就已成為美國最大的鞋類零售商。

寶鹼

創立時間：一八三七年

創辦人：寶洛科特（三十六歲）和鹼柏（三十四歲）

創業地點：俄亥俄州辛辛那堤市

創業概念：寶洛科特是蠟燭製造商，鹼柏則是肥皂商，兩人都拿相同的動物脂肪來當產品原料。由於兩人是連襟，決定合力打拚，銷售肥皂和蠟燭。

最初成果：公司成長緩慢，經過十五年的努力，才終於搬離同時充當廠房和店面的簡陋辦公室。雖然成長緩慢，但寶鹼似乎一直有盈餘。一八四七年，公司收入為兩萬美元。公司成立二十年後共雇用八十名工人在工廠工作。

補充說明：寶鹼創立時，辛辛那堤有十八家販賣肥皂和（或）蠟燭的公司。

高露潔

創立時間：一八〇六年

創辦人：高傑特（二十三歲）

創業地點：紐約市

創業概念：根據高露潔公司董事長在一九五六年的談話：「在美國歷史的那段時間（一八〇六年），大家用的肥皂至少七五%是自己做的……自製的肥皂通常很粗，對皮膚不好，也沒什麼香味。高露潔做的肥皂聞起來很香，而且一般人都買得起。」

最初成果：缺乏這方面的資訊，沒有資料顯示高露潔在初創的頭二十年明顯比寶鹼成功或失敗。

補充說明：是美國最早生產肥皂販賣的公司之一。

菲利普莫里斯

創立時間：一八四七年

創辦人：莫里斯（Philip Morris）

創業地點：倫敦

創業概念：為倫敦龐德街上的菸草店

最初成果：一直都是單純的菸草零售店，直到一八五四年才開始製造香菸。沒有什麼資料顯示早期有實質成長。一九〇二年開始將香菸外銷到美國。美國投資者在一九一九年買下菲利普莫里斯的名稱。

補充說明：一九二四年推出女性香菸品牌萬寶路。

雷諾茲

創立時間：一八七五年

創辦人：雷諾茲（Richard J. Reynolds，二十五歲）

創業地點：北卡羅萊納州溫布頓

創業概念：用最新開發的「治感冒菸草」來開發咀嚼式菸絲。

最初成果：在公司開始營運的第一年就生產出近七萬公斤的產品。「從那時候開始，每隔一年就必須增加製造一種新產品，以滿足美國眾多咀嚼式菸絲的愛好者。」一八八〇年代中期，雷諾茲的個人財富已超過十萬美元。

補充說明：一九一三年推出駱駝牌香菸；一九一七年已是美國香菸的第一品牌。

索尼

創立時間：一九四五年

創辦人：井深大

創業地點：日本東京

創業概念：只是模糊地想要應用科技來創造消費性產品。

最初成果：最初開發煮飯鍋和錄音機都失敗，只靠銷售粗糙的熱墊勉強維生，後來為日本放送協會（ＮＨＫ）外包生產一堆雜七雜八的產品，包括電壓計和儀表板等。一九五五年開發出第一個暢銷的消費性產品（袖珍收音機）；創立十二年後才達到五百名員工的規模。

建伍

創立時間：一九四六年

創辦人：未記載於公司歷史

創業地點：日本駒根市

創業概念：成為音響技術的專業先鋒。

最初成果：很快在音響技術上取得領先地位。第一個產品——特殊收音機零件非常成功，為公司奠定基礎。開發的高頻變壓器是第一個通過ＮＨＫ標準的日本製產品（一九四九年）。

沃爾瑪

創立時間：一九四五年

創辦人：沃爾頓（二十七歲）

創業地點：亞利桑那州新港

創業概念：買下小鎮上一家班法蘭克林平價商店的特許經營權。當時完全沒有顯現任何擴張的意圖。

最初成果：第一年銷售額為八萬美元，第三年達到二十二萬五千美元。一九五〇年租約到期，因此失去這家店，於是搬到阿肯色州的班頓維爾，另外開了一家叫沃爾頓的平價商店，一九五二年擴充為兩家店。

補充說明：一九六二年開設第一家大規模鄉間折扣商店。

艾美絲百貨

創立時間：一九五八年

創辦人：密爾頓．吉爾曼（三十三歲）和艾文．吉爾曼

創業地點：麻州南橋

創業概念：將家族農場抵押貸款，在小鎮上推出折扣連鎖零售店。

最初成果：第一年銷售額為一百萬美元，兩年內就擴張到紐約州和佛蒙特州，擁有多家連鎖店。

補充說明：一九五八年開設第一家大型鄉間折扣商店。

迪士尼

創立時間：一九二三年

創辦人：華特·迪士尼（二十一歲）和洛伊·迪士尼（二十七歲）

創業地點：加州洛杉磯

創業概念：華特從堪薩斯市搬到洛杉磯，希望投入電影事業，卻找不到工作，所以他租了相機，在叔叔的車庫架設起攝影棚，決定自己開創動畫事業。為迪士尼作傳的席科描述：「別人說他太晚進入這行了，晚了六年，他至少是半信半疑，但這是他唯一有經驗的領域。」

最初成果：由於努力節省開支，第一部動畫片《愛麗絲漫遊卡通仙境》勉強提供營運資金。一九二七年推出第二部影片《幸運兔奧斯華》（*Oswald the Rabbit*）則因不當的商業協議，失去對產品的控制權。一九二八年，推出米老鼠卡通人物。

哥倫比亞

創立時間：一九二〇年

創辦人：哈利·柯恩（二十九歲）和傑克·柯恩

創業地點：加州洛杉磯

創業概念：哈利和傑克在一九二〇年創立哥倫比亞電影公司，最初是想製作卡通和短片，報導電影明星螢幕下的活動及宣傳明星拍的電影。後來開始拍攝電影長片。

最初成果：最初拍短片時成績平平，第一部長片則比較成功：只花了兩萬美元的成本，卻帶來十三萬美元的收入。從一九二二年八月到一九二三年十二月，哥倫比亞公司製作了十部賺錢的長片。

創業根基總整理	創業時是否有「偉大構想」*？		草創時期 哪家公司比較成功？
	高瞻遠矚公司	對照公司	
3M vs. 諾頓	無	有	對照公司
美國運通 vs. 富國銀行	無	無	高瞻遠矚公司
波音 vs. 麥道	無	有	對照公司
花旗銀行 vs. 大通銀行	無	無	不分高下
福特 vs. 通用汽車	有	無	高瞻遠矚公司
奇異 vs. 西屋	有	有	不分高下
惠普 vs. 德州儀器	無	有	對照公司
IBM vs. 寶羅斯	無	有	對照公司
嬌生 vs. 必治妥	有	無	高瞻遠矚公司
萬豪 vs. 豪生	無	無	不分高下
默克 vs. 輝瑞	無	有	不分高下
摩托羅拉 vs. 增你智	無	有	對照公司
諾斯壯 vs. 梅維爾	無	無	對照公司
寶鹼 vs. 高露潔	無	有	不分高下
菲利普莫里斯 vs. 雷諾茲	無	有	對照公司
新力 vs. 建伍	無	有	對照公司
沃爾瑪 vs. 艾美絲百貨	無	有	對照公司
迪士尼 vs. 哥倫比亞	無	無	對照公司
整體而言	3 有 15 無	11 有 7 無	3 組為高瞻遠矚公司 5 組不分高下 10 組為對照公司

*「偉大構想」是指創新且非常成功的獨特產品或服務。

附錄三

其他資料

表A.1　本研究針對高瞻遠矚公司及對照公司完整歷史（從創立日至一九九一年）追蹤分析的項目

項目1組織制度：諸如組織結構、政策和程序、制度、報酬與獎勵、所有權結構、營運策略及公司活動（例如併購、重大策略轉變、上市）等「硬」項目。

項目2社會因素：諸如公司的文化措施、氣氛、規範、儀式、神話和故事、群體間的互動及管理風格等「軟」項目。

項目3物理環境：公司處理物理空間的主要方式，包括工廠及辦公室設計，也包括有關公司重要部門所在地的重大決策。

項目4技術：有關公司如何運用科技，包括資訊科技、先進的製程和設備、工作配置等相關項目。

項目5領導力：從公司創立以來的領導狀況，例如創業元老和後來的接班人之間的世代交替、領導人任期、領導人在擔任執行長前在公司的年資（他是空降部隊還是內部培育的領導人？他何時加入公司？）、領導人挑選過程和標準。

項目6產品及服務：公司歷史上的重要產品和服務。這些產品和服務的構想是怎麼產生的？產品和服務是透過什麼原則篩選和開發？公司有沒有失敗的產品，如何因應產品失敗的經驗？公司是否持續領先業界，推出新產品，還是追隨市場潮流？

項目7願景：核心價值、目的和高瞻遠矚的目標。公司有沒有核心價值、目的和高瞻遠矚的目標？如果有的話，是如何產生的？組織是否在歷史上某些階段擁有這些要素，但在有些時期則忽略了這些要素？核心價值、目的和高瞻遠矚的目標在公司裡扮演什麼角色？如果公司有鮮明的價值、目的和目標，這些願景迄今仍保持原貌嗎，還是愈來愈不受重視？

項目8財務分析：從公司上市之日起的所有損益表和資產負債表上的財務數字分析，包括銷售額和利潤成長率、毛利、資產報酬率、銷貨報酬率、股東權益報酬率、負債比率、現金流量和營運資金、流動比率、股息發放率、物業／廠房／設備的增加占銷售額比率、資產周轉率。我們也檢視了股票報酬率及相對於大盤的股票整體績效。

項目9市場／環境：與公司外在環境相關的重要層面，包括重大市場轉變、戲劇性的全國事件或國際事件、政府法令、產業界結構問題、技術上的重大改變及其他相關事項。

表A.2　我們的研究有哪些資料來源

- **直接由公司提供的歷史資料**：檔案資料、歷史文件（例如公司上市時的公開說明書）、歷史性的描述、內部出版品、錄影帶、歷任領導人訪談紀錄或演說內容、公司政策文件、過去及現在的願景（價值、目的、使命）宣言、員工手冊、訓練教材及其他相關資料。

● **關於公司、產業或領導人的書籍：**無論是由公司自行撰寫或為外界觀察家的著作（但我們較重視外界觀察家的著作）。我們根據史丹佛大學、哈佛大學、加州大學、耶魯大學和牛津大學圖書館藏書目錄，找到所有能找到的書籍，無論新舊。

● **關於公司的報導文章：**我們針對每一家公司從創立到今天的這段期間，廣泛地從各種資料來源搜尋數十年來關於這家公司的報導，我們的搜尋範圍包括《富比士》、《財星》、《商業週刊》、《華爾街日報》、《美國企業》（*Nation's Business*）、《紐約時報》、《美國新聞與世界報導》、《新共和》（*New Republic*）、《哈佛商業評論》、《經濟學人》等報章雜誌，同時還從專業出版品中挑選參考文章，例如《折扣商店》（*Discount Merchandiser*）、《行銷雜誌》（*Marketing*）、《旅館與餐廳季刊》（*Hotel and Restaurant Quarterly*）等。

● **公司年報和財務報告：**有些時候，單單一家公司就有一百多份不同的損益表和資產負債表。

● **哈佛商學院和史丹佛商學院的案例研究和產業分析：**我們盡可能針對研究的每一家公司和每一個產業都找到相關的案例研究和產業分析。

● **金融資料庫：**包括從美國芝加哥大學證券價格研究中心（Center for Research in Security Prices, CRSP）的股價指標資料庫中找到每家公司股票上市以來的每月股票報酬率。

● **訪談內容：**對公司重要人物、員工、離職員工和關於公司或產業的外部專家（例如分析師或學者）的訪談。

● **企業和產業的相關參考資料：**例如《美國企業領導人傳記辭典》（*Biographical Dictionary of American Business Leaders*）、《國際公司歷史名錄》（*International Directory of*

Company Histories）、《胡佛公司手冊》（*Hoover's Handbook of Companies*）、《美國產業的發展》（*Development of American Industries*）、《電影工業年鑑》（*Movie Industry Almanac*）。

表A.3　在公司早期發展階段，領導力是區分高瞻遠矚公司與對照公司的要素嗎？

領導力的定義是高層主管能展現堅忍不拔的毅力，克服重大阻礙，吸引到願意為公司盡心盡力的人才，影響眾多員工努力達成目標，同時扮演重要領導角色，引領公司度過歷史上的關鍵時期。請注意，在時間的選擇上，我們試圖涵蓋執行長仍對公司方向發揮重大影響力的時期。有些案例中，某些高階主管在這段期間擔任過許多不同的職位，例如總裁、執行長、董事長、總經理等。本表格的主要目的在於顯示，無論高瞻遠矚公司或對照公司，在形塑公司的關鍵時期都有這樣的領導人，所以我們所定義的領導力並非區分高瞻遠矚公司與對照公司的要素。

表A.4　「核心理念」的證據

研究方法：在評估高瞻遠矚公司與對照公司的理念本質時，我們會根據以下層面來考量證據。

A：對理念的闡述

A.3 附表

成對比較的公司	高瞻遠矚公司	對照公司	為區分要素？
3M vs. 諾頓	麥克奈特（1914-1966）	希金斯（Milton Higgins）（1855-1912）	否
美國運通 vs. 富國銀行	威爾斯和法爾戈（1850-1868）	威爾斯和法爾戈（1852-1860s）	否
波音 vs. 道格拉斯	波音（1916-1934）	道格拉斯（1920-1967）	否
花旗銀行 vs. 大通銀行	史迪曼（1891-1918）	威金（1911-1933）	否
福特 vs. 通用汽車	亨利・福特一世（1899-1945）	史隆（1923-1946）	否
奇異 vs. 西屋	柯芬（1892-1922）	威斯汀豪斯（1866-1909）	否
惠普 vs. 德州儀器	惠烈特與普克（1937-）	麥克德摩（1930-1948） 哈格帝（1958-1976）	否
IBM vs. 寶羅斯	華生（1914-1956）	鮑爾（1898-1930）	否
嬌生 vs. 必治妥	強生（1886-1910）	必治妥（1887-1915）	否
萬豪 vs. 豪生	麥瑞特（1927-1964）	詹生（1925-1959）	否
默克 vs. 輝瑞	默克（1895-1925）	輝瑞（1849-1906）	否
摩托羅拉 vs. 增你智	蓋爾文（1926-1956）	麥當諾（1923-1958）	否
諾斯壯 vs. 梅維爾	諾斯壯（1901-1928）	梅維爾（1892-1930）	否
寶鹼 vs. 高露潔	寶洛科特與鹼柏（1837-1870s）	高傑特（1806-1857）	否
菲利普莫里斯 vs. 雷諾茲	無明顯關鍵領導人	雷諾茲（1875-1918）	或許更有利於對照公司
索尼 vs. 建伍	井深大（1945-）	資訊不足	資訊不足
沃爾瑪 vs. 艾美絲百貨	沃爾頓（1945-1992）	吉爾曼兄弟（1958-1981）	否
迪士尼 vs. 哥倫比亞	華特・迪士尼（1923-1966）	哈利・柯恩（1920-1958）	否

B：理念有長期延續性

C：理念的重要性超越利潤

D：理念與行動之間能協調一致

在每個項目中，我們都根據所能蒐集到的證據，來給高瞻遠矚公司和對照公司評分。然後將每家公司在這些項目得到的評分相加後（評為「H」者得三分，評為「M」得兩分，評為「L」者得一分），得到這家公司在這個指標的總分。

A：對理念的闡述

H：有重要證據顯示，公司闡述理念（核心價值和／或目的）時，意圖應用理念為指導方針。證據也顯示，公司重要人物多次在談話或文章中闡述理念，而且廣泛地向組織上下所有員工傳達公司的理念。

M：有一些證據顯示，公司闡述理念（核心價值和／或目的）時，意圖應用理念為指導方針。還有一些證據顯示，公司重要人物會在談話或文章中闡述理念，但或許只談過一次或少數幾次；儘管公司也能廣泛地向組織上下所有員工傳達理念，但與員工的溝通不及拿到「H」評分的公司。

L：只有極少證據或毫無證據顯示，公司努力釐清理念並且宣達理念（核心價值和／或目的）。

B：理念有長期延續性

H：證據顯示，前面A所討論的理念多年來沒有什麼改變，而且自從公司提出理念以來，在公司在發展過程中，一直持續不斷強調理念的重要。

M：證據顯示，前面A所討論的理念已大幅改變，且／或自從公司提出理念以來，在公司的發展過程中，只偶爾提及理念的重要。

L：只有極少證據或毫無證據顯示公司在發展過程中，理念始終能長期延續。

C：理念的重要性超越利潤

H：證據顯示，公司內部曾明確討論到公司獲利能力和股東報酬都只是公司經營目標的一部分而已，而非最重要的目標。在討論中明確使用如「合理的」報酬率、「足夠的」報酬率、「公平的」報酬率、「獲利能力乃追求其他目標的必要條件」等詞句，而不是強調要追求「最大」或「最高」的報酬率。

M：證據顯示，公司認為獲利能力和股東報酬率都非常重要，和其他目標和價值同等重要或更重要。公司理念固然也很重要，卻可以看得出來，和追求利潤的目標相較之下，就不如被評為「H」的公司那麼重視理念。

L：證據顯示，公司高度以追求利潤或提高股東報酬為導向，會在賺錢最重要的考量下忽視理念。證據顯示，公司認為追求財富是公司存在原因和首要目標，超越其他一切考量。

A.4 附表

高瞻遠矚公司	"A"	"B"	"C"	"D"	總分	分數差距	總分	"A"	"B"	"C"	"D"	對照公司
3M	H	H	M	H	11.00	3.00	8.00	M	M	M	M	諾頓
美國運通	M	M	M	M	8.00	2.00	6.00	M	L	L	M	富國銀行
波音	H	H	M	H	11.00	5.00	6.00	M	L	L	M	麥道
花旗銀行	M	M	M	M	8.00	0.00	8.00	M	L	H	M	大通銀行
福特	H	M	H	M	10.00	4.00	6.00	M	L	L	M	通用汽車
奇異	H	M	M	M	9.00	2.00	7.00	M	L	M	M	西屋
惠普	H	H	H	H	12.00	6.00	6.00	M	L	L	M	德州儀器
IBM	H	H	M	M	10.00	6.00	4.00	L	L	L	L	寶羅斯
嬌生	H	H	H	H	12.00	5.00	7.00	M	L	M	M	必治妥施貴寶
萬豪	H	H	H	H	12.00	6.00	6.00	M	L	M	L	豪生
默克	H	H	H	H	12.00	5.00	7.00	M	L	M	M	輝瑞
摩托羅拉	H	H	M	H	12.00	5.00	7.00	M	L	M	M	增你智
諾斯壯	H	H	M	H	11.00	3.00	8.00	M	M	M	M	梅維爾
菲利普莫里斯	M	L	M	H	8.00	1.00	7.00	M	L	M	M	雷諾茲納貝斯克
寶鹼	H	H	M	H	11.00	3.00	8.00	H	L	M	M	高露潔
索尼	H	H	H	H	12.00	5.00	7.00	M	L	M	M	建伍
沃爾瑪	M	H	H	H	10.00	6.00	4.00	L	L	L	L	艾美絲百貨
迪士尼	H	H	M	H	11.00	7.00	4.00	L	L	L	L	哥倫比亞
得分出現頻率												
得到 H 家數	14	13	7	13				1	0	1	0	
得到 M 家數	4	4	11	5				14	2	10	14	
得到 L 家數	0	1	0	0				3	16	7	4	
公司總數	18	18	18	18				18	18	18	18	
VC>CC	14	17	12	14		17						
VC=CC	4	1	5	4		1						
VC<CC	0	0	1	0		0						
公司總數	18	18	18	18		18						

* 分數差距 = 高瞻遠矚公司總分－對照公司總分

**VC 代表高瞻遠矚公司／ CC 代表對照公司

D：理念與行動之間能協調一致

H：有重要證據顯示，公司理念不只是見諸文字而已，（在公司漫長歷史上）許多重大的策略性決策（例如有關產品、市場或投資的決策）或有關組織設計的決策（例如組織結構、獎勵制度）都以核心理念為指導方針。

M：有一些證據顯示，公司理念不只是見諸文字而已。有一些證據顯示，重大策略性決策（例如有關產品、市場或投資的決策）或有關組織設計的決策（例如組織結構、獎勵制度）乃是以核心理念為指導方針；但比起被評為「H」的公司，在歷史發展過程中並未能如此協調一致地實踐核心理念。

L：沒有什麼證據顯示，公司能始終秉持核心理念，並言行一致的實踐核心理念。

表A.5 「膽大包天的目標」的證據

研究方法：在評估高瞻遠矚公司與對照公司是否應用膽大包天的目標時，我們根據以下幾個層面來考量證據。

A：是否應用膽大包天的目標

B：目標有多麼大膽

C：膽大包天目標的歷史型態

在每個項目中，我們都根據所能蒐集到的證據，為高瞻遠矚公司和對照公司評分。然後將每家公司在這些項目得到的評分相加後，得到這家公司在這個指標的總分。

A：是否應用膽大包天的目標

H：有重要證據顯示，公司利用膽大包天的目標來刺激進步。

M：有一些證據顯示，公司利用膽大包天的目標來刺激進步，但不如被評為「H」的公司明顯。

L：只有極少證據或毫無證據顯示，在公司歷史中，曾認真應用膽大包天的目標。

B：目標有多麼大膽

H：有重要證據顯示，公司設定的目標非常大膽（證據顯示目標都很難達成或風險很高）。

M：證據顯示，公司設定的目標非常大膽，但不如在這個項目被評為「H」的公司所設定的目標那麼困難或高風險。

L：沒有什麼證據顯示公司設定目標非常大膽。

C：膽大包天目標的歷史型態

H：證據顯示，應用膽大包天的目標是公司一再重複的歷史型態，或所設定的膽大包天目標會跨越好幾個世代的領導人。

A.5 附表

高瞻遠矚公司	"A"	"B"	"C"	總分	分數差距	總分	"A"	"B"	"C"	對照公司
3M	M	M	L	5.00	0.00	5.00	M	M	L	諾頓
美國運通	M	M	L	5.00	1.00	4.00	M	L	L	富國銀行
波音	H	H	H	9.00	4.00	5.00	M	M	L	麥道
花旗銀行	H	H	H	9.00	4.00	5.00	M	M	L	大通銀行
福特	H	H	M	8.00	1.00	7.00	H	H	L	通用汽車
奇異	H	H	M	8.00	1.00	7.00	H	H	L	西屋
惠普	M	H	L	6.00	-2.00	8.00	H	H	M	德州儀器
IBM	H	H	M	8.00	5.00	3.00	L	L	L	寶羅斯
嬌生	M	M	M	6.00	0.00	6.00	M	M	M	必治妥施貴寶
萬豪	H	M	M	7.00	3.00	4.00	M	L	L	豪生
默克	H	H	M	8.00	2.00	6.00	M	M	M	輝瑞
摩托羅拉	H	H	H	9.00	3.00	6.00	H	M	L	增你智
諾斯壯	M	M	M	6.00	0.00	6.00	M	M	M	梅維爾
菲利普莫里斯	H	H	L	7.00	1.00	6.00	M	M	M	雷諾茲納貝斯克
寶鹼	H	H	M	8.00	2.00	6.00	M	M	M	高露潔
索尼	H	H	H	9.00	4.00	5.00	M	M	L	建伍
沃爾瑪	H	H	H	9.00	4.00	5.00	M	M	L	艾美絲百貨
迪士尼	H	H	M	8.00	3.00	5.00	M	M	L	哥倫比亞
得分出現頻率										
得到 H 家數	13	13	5				4	3	0	
得到 M 家數	5	5	9				13	12	6	
得到 L 家數	0	0	4				1	3	12	
公司總數	18	18	18				18	18	18	
VC>CC	10	12	10		14					
VC=CC	7	6	6		3					
VC<CC	1	0	2		1					
公司總數	18	18	18		18					

M：（比起在這個項目被評為「H」的公司）較少證據顯示，應用膽大包天的目標是公司一再重複的歷史型態，或所設定的膽大包天目標會跨越好幾個世代的領導人。

L：沒有什麼證據顯示，應用膽大包天的目標乃是公司歷史上一再重複的型態。

表A.6 「教派般文化」的證據

研究方法：在評估高瞻遠矚公司與對照公司是否有教派般的強烈文化時，我們考量的是證據是否顯示公司努力激發員工的忠誠與奉獻精神，並且影響公司內部人員的行為能符合公司理念。我們根據以下三個層面來考量證據。

A：強烈灌輸員工公司的理念

B：員工與公司理念緊密契合

C：鼓吹菁英意識

在每一個項目中，我們都根據所有能夠蒐集到的證據，為高瞻遠矚公司和對照公司進行評分。然後再將每一家公司在這些項目中得到的評分相加之後，得到這家公司在這個指標的總分。

A：強烈灌輸員工公司的理念

H：有重要證據顯示，公司一向有正式和具體的員工教育和理念灌輸流程，可能包括：

- 新人訓練課程，教導新人公司的價值、行為規範、理念、歷史和傳統。
- 持續進行包含理念相關內容的教育訓練。
- 內部出版品：能強化核心理念的書籍、報紙和期刊。
- 由同事、頂頭上司和其他人做在職人員的社會化教育。
- 公司同事成為新人最主要的社交團體；鼓勵員工多和公司其他員工往來。
- 唱公司歌，呼公司口號。
- 宣揚模範員工的「英雄事蹟」，塑造神話故事。
- 公司內部自己有一套獨特的用語，強化參考架構。
- 發表誓詞
- 延攬年輕人、內部升遷、及早養成員工正確心態、每個人都從基層做起，迫使員工浸淫在公司理念中日漸「成長」。

M：有一些證據顯示，公司長久以來一直有正式而具體的流程，灌輸員工核心理念，但不如被評為「H」的公司那麼顯著和始終如一。

L：只有極少證據或毫無證據顯示，公司一直有正式而具體的流程，灌輸員工核心理念。

B：員工與公司理念緊密契合

H：有重要證據顯示，公司長久以來一直要求員工與公司理念緊密契合，員工如果不是與工作環境非常融合，就會覺得格格不入。公司用許多具體方式來加強員工與公司理念緊密契合，可能包括：

- 具體表揚和獎勵能奉行公司理念的員工，言行不符合公司理念的員工則受到懲罰（適者看起來很快樂、受到獎勵、也備受重視；不適者顯得悶悶不樂、不受重視、落後別人）。
- 包容沒有違反公司理念的無心之過，但嚴懲違反理念的行為。
- 要求員工有極高的忠誠度；「不夠忠心」的員工往往會受到懲罰或令公司有遭背叛的感覺。
- 實施嚴格的選才流程（無論在人才招募過程或新人到職的頭兩年）。
- 嚴格的行為規範和嚴密管控員工行為，往往令無法融入公司文化者求去。
- 期待員工熱切實踐並大力提倡公司理念。
- 鼓勵員工積極投入公司（無論是投入時間或金錢），因此沒辦法完全「融入」的人將待不下去。

M：有些證據顯示，公司長久以來一直要求員工與公司理念緊密契合，但不如被評為「H」的公司顯著和始終如一。

L：只有極少證據或毫無證據顯示，公司長久以來一直要求員工與公司理念緊密契合。

A.6 附表

高瞻遠矚公司	"A"	"B"	"C"	總分	分數差距	總分	"A"	"B"	"C"	對照公司
3M	M	H	H	8.00	2.00	6.00	M	M	M	諾頓
美國運通	L	M	M	5.00	0.00	5.00	L	M	M	富國銀行
波音	M	M	H	7.00	2.00	5.00	M	L	M	麥道
花旗銀行	M	M	H	7.00	0.00	7.00	M	M	H	大通銀行
福特	M	M	H	7.00	0.00	7.00	M	M	H	通用汽車
奇異	H	M	H	8.00	4.00	4.00	L	L	M	西屋
惠普	H	H	H	9.00	2.00	7.00	H	M	M	德州儀器
IBM	H	H	H	9.00	5.00	4.00	L	L	M	寶羅斯
嬌生	H	M	H	8.00	2.00	6.00	M	M	M	必治妥施貴寶
萬豪	H	H	H	9.00	3.00	6.00	M	M	M	豪生
默克	H	H	H	9.00	4.00	5.00	L	M	M	輝瑞
摩托羅拉	H	M	M	7.00	3.00	4.00	L	L	M	增你智
諾斯壯	H	H	H	9.00	4.00	5.00	L	M	M	梅維爾
菲利普莫里斯	M	M	M	6.00	0.00	6.00	M	M	M	雷諾茲納貝斯克
寶鹼	H	H	H	9.00	3.00	6.00	M	M	M	高露潔
索尼	H	M	H	8.00	3.00	5.00	M	L	M	建伍
沃爾瑪	H	M	H	8.00	4.00	4.00	L	L	M	艾美絲百貨
迪士尼	H	H	H	9.00	5.00	4.00	L	M	L	哥倫比亞
得分出現頻率										
得到 H 家數	12	8	15				1	0	2	
得到 M 家數	5	10	3				9	12	15	
得到 L 家數	1	0	0				8	6	1	
公司總數	18	18	18				18	18	18	
VC>CC	11	13	13		14					
VC=CC	7	5	5		4					
VC<CC	0	0	0		0					
公司總數	18	18	18		18					

C：鼓吹菁英意識

H：有重要證據顯示，公司長久以來一直努力加強員工的歸屬感，令員工以公司為傲。

- 持續以言詞和文字強調公司每位員工都是這個菁英團體的一份子。
- 注重隱祕性，嚴密控制資訊，尤其是會流通到外界的資訊。
- 舉行各種慶祝儀式來獎勵成功，增強歸屬感和獨特感。
- 使用各種名稱（「摩托羅拉人」、「諾弟」等），自有一套特殊的語言來強化身為特殊團體一份子的自豪感。
- 注重「家庭的感覺」，大家都同屬一個「快樂的大家庭」。
- 環境上的隔離：工廠和辦公室的規畫（包括郵局、餐廳、健身俱樂部、社交場所等）刻意減少員工與外界接觸的必要性。

M：有一些證據顯示，公司長久以來一直努力加強員工的歸屬感，令員工以公司為傲，但證據不如被評為「H」的公司明顯。

L：只有極少證據或毫無證據顯示，公司長久以來一直努力加強員工的歸屬感，令員工以公司為傲。

表A.7 「有目的的演化」證據

研究方法：在評估高瞻遠矚公司與對照公司是否應用演化式的進步時，我們會考量蒐集到的證據是否顯示公司透過有目的的演化來刺激進步。我們根據以下三個層面來考量證據。

A：有意識地推動演化式的進步

B：推動營運自主以刺激變異

C：採取其他機制來刺激變異和汰弱擇強

在每個項目中，我們都根據所能蒐集到的證據，為高瞻遠矚公司和對照公司評分。然後將每家公司在這些項目得到的評分相加後，得到這家公司在這個指標的總分。

A：有意識地推動演化式的進步

H：有重要證據顯示，公司長久以來一直信奉的觀念是，透過變異和汰弱擇強的演化過程來達到進步的目的。儘管公司可能也借助其他方式來刺激進步（例如膽大包天的目標或自我改善），但一定也刻意運用演化過程。事實上，證據顯示公司因此推動了某些重大的策略轉變。

M：有一些證據顯示，公司長久以來一直信奉的觀念是：透過變異和汰弱擇強的演化過程來達到進步的目的，但做法不如被評為「H」的公司顯著和始終如一。

L：沒有什麼證據顯示，公司長久以來一直信奉的觀念是透過變異和汰弱擇強的演化過程來達到進步的目的。

B：推動營運自主以刺激變異

H：有重要證據顯示，公司長久以來一直以推動營運自主為促進變異的手段。「營運自主」表示透過分權式的組織結構和容許營運自主的職務設計，員工有很大的空間可以自行決定要如何履行職責。

M：有一些證據顯示，公司長久以來一直以推動營運自主為促進變異的手段，但做法不如被評為「H」的公司顯著和始終如一。

L：沒有什麼證據顯示，公司長久以來一直以推動營運自主為促進變異的手段。

C：採取其他機制來刺激變異和選擇

H：有重要證據顯示，公司長久以來除了推動營運自主以外，還運用其他不同機制，以透過變異和汰弱擇強，刺激演化式的進步。包括設計不同的機制來激發創意、鼓勵實驗和掌握機會（能快速因應意外來臨的機會）、容許（甚至鼓勵）犯錯、獎勵創新和積極主動的精神、鼓勵員工為組織創造新機會。

M：有一些證據顯示，公司長久以來一直運用各種不同機制，以透過變異和汰弱擇強，刺激演化式的進步，但做法不如被評為「H」的公司顯著和始終如一。

L：沒有什麼證據顯示，公司長久以來一直運用其他不同機制，以透過變異和汰弱擇強，刺激演化式的進步。

A.7 附表

高瞻遠矚公司	"A"	"B"	"C"	總分	分數差距	總分	"A"	"B"	"C"	對照公司
3M	H	H	H	9.00	5.00	4.00	L	M	L	諾頓
美國運通	H	M	M	7.00	2.00	5.00	M	M	L	富國銀行
波音	M	M	L	5.00	2.00	3.00	L	L	L	麥道
花旗銀行	M	H	M	7.00	3.00	4.00	M	L	L	大通銀行
福特	M	M	M	6.00	0.00	6.00	M	M	M	通用汽車
奇異	M	M	M	6.00	1.00	5.00	M	M	L	西屋
惠普	H	H	H	9.00	3.00	6.00	M	M	M	德州儀器
IBM	M	M	M	6.00	3.00	3.00	L	L	L	寶羅斯
嬌生	H	H	M	8.00	2.00	6.00	M	M	M	必治妥施貴寶
萬豪	H	M	M	7.00	3.00	4.00	M	L	L	豪生
默克	M	M	M	6.00	-2.00	8.00	H	H	M	輝瑞
摩托羅拉	H	H	H	9.00	5.00	4.00	M	L	L	增你智
諾斯壯	M	H	L	6.00	0.00	6.00	M	H	L	梅維爾
菲利普莫里斯	M	M	L	5.00	1.00	4.00	M	L	L	雷諾茲納貝斯克
寶鹼	M	M	L	5.00	1.00	4.00	M	L	L	高露潔
索尼	H	H	M	8.00	2.00	6.00	M	M	M	建伍
沃爾瑪	H	H	H	9.00	6.00	3.00	L	L	L	艾美絲百貨
迪士尼	M	L	M	5.00	1.00	4.00	M	L	L	哥倫比亞
得分出現頻率										
得到 H 家數	8	8	4				1	2	0	
得到 M 家數	10	9	10				13	7	5	
得到 L 家數	0	1	4				4	9	13	
公司總數	18	18	18				18	18	18	
VC>CC	10	12	10		15					
VC=CC	7	5	8		2					
VC<CC	1	1	0		1					
公司總數	18	18	18		18					

表A.8 「管理延續性」的證據

研究方法：在評估高瞻遠矚公司與對照公司的管理延續性時，我們根據以下層面來考量證據。

A：內部培育vs.外部空降

B：沒有「後英雄時代領導斷層」的問題或「尋找救星症候群」

C：正式的主管培育計畫和機制

D：精心設計的接班計畫和執行長挑選機制

在每個項目中，我們都根據所能蒐集到的證據，為高瞻遠矚公司和對照公司評分。然後將每家公司在這些項目得到的評分相加後，得到這家公司在這個指標的總分。

A：內部培育vs.外部空降

H：有重要證據顯示，公司長久以來都從內部拔擢優秀人才擔任執行長。

M：有證據顯示，公司主要從內部挑選人才擔任執行長，但偶爾有一、兩個例外。

L：證據顯示，公司違反「內部升遷」的原則多達兩次以上。

B：沒有「後英雄時代領導斷層」的問題或「尋找救星症候群」

H：沒有證據顯示，公司曾經歷「後英雄時代領導斷層」（在強人離去後，找不到優秀的人才接班），或者有「尋找救星症候群」（面臨領導危機時尋求外援，希望能找到救星來拯救公司）。

M：有證據顯示，公司至少曾經歷「後英雄時代領導斷層」，或者出現「尋找救星症候群」一次。

L：證據顯示，公司曾經歷「後英雄時代領導斷層」，或者出現「尋找救星症候群」兩次以上。

C：正式的主管培育計畫和機制

H：有重要證據顯示，公司長久以來一直透過內部管理訓練課程、輪調制度、在職訓練等措施，持續關注主管培育問題。

M：有一些證據顯示，公司長久以來一直持續關注主管培育問題，但做法不如被評為「H」的公司顯著和始終如一。

L：沒有什麼證據顯示，公司長久以來一直持續關注主管培育問題。

D：精心設計的接班計畫和執行長挑選機制

H：有重要證據顯示，公司長久以來一直有精心設計的接班計畫，以及正式的執行長挑選機制。

M：有一些證據顯示，公司長久以來一直有精心設計的接班計畫和正式的執行長挑選機制，但做法不如被評為「H」的公司顯著和始終如一。

L：沒有什麼證據顯示，公司長久以來一直有精心設計的接班計畫和正式的執行長挑選機制。

A.8 附表（1）

高瞻遠矚公司	"A"	"B"	"C"	"D"	總分	分數差距	總分	"A"	"B"	"C"	"D"	對照公司
3M	H	H	M	H	11.00	3.00	8.00	M	H	L	M	諾頓
美國運通	H	M	M	M	9.00	3.00	6.00	L	M	M	L	富國銀行
波音	H	H	M	H	11.00	4.00	7.00	H	M	L	L	麥道
花旗銀行	H	H	H	M	11.00	5.00	6.00	L	L	M	M	大通銀行
福特	H	M	M	M	9.00	0.00	9.00	M	M	H	M	通用汽車
奇異	H	H	H	H	12.00	5.00	7.00	L	M	M	M	西屋
惠普	H	H	H	H	12.00	3.00	9.00	H	M	M	M	德州儀器
IBM	H	M	H	M	10.00	4.00	6.00	M	M	L	L	寶羅斯
嬌生	H	H	H	M	11.00	1.00	10.00	H	H	M	M	必治妥施貴寶
萬豪	H	H	M	M	10.00	4.00	6.00	L	M	L	M	豪生
默克	H	H	M	M	10.00	0.00	10.00	H	H	M	M	輝瑞
摩托羅拉	H	H	H	H	12.00	7.00	5.00	M	L	L	L	增你智
諾斯壯	H	H	M	H	11.00	2.00	9.00	H	M	M	M	梅維爾
菲利普莫里斯	L	M	M	M	7.00	0.00	7.00	L	M	M	M	雷諾茲納貝斯克
寶鹼	H	H	H	H	12.00	6.00	6.00	M	L	M	L	高露潔
索尼	H	H	M	M	10.00	2.00	8.00	M	M	M	M	建伍
沃爾瑪	H	H	M	M	10.00	5.00	5.00	M	L	L	L	艾美絲百貨
迪士尼	M	L	M	L	6.00	2.00	4.00	L	L	L	L	哥倫比亞
得分出現頻率												
得到 H 家數	16	13	7	7				5	3	1	0	
得到 M 家數	1	4	11	10				7	10	10	11	
得到 L 家數	1	1	0	1				6	5	7	7	
公司總數	18	18	18	18				18	18	18	18	
VC>CC	12	10	12	10		15						
VC=CC	6	8	5	8		3						
VC<CC	0	0	1	0		0						
公司總數	18	18	18	18		18						

A.8 附表（2）

高瞻遠矚公司	執行長數目	平均任期	外部空降執行長數目	外部空降執行長數目	平均任期	執行長數目	對照公司
3M	12	7.50	0	1	8.92	12	諾頓
美國運通	9	15.78	0	4	9.33	15	富國銀行
波音	8	9.63	0	0	14.40	5	麥道公司
花旗銀行	20	9.00	0	4	11.50	10	大通銀行
福特	5	17.80	0	2	7.00	12	通用汽車
奇異	7	14.29	0	3	8.15	13	西屋
惠普	3	18.00	0	0	7.75	8	德州儀器
IBM	6	13.50	0	1	10.00	10	寶羅斯
嬌生	7	15.14	0	0	21.00	5	必治妥施貴寶
萬豪	2	32.50	0	3	13.40	5	豪生
默克	5	20.20	0	0	13.00	11	輝瑞
摩托羅拉	3	21.33	0	1	11.50	6	增你智
諾斯壯	3	30.33	0	0	20.00	5	梅維爾
菲利普莫里斯	12	12.08	3	3	8.36	14	雷諾茲納貝斯克
寶鹼	9	17.22	0	1	16.91	11	高露潔
索尼	2	23.50	0	1	11.50	4	建伍
沃爾瑪	2	23.50	0	2	8.50	4	艾美絲百貨
迪士尼	6	11.50	1	5	9.00	8	哥倫比亞
平均	6.72	17.38			11.68	8.78	平均
總數	121		4	31		158	
能掌握資料區分為內部培育或外部引進的執行長數目	113					140	
外來空降部隊與總數 %	3.54%					22.14%	

表 A.9
奇異公司歷任執行長經營績效排行

排行	奇異執行長在任期間	平均年度稅前股東權益報酬率 *1
1	威爾森 1940-49	46.72%
2	寇帝納 1950-63	40.49%
3	瓊斯 1973-80	29.70%
4	柏區 1964-72	27.52%
5	威爾許 1981-90*2	26.29%
6	柯芬 1915-1921*3	14.52%
7	史沃普／楊格 1922-39*4	12.63%

排名	平均年度累計股票報酬率與大盤表現之比*5	排名	平均年度累計股票報酬率 *7
1	史沃普／楊格 1929-396*6	1	寇帝納 1950-63
2	威爾許 1981-906*6	2	瓊斯 1973-80
3	寇帝納 1950-63	3	史沃普／楊格 1926-39
4	柏區 1964-72	4	威爾森 1940-49
5	威爾森 1940-49	5	威爾許 1981-908*8
6	瓊斯 1973-80	6	柏區 1964-72

股票報酬原始數字

累計股票報酬	時間（年）	奇異上任時	奇異卸任時	大盤表現上任時	大盤表現卸任時	西屋上任時	西屋卸任時
史沃普／楊格	13	$1.00	$2.93	$1.00	$1.69	$1.00	$2.83
威爾森	10	$2.93	$4.88	$1.69	$4.22	$2.83	$5.04
寇帝納	14	$4.88	$50.96	$4.22	$31.63	$5.04	$17.60
柏區	9	$50.96	$108.23	$31.63	$68.18	$17.60	$56.39
瓊斯	8	$108.23	$99.15	$68.18	$89.71	$56.39	$38.57
威爾許	10	$99.15	$679.25	$89.71	$415.18	$38.57	$345.94

註：

1. 計算方式為稅前純益占年終股東權益的比率。
2. 我們的股東權益報酬率資料庫只有到 1990 年的資料，但採用 1991 和 1992 年報資料後，我們發現排名次序並沒有改變。威爾許在 1980 至 1992 年的股東權益報酬率為 26.83%。
3. 股東權益報酬率資料庫的資料只回溯到 1915 年；而柯芬是在 1892 年上任。
4. 史沃普和楊格組成一個團隊共同擔負執行長職責。
5. 計算方式為執行長在位期間奇異的累計股票報酬率占同期內大盤的累計股票報酬率之比率。
6. 我們的股票報酬率資料庫有的資料乃從 1926 年 1 月到 1990 年 12 月。
7. 計算方式為執行長在位期間奇異的累計股票報酬率占同期內大盤累計股票報酬率或西屋累計股票報酬率之比率。
8. 考量到 1981 至 1993 年西屋面臨經營困境，而威爾許領導下的奇異卻非常成功，我們預測在這個衡量指標上，威爾許領導下的奇異排名應會上升。

表A.10「自我改善」的證據

研究方法：在評估高瞻遠矚公司與對照公司能否自我改善時，我們根據以下層面來考量證據。

A：長期投資（物業、廠房及設備〔PP&E〕、研發支出、再投資支出等）
B：對人力資源的投資：人才招募、訓練及培育
C：及早採用新科技、新方法、新製程
D：刺激改善的機制

在每個項目中，我們都根據所能蒐集到的證據，為高瞻遠矚公司和對照公司評分。然後將每家公司在這些項目得到的評分相加後，得到這家公司在這個指標的總分。

A：長期投資

H：根據PP&E占銷售額比率、研發支出和股息發放率，有重要證據顯示，公司長久以來都重新將盈餘投資於促進公司長期成長。
M：有一些證據顯示，公司長久以來都重新將盈餘投資於促進公司長期成長。
L：證據顯示，公司長久以來都忽略長期投資。

B：對人力資源的投資：人才招募、訓練及培育

H：有重要證據顯示，公司長久以來都投資於人才招募、訓練及專業能力發展——即使在業績不振時也一樣。

M：有一些證據顯示，公司長久以來都投資於人才招募、訓練及專業能力發展——即使在業績不振時也一樣。

L：沒有什麼證據顯示，公司長久以來都投資於人才招募、訓練及專業能力發展——即使在業績不振時也一樣。

C：及早採用新科技、新方法、新製程

H：有重要證據顯示，公司長久以來都能夠及早採用新科技、新製程，或是新的管理方法。

M：有一些證據顯示，公司長久以來都能夠及早採用新科技、新製程，或是新的管理方法。

L：證據顯示，公司長久以來都遲遲未能採用新科技、新製程，或是新的管理方法。

D：刺激改善的機制

H：有重要證據顯示，公司長久以來都能在外界要求變革和改善前，就以具體的「不安機制」驅動內部自發的變革和改善。

M：有一些證據顯示，公司長久以來都在外界要求變革和改善前，就以具體的「不安機制」驅動內部自發的變革和改善。

L：沒有什麼證據顯示，公司長久以來都能在外界要求變革和改善前，就以具體的「不安機制」驅動內部自發的變革和改善。

A.10 附表（1）

高瞻遠矚公司	"A"	"B"	"C"	"D"	總分	分數差距	總分	"A"	"B"	"C"	"D"	對照公司
3M	M	H	H	H	11.00	4.00	7.00	L	M	M	M	諾頓
美國運通	M	M	L	L	6.00	0.00	6.00	M	M	L	L	富國銀行
波音	M	M	H	H	10.00	3.00	7.00	M	L	M	M	麥道
花旗銀行	M	H	H	M	10.00	4.00	6.00	M	M	L	L	大通銀行
福特	M	M	M	M	8.00	1.00	7.00	M	M	M	L	通用汽車
奇異	M	H	H	H	11.00	4.00	7.00	M	L	M	M	西屋
惠普	H	H	M	H	11.00	2.00	9.00	M	M	H	M	德州儀器
IBM	H	H	M	L	9.00	4.00	5.00	M	L	L	L	寶羅斯
嬌生	M	M	H	M	9.00	2.00	7.00	M	L	M	M	必治妥施貴寶
萬豪	H	H	M	H	11.00	4.00	7.00	M	L	M	M	豪生
默克	H	H	M	H	11.00	3.00	8.00	M	M	M	M	輝瑞
摩托羅拉	M	H	H	H	11.00	6.00	5.00	L	L	L	M	增你智
諾斯壯	H	M	M	H	10.00	2.00	8.00	M	M	M	M	梅維爾
菲利普莫里斯	M	M	M	M	8.00	3.00	5.00	L	M	L	L	雷諾茲納貝斯克
寶鹼	M	H	H	H	11.00	5.00	6.00	L	M	M	L	高露潔
索尼	M	M	M	M	8.00	0.00	8.00	M	M	M	M	建伍
沃爾瑪	M	M	H	H	10.00	5.00	5.00	M	L	L	L	艾美絲百貨
迪士尼	H	H	H	L	10.00	6.00	4.00	L	L	L	L	哥倫比亞
得分出現頻率												
得到 H 家數	6	10	9	10				0	0	1	0	
得到 M 家數	12	8	8	5				13	10	10	10	
得到 L 家數	0	0	1	3				5	8	7	8	
公司總數	18	18	18	18				18	18	18	18	
VC>CC	10	13	11	13		16						
VC=CC	8	5	6	5		2						
VC<CC	0	0	1	0		0						
公司總數	18	18	18	18		18						

A.10 附表（2） 淨 PP&E 占銷售額比率的平均年增率

	高瞻遠矚公司	對照公司	比較年度
3M／諾頓	3.50%	1.44%	1961-1986
美國運通／富國銀行	NA	NA	NA
波音／麥道	0.70%	11.84%	1967-1986
花旗銀行／大通銀行	NA	NA	NA
福特／通用汽車	2.19%	1.80%	1950-1986
奇異／西屋	1.23%	1.43%	1915-1987
惠普／德州儀器	4.13%	2.89%	1957-1990
IBM／寶羅斯	8.03%	3.28%	1934-1988
嬌生／必治妥施貴寶	2.38%	2.23%	1943-1988
萬豪／豪生	9.29%	4.20%	1960-1978
默克／輝瑞	3.59%	3.54%	1941-1990
摩托羅拉／增你智	2.66%	0.72%	1942-1990
諾斯壯／梅維爾	5.03%	1.23%	1971-1988
菲利普莫里斯／雷諾茲	2.11%	1.13%	1937-1990
寶鹼／高露潔	2.32%	1.15%	1928-1988
索尼／建伍	NA	NA	NA
沃爾瑪／艾美絲百貨	2.53%	2.33%	1970-1989
迪士尼／哥倫比亞	7.00%	0.34%	1939-1980

A.10 附表（3） 平均年度股息發放率

	高瞻遠矚公司	對照公司	比較年度
3M／諾頓	.50	.50	1961-1986
美國運通／富國銀行	NA	NA	NA
波音／麥道	.27	.17	1967-1986
花旗銀行／大通銀行	.40	.47	1954-1989
福特／通用汽車	.36	.65	1950-1986
奇異／西屋	.65	.51	1915-1987
惠普／德州儀器	.10	.23	1957-1990
IBM／寶羅斯	.50	.64	1934-1988
嬌生／必治妥施貴寶	.32	.52	1943-1988
萬豪／豪生	.20	.27	1960-1978
默克／輝瑞	.55	.47	1941-1990
摩托羅拉／增你智	.32	.52	1942-1990
諾斯壯／梅維爾	.15	.34	1971-1988
菲利普莫里斯／雷諾茲	.54	.63	1937-1990
寶鹼／高露潔	.79	.70	1926-1988
索尼／建伍	NA	NA	NA
沃爾瑪／艾美絲百貨	.10	.12	1970-1989
迪士尼／哥倫比亞	.06	.27	1950-1980

感謝辭

因為你們，才有今天的成績

邱吉爾曾經說過，寫書要經過五個階段。第一階段感覺很新鮮，好像有了新玩具。但到了第五階段，這本書已經成為控制你生活的暴君。這時候，你也差不多心力交瘁，打算殺掉這頭怪獸，讓作品面對大眾。如果沒有諸多仁人君子相助，我們可能早已被怪獸擊敗，本書也就無法順利面世了。

特別要感謝好友及同事韓森（Morten Hansen）對研究計畫的貢獻。韓森特地暫時離開他在波士頓顧問公司的崗位，以傅爾布萊特學者的身分，參與史丹佛研究小組半年，在篩選和分析對照公司的過程中扮演了關鍵角色。離開小組之後，他仍然和研究小組保持密切聯繫，督促我們打破既有成見，注意具體證據，即使證據所呈現出來的事實並不符合我們既有的觀念。韓森是我們認識的人當中最誠實面對真相的知識份子之一，他從不讓我們輕易掉入陷阱，只看到我們想看的東西。當我們發展出最後的概念時，我們總是自問：「這個想法通不通得過韓森的標準？」

羅勃茲（Darryl Roberts）和瓦莫斯（Jose Vamos）在史丹佛商學院念研究所的數年間，一直擔任本研究計畫的助理。羅勃茲為幾個很重要的公司輸入背景資料並編碼，包括默克、嬌生、3M和菲利普莫里斯等。他在最初挑選高瞻遠矚公司的執行長調查中也扮演重要角色，並且是我們測試想法的最佳對象。瓦莫斯則針對龐大的歷史資料，進行財務分析。他們兩位都有卓越的表現。

我們也很幸運得到其他幾位研究助理的全心投入，他們大多是史丹佛大學的MBA或博士班學生，參加團隊的時間最長達一年。其中我們特別要感謝：Tom Bennett, Chidam Chidambaram, Richard Crabb, Murali Dharan, Yolanda Alindor, Kim Graf, Debra Isserlis, Debbie Knox, Arnold Lee, Kent Major, Diane Miller, Anne Robinson, Robert Silvers, Kevin Waddell, Vincent Yan, Bill Youstra。

史丹佛傑克森圖書館（Jackson Library）的工作人員提供我們很大的幫助，包括：Betty Burton, Sandra Leone, Janna Leffingwell, Suzanne Sweeney。特別要感謝 Paul Reist 針對我們所研究的公司，追蹤埋藏了數十年的參考資料。Dialog Information Services, Inc. 的Carolyn Billheimer 慷慨貢獻專業知識及時間，協助我們找出有關高瞻遠矚公司的文章。Linda Bethel, Peggy Crosby, Ellen DiNucci, Betty Gerhardt, Ellen Kitamura, Sylvia Lorton, Mark Shields, Karen Stock, Linda Taoka 等人在本計畫的不同階段，投注了他們的行政長才。

我們還要感謝絕大多數我們研究的公司（不管是高瞻遠矚公司或對照公司），寄給我們許多公司現有資料及歷史檔案。其中要特別感謝兩位：惠普公司歷史檔案部的 Karen Lewis 花費數天時間為我們的研究助理找出並說明惠普早年文件；還有默克的歷史檔案管理員 Jeff Sturchio，他甚至還為我們找到喬治・默克最初描繪默克願景的原始演講稿。

其他還有許多思路敏捷、思慮周密的人士不吝為我們的初稿提供意見，非常感謝他們，其中要特別感謝 Jim Adams of Stanford, Les Denend of Network General, Steve Denning of General

Atlantic, Bob Haas of Levi Strauss, Bill Hannemann of Giro Sport Design, Dave heenan of Theo Davies, Gary Hessenauer of GE, Bob Joss of Westpac Banking Corporation, Tom Kosnik of Stanford, Edward Leland of Stanford, Arjay Miller of Standford, Mads Øvlisen of Novo Nordisk, Don Petersen of Ford, Peter Robertson of USC, T.J. Rodgers of Cypress Semiconductor, Jim Rosse of Freedom Communications, Ed Schein of MIT, Harold Wagner of Air Products, Dave Witherow of PC Express, Bruce Woolpert of Granite Rock, John Young of HP。

還有每當我們從印表機裡印出一章初稿時，我們最可靠的顧問——我們的另一半 Joanne Ernst 和 Charlene Porras，都會為我們校對文稿和提供意見。他們和我們一起經歷了這本書的誕生，協助我們寫作，同時在我們埋首於痛苦寫作的這幾個月裡，仍然不離不棄。我們還真是幸運！

我們在哈潑商業出版社的編輯史密斯（Virginia Smith）從第一天開始，就和我們並肩努力，辛苦編輯每一個章節，提供改進的意見，而且始終相信我們的研究計畫，一路上不斷鼓舞我們。

最後，要感謝我們的經紀人布朗（Curtis Brown）公司的 Peter Ginsberg。你甚至還沒看到出書提案，就相信本書的價值，為我們努力爭取，激發我們奮力向前的動力。如果不是你，本書無法有今天的成績。我們永遠感激你。Idellaccus magnam, odi doluptur, voluptatem cus experchil imos explicid quatem. Itaest assitiore ipsaperae exeribus.

Uptiamus nusciis temporecto qui serum illatio et es aut assequiam, im volenet hiciis aut liquam rendiatae nullaut que niant diciatem quod maxim volupie ndent.

實戰智慧館 485

基業長青

高瞻遠矚企業的永續之道

作　　者 —— 詹姆・柯林斯（Jim Collins）、傑瑞・薄樂斯（Jerry I. Porras）
譯　　者 —— 齊若蘭

副 主 編 —— 陳懿文
校　　對 —— 呂佳真
封面設計 —— 萬勝安
行銷企劃 —— 舒意雯
出版一部總編輯暨總監 —— 王明雪

發 行 人 —— 王榮文
出版發行 —— 遠流出版事業股份有限公司
地址：104005 台北市中山北路一段11號13樓
電話：2571-0297　傳真：2571-0197　郵撥：0189456-1
著作權顧問 —— 蕭雄淋律師

2007年9月 1 日　初版一刷
2024年4月15日　二版四刷
定價 —— 新台幣 480 元（缺頁或破損的書，請寄回更換）

ISBN 978-957-32-8861-9

ylib 遠流博識網　http://www.ylib.com　E-mail:ylib@ylib.com
遠流粉絲團　https://www.facebook.com/ylibfans

國家圖書館出版品預行編目 (CIP) 資料

基業長青：高瞻遠矚企業的永續之道／詹姆・柯林斯（James C. Collins）, 傑瑞・薄樂斯（Jerry I. Porras）合著；齊若蘭 譯 . -- 二版 . -- 臺北市：遠流，2020.09
面；　公分 . --（實戰智慧館；485）
譯 自：Built to Last: successful habits of visionary companies
ISBN 978-957-32-8861-9（平裝）

1. 企業管理 2. 組織管理 3. 個案研究

494　　109011905